Knaurs Gartendoktor

Impressum

Bibliografische Information
Der Deutschen Bibliothek

Die Deutsche Bibliothek verzeichnet diese Publikation
in der Deutschen Nationalbibliografie;
detaillierte bibliografische Daten sind im Internet über
http://dnb.ddb.de abrufbar.

© 2004 Knaur Ratgeber Verlage

Ein Unternehmen der
Droemerschen Verlagsanstalt Th. Knaur
Nachf. GmbH & Co. KG, München

Lektorat:
Stephanie Wenzel, München
Illustration:
Anna Aisenstadt, Augsburg
Umschlagkonzeption:
Zero Werbeagentur, München
Umschlaglayout:
Zero Werbeagentur, München
Konzeption Innengestaltung:
herbert & herbertsfrau, Augsburg
Layout & Satz:
herbert & herbertsfrau, Augsburg
Reproduktion:
Kaltner Media, Bobingen
Druck und Bindung:
Appl, Wemding
Gedruckt auf 115 g umweltfreundlich
chlorfrei gebleichtem Papier.

ISBN 3-426-66884-X
Printed in Germany

Bitte besuchen Sie uns im Internet:
www.droemer-knaur.de

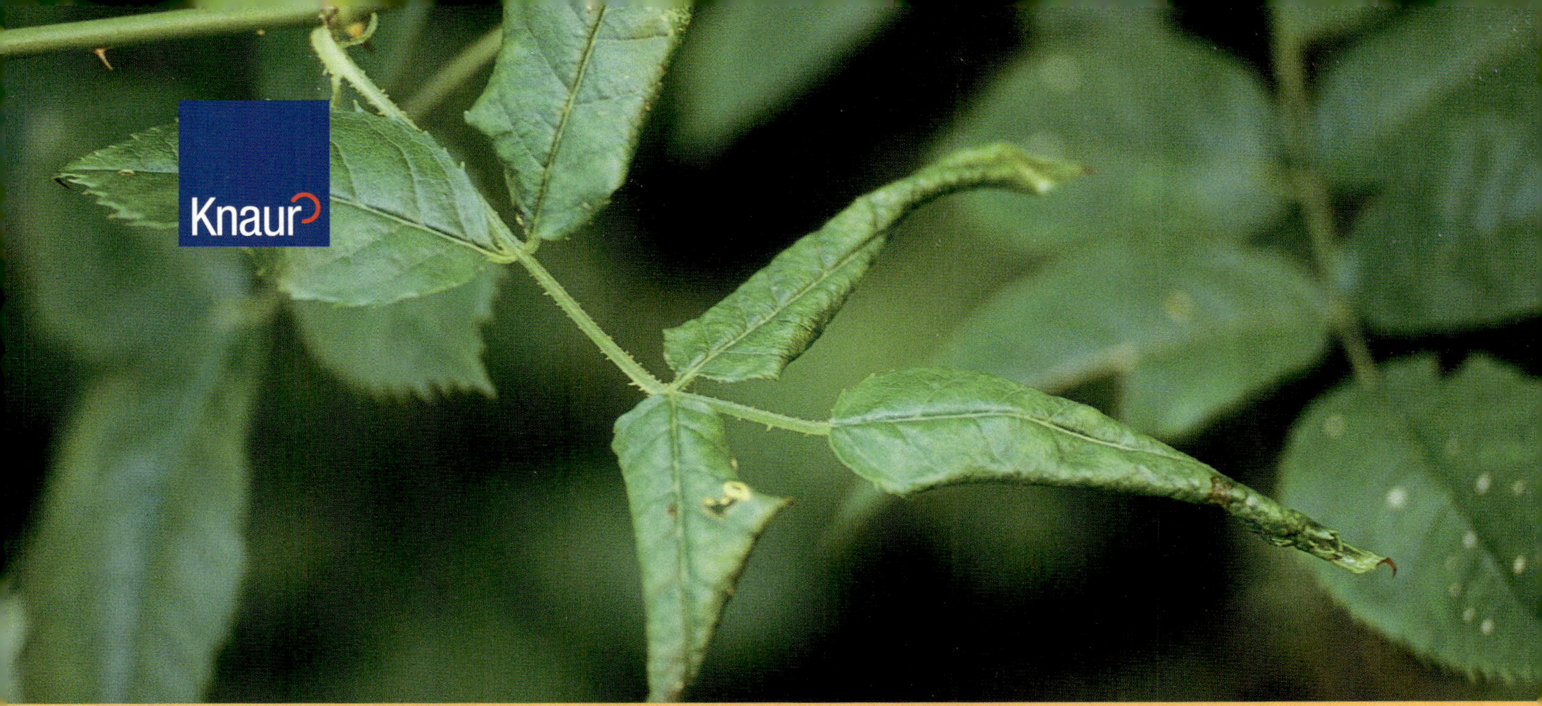

Knaur

Ingrid Pfendtner

Knaurs Gartendoktor

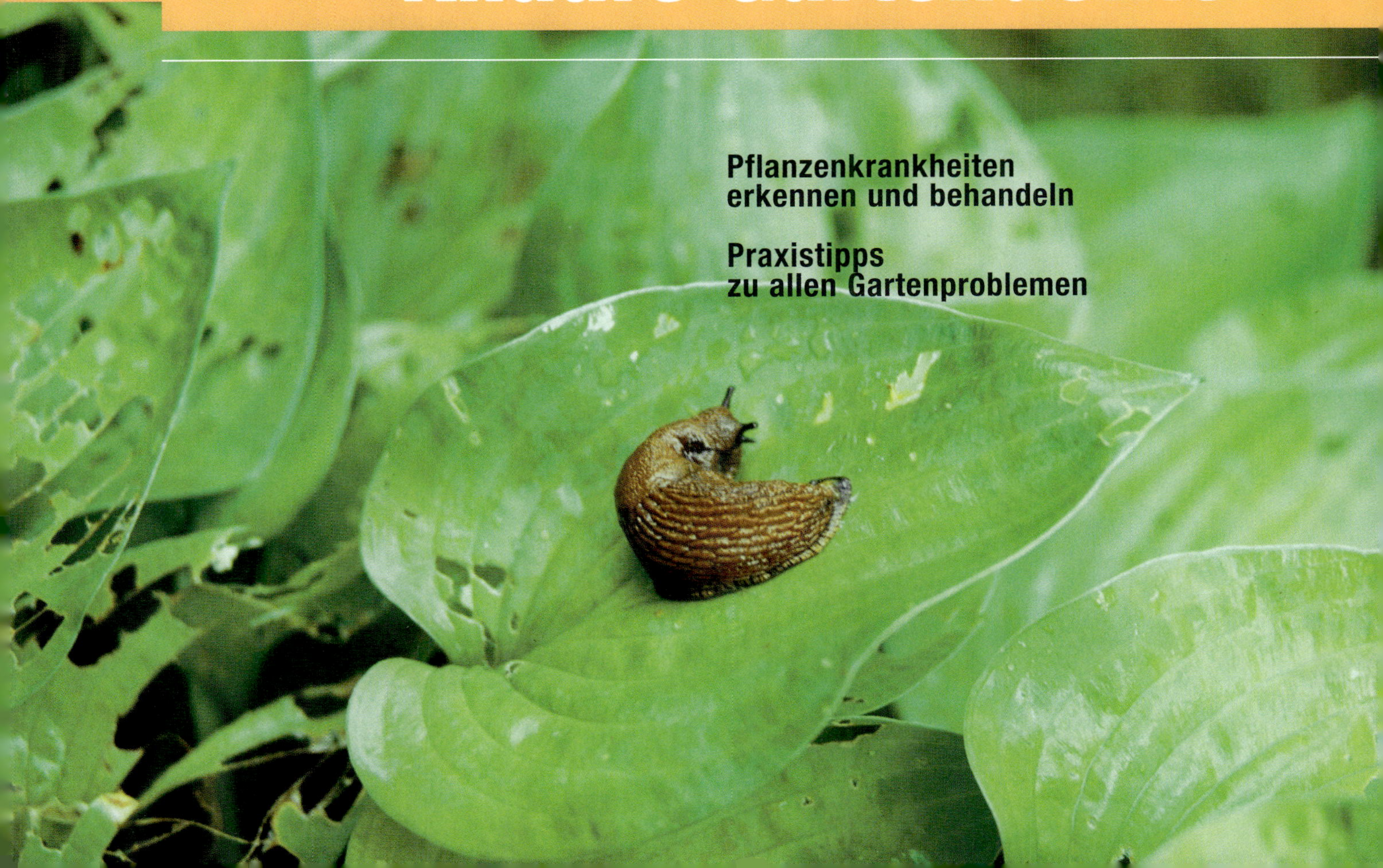

Pflanzenkrankheiten
erkennen und behandeln

Praxistipps
zu allen Gartenproblemen

Inhalt

Einleitung   8

1 Allgemeine Gartenprobleme   9

Boden – die unbekannte Größe   10
Der Untergrund – Bodentypen   10
  Bodentyp selbst testen   12
Bodenart – der Oberboden   12
  Bodenart selbst testen   13
pH-Wert und Kalkgehalt   13
  pH-Wert selbst testen   13
  Selbst kalken   14
Poren, Bodenwasser, Bodenluft   14
Organische Bodensubstanz: Humus   15
  Humusgehalt selbst testen   15
Kompost   15
  Was passiert beim Kompostieren/Verrotten? 15
  Kompost im Garten   15
  Probleme beim Kompostieren   16
Lebensraum Boden   18
Nährstoffe   20
Geben und Nehmen – Düngen   22
  Wie viel Dünger braucht die Pflanze?   22
  Wann bringe ich den Dünger aus?   22
Mulchen   24
  Mit richtigem Mulchen Probleme vermeiden 24
Gründüngung   24
Extra: Zeigerpflanzen   25

Standortansprüche der Pflanze   26
Witterung und (Mikro-)Klima   26
  Klimafaktoren, Extreme und ihre Wirkung   26
  Stadt- und Landklima   27
  Extreme Standorte, problematische Gärten 27

Unkraut – wie viel darf es sein?   28
  Was ist Unkraut?   28
Unkraut abwehren – ja oder nein?   28
  Was nun tun?   28
Zwei Strategien – zwei Lösungen   29
  Unkraut in den Kompost?   29
Die wichtigsten Unkräuter   29
Vorbeugen und Abwehren   32
  Vorhandenes Unkraut abwehren   33
Weitere Problemfälle mit Unkraut   34
Parasitische Pflanzen   35

Rasen – der Teppich im Garten   35
  Rasen ist nicht gleich Rasen   35
Pflegemaßnahmen   35
  Bodenvorbereitung und Aussaat   35
  Was, wenn der Rasen nicht aufgeht?   36
  Mähen   36
  Wässern   37
  Düngen   37
  Vertikutieren   37
  Belüften   37
Die häufigsten Rasenprobleme   38

Gartenteich – zwischen Wunsch und Wirklichkeit   40
Ökosystem Gartenteich   40
Probleme und Abhilfen im Teich   40
  Die Algen nehmen überhand   40
  Trübes Wasser   41
  Überwinterung   42
  Wasser- und Schwimmpflanzen   42
  Fremdstoffe im Teich   42
  Dominanz einer Tier- oder Pflanzenart   43

Arbeitserleichterung und Zeitmanagement im Garten 43
  Gartenarbeit zwischen Lust und Last   43
Tipps für eine zeitsparende Gartenarbeit   43
  Zierpflanzen   43
  Bäume, Sträucher, Hecken   44
  Rosen / Rasen / Obst und Gemüse   44
  Wege   45
  »Kleinkram« und immer wiederkehrende Arbeiten 45
Wenn der Rücken schmerzt   46
  Rückenfreundliche Arbeitsgeräte   46
  Die Haltung machts   46

2 Die kranke Pflanze   47

Vom Wesen der Krankheit   48
Wann ist eine Pflanze krank?   48
Entstehung und Verlauf   48
  Der richtige Ort, der richtige Zeitpunkt 49
Symptome und Schäden   49

Schlüssel für Schäden und Symptome   50

Viren und Bakterien 54
Viren 54
Viruskrankheiten an Knospe und Stängel 55
Viruskrankheiten an Blatt und Wurzel 56
Viruskrankheiten an Blüte und Frucht 57
Bakterien 57
Bakterienkrankheiten an Blatt und Wurzel 58
Bakterienkrankheiten an Knospe und Stängel 59
Bakterienkrankheiten an Blüte und Frucht 59
Pilze 60
Pilzkrankheiten an Blatt und Wurzel 61
Pilzkrankheiten an Knospe und Stängel 69
Pilzkrankheiten an Blüte und Frucht 71
Insekten 73
Die Schadbilder 74
Systematik der Insektenfamilie 74
Überblick über die Insekten 77
1. Hemimetabole Insekten 77
2. Homometabole Entwicklung 78
Insektenschädlinge an Blatt und Wurzel 79
Saugschädlinge an Blättern 79
Fraßschädlinge an Blättern 84
Schmetterlinge und ihre Raupen (Lepidoptera) 88
Minierer und Gallbildner an Blättern 89
Sonstige Schädlinge an Blättern 91
Fraßschäden an Wurzeln 92
Insektenschädlinge an Knospe und Stängel 95
Saugschädlinge an Knospen 95
Fraßschädlinge an Knospen 95
Saugschädlinge an Stängeln, Trieben, Ästen 96
Fraßschädlinge an Stängel 97
Minierer und Gallbildner an Stängel 97
Insektenschädlinge an Blüte und Frucht 99
Fraßschädlinge an Blüten 99
Saug- und Fraßschädlinge an Früchten 100
Minierer an Früchten 101
Schmetterlinge und ihre Raupen (Lepidoptera) 103
Sonstige tierische Schädlinge 104
Wirbellose Tiere 104
Nematode oder Älchen 104
Schäden an Blättern und Stängeln 105
Schnecken 108
Wirbeltiere 110
Vögel 113
Standortbedingte Krankheiten 115

3 Wissenswertes über Pflanzenschutz 117
Der Gärtner ist immer der Mörder ... 118
Vorbeugende Maßnahmen 119
Anbau und Pflege 119
Nützlinge erkennen, anlocken und fördern 120
Nützlinge im Garten 120
Hilfen für Insekten und Vögel 125
Pflanzen stärken, Schädlinge fern halten 126
Pflanzenstärkungsmittel 126
Pflanzen, die vor Schädlingen schützen 126
Zäune, Mulchmaterial, Kohlkragen 127
Schützende Maßnahmen ohne Chemie 127
Ködern, fangen, Fallen stellen 127
Auszüge, Brühen und Jauchen 130
Die wichtigsten Kräuter 130
Schützende chemische Maßnahmen 131
Nicht-pflanzliche Hausmittel 131
Das Pflanzenschutzgesetz 132
Mittel natürlicher Herkunft 133
Chemische Mittel 134
Zur Auswahl des Präparats 134

4 Gartenpflanzen und ihre häufigsten Krankheiten 135

Frühlings- und Sommerblumen 136
Zwiebel- und Knollenpflanzen 136
Stauden – Hauptakteure im Garten 137
Ein- und zweijährige Sommerblumen 139
Rosen – eine Königin ziert sich (manchmal) 140
Vorbeugen und schützen 142
Pflegefehler vermeiden 142
Pflanzen stärken, Problemen vorbeugen 143
Bäume und Sträucher 144
Hecken 146
Rhododendren und Azaleen 146
Obst – Genuss und Augenweide pur 147
Vorbeugen und Schützen 154
Gemüse und Kräuter – ja oder nein? 155
Vorbeugen 157

Anhang 158
Register 160

Einleitung

Was haben wilde Flora und der Garten gemeinsam? Beides ist Natur; die Pflanzen sind echt, der Boden lebt und die Ernte schmeckt (meistens). Damit hören die Gemeinsamkeiten auf. Auf einer natürlich gewachsenen Wiese gedeihen nur Pflanzen, die zum Standort passen und genau diese Umwelt bewältigen – seien es Nachbarpflanzen, Tiere oder Krankheitserreger. In der wilden Flora herrscht ein ökologisches Gleichgewicht. Ein Garten hingegen ist ein gestalteter Raum: Hier finden wir Pflanzen, die so in der Natur nicht vorkommen, neben Nachbarn, die sie sonst nie haben, auf Böden, die nicht ihre Wahl sind. Diese Pflanzen brauchen unsere Pflege und unseren Schutz.

Aber manches Mal reicht auch die beste Pflege nicht aus und Störungen sind die Folge. Doch wie sehen diese aus? Was gehört zum normalen Wachstumsverlauf, was ist ein Zeichen von Erkrankung? Wie viele Blattläuse muss ich bekämpfen? Muss ich sie überhaupt bekämpfen oder gibt es Alternativen? Ist es Unkraut oder ein (willkommenes) Wildkraut? Nützt dieses Krabbeltier meiner Pflanze oder schadet es ihr?

Eine gesunde Pflanze kann vielerlei Krankheitserreger abwehren. Umgekehrt bedeutet das: Krankheiten gehen häufig auf ein Standortproblem oder einen Pflegefehler zurück. Ein Rhododendron fühlt sich auf Sandboden nicht wohl, eine Rose verkümmert auf staunassem Grund. Beide gehören nicht hierher und bilden ein leichtes Opfer für Angreifer aller Art. Unser Vorbild ist die intakte natürliche Lebensgemeinschaft.

Nehmen Sie das Beispiel Blattläuse: Einige sind immer vorhanden, in großen Mengen sind sie aber ein Problem. Aber wie kommt es zu einer Massenvermehrung? Unser Ziel ist es ja, das natürliche Gleichgewicht wiederherzustellen, Krankheiten und Schädlinge zu erkennen und ebendiese zu bekämpfen. Und wenn es sein muss, greifen auch wir zu chemischen Mitteln – so wenig wie möglich, aber so viel wie nötig.

Dieses Buch ist für die tägliche Praxis. Es behandelt allgemeine und spezielle Probleme rund um den Garten. Hobby-Gärtner, Anfänger und erfahrene Gärtner finden hier Hilfe, rasch und sicher Krankheiten an ihren Pflanzen zu erkennen und Schädlinge zu identifizieren, ihnen vorzubeugen und sie, falls nötig, angemessen zu bekämpfen.

Zur Benutzung des Buches

Im ersten Teil werden allgemeine Gartenprobleme zu den Themen Boden, Standort, Unkraut, Rasen und Gartenteich abgehandelt. Hier finden Sie auch zahlreiche Hinweise zur Vermeidung überflüssiger Arbeit und welche Arbeitstechniken sinnvoll sind. Ausgehend von einem konkreten Problem werden jeweils mehrere Strategien zur Lösung angeboten.

Im zweiten Teil steht die kranke Pflanze im Mittelpunkt. Was passiert, wenn eine Pflanze erkrankt? Wie entstehen Krankheiten und wie entwickeln sich die Symptome? Und vor allem: welche Erkrankung gehört zu welchem Schadbild. Der Bestimmungsschlüssel auf Seite 50 fasst hierzu alle Schäden und Symptome zusammen, so dass Sie schnell die zugehörige Ursache finden. Das ausführliche Register hilft zusätzlich, vom Symptom ausgehend die zugrunde liegende Ursache zu finden.

Im Anschluss daran werden geeignete Maßnahmen zum Pflanzenschutz besprochen. Das Spektrum reicht von vorbeugenden Techniken über biologische Schädlingsbekämpfung und Krankheitsabwehr bis hin zu chemischen Mitteln. Der naturgemäße Pflanzenschutz nimmt einen breiten Raum ein.

Im letzten Teil sind alle Schädlinge und Krankheiten für einzelne Pflanzengruppen übersichtlich nach ihrem Auftreten im Jahreslauf zusammen gefasst.

Ich wünsche Ihnen viel Spaß mit diesem Buch und vor allem viel Erfolg

Ingrid Pfendter

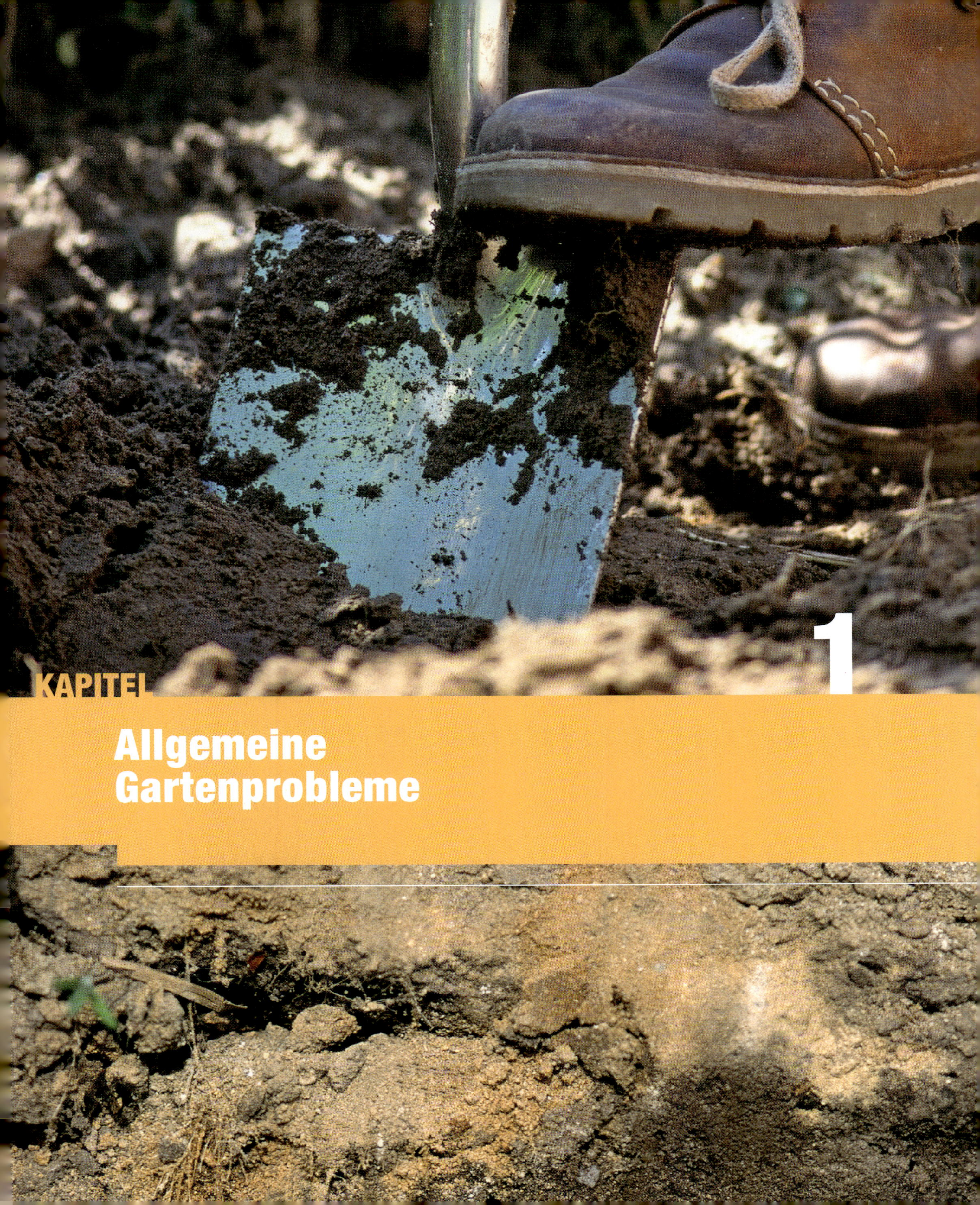

Allgemeine Gartenprobleme

1

Boden – die unbekannte Größe

Die Pflanze kümmert vor sich hin, wächst nicht richtig, will einfach nicht gedeihen. Was fehlt ihr? Weder tummeln sich Schädlinge daran, noch gibt es charakteristische Krankheitssymptome. Tatsächlich liegen die Ursachen für kümmerlichen Pflanzenwuchs fast immer im und am Boden. Der Boden versorgt die Pflanze mit Wasser, Sauerstoff und Nährstoffen – oder auch nicht.

Die Analyse des Bodentyps ist mit einiger Arbeit verbunden. Sie lohnt sich bei schweren Problemen, wie z.B. Kümmerwuchs.

Bodenkundler definieren Boden als das, was zwischen Gestein und Erdoberfläche liegt. Hier passiert sehr viel, was den Boden zu einer nahezu unbekannten Größe werden lässt. Äußerlich erscheint der Garten gleichförmig, doch was unter der Oberfläche stattfindet und wie sich das auf den späteren Pflanzenwuchs auswirkt, ist weniger einfach. So führt z.B. stehendes Grundwasser dazu, dass am Apfelbaum die Spitzen eintrocknen, wenn seine Wurzeln diesen nassen, kalten Teil des Bodens erreichen. Oder wenn eine feste rote Schicht aus Ortstein den Boden nach unten abdichtet, kann an einem heißen Sommertag der gesamte Pflanzenwuchs verbrennen.

Der Untergrund – Bodentypen

Die Fachleute unterscheiden zwischen Bodentyp und Bodenart; man kann auch sagen zwischen dem Aufbau des Untergrunds und der Beschaffen-

Bodentypen in Mitteleuropa

Bodentyp	Vorkommen
Parabraunerde 	Parabraunerden gibt es kleinflächig in der gesamten Bundesrepublik; größere zusammenhängende Flächen finden sich in Schleswig-Holstein, Südbayern und im Süden Niedersachsens.
Rendzina	Rheinisches Schiefergebirge, Schwäbisch-Fränkische Alb, Nordhessen, Ostwestfalen, Eifel.
Podsol oder Bleicherde 	Niedersachsen/Lüneburger Heide, Nordbayern, Mittelgebirge.
Stauwasserboden oder Pseudogley 	Kleinere Flächen überall in der Bundesrepublik.

Profil	Eigenschaften
Unter einer dünnen Humusauflage folgt eine mächtige Schicht graubrauner, krümeliger Erde mit nur wenigen dunklen Humusteilchen. Die Erde wird mit zunehmender Tiefe heller und gröber. Parabraunerden entstehen auf lehmhaltigem Ausgangsgestein.	Sie ist ein hervorragender Gartenboden: porös, wasserdurchlässig, und die Pflanzen können gut darin durchwurzeln. Bei falscher Behandlung und viel Regen kann sich der Unterboden verdichten und Staunässe entstehen. **Natürlicher Pflanzenwuchs:** Laub- und Mischwälder.
Unter einer 20 bis 30 cm mächtigen, braunen tonhaltigen Humusschicht liegt ohne Übergang das helle, zerklüftete Kalkgestein. Der Boden ist sehr flachgründig und steinig.	Die Erde ist braun, gut gekrümelt und humusreich. Der mächtige Tongehalt macht diesen Bodentyp schwer, doch der hohe pH-Wert und der hohe Kalkgehalt fördern das Bodenleben, die Durchlüftung und Fruchtbarkeit. Dennoch ist es ein trockener, problematischer Boden. Das Regenwasser versickert sofort in den Gesteinsspalten. Übrigens: Der Name Rendzina kommt aus dem Polnischen und beschreibt das Geräusch eines an Steinen vorbeischlitternden Pfluges. **Natürlicher Pflanzenwuchs:** niedrig wurzelnde, gegen Trockenheit resistente Pflanzen.
Obenauf liegt eine 5 bis 10 cm mächtige Schicht aus nur wenig zersetztem, meist versauertem (Roh-)Humus. Es folgt schwarzgrauer, mit Humus durchsetzter Sand. Darunter bleicht der Boden aus, der Sand wird hellgrau, humusarm und grob. Der Regen hat die rotbraunen Eisenverbindungen und dunklen Tonteilchen ausgewaschen und den Oberboden ausgebleicht; man spricht von Bleicherde oder russisch Podsol (Asche-Boden). In der Tiefe reichern sich die abgeschwemmten Teilchen an, verkleben miteinander und bilden eine harte, mehr oder weniger undurchlässige Schicht, den so genannten Ortstein. Podsol entsteht auf sandhaltigem Ausgangsgestein.	In den oberen 25 cm können die Pflanzen den Sandboden gut durchwurzeln, doch darunter bildet der Ortstein eine undurchlässige Barriere. Als Gartenboden ist die Bleicherde sehr problematisch: saurer pH-Wert, der Boden enthält nur wenig Nährstoffe und Kalk und neigt zu Trockenheit, bei Regen bildet sich dafür sofort Staunässe. **Natürlicher Pflanzenwuchs:** Nadelhölzer und Erika-Heide.
Beim Pseudogley ist das Gleichgewicht zwischen Wasserzufluss und Abfluss gestört. Die obere humusreiche, fruchtbare Erde wird zunehmend grau und tonarm, dazwischen finden sich immer wieder braune Rostflecken und Körnchen aus Eisen und Mangan. Darunter liegt eine dunkle, undurchdringliche Stauzone aus zusammengebackenem Ton. Der Unterboden ist auffällig marmoriert und bis zu einem Meter mächtig.	Staunasse Böden fallen von einem Extrem ins andere. Einerseits trocknen sie schnell aus, bei Regen kommt es jedoch rasch zu besagter Staunässe. Der Boden ist kalt, schlecht durchlüftet und schwer zu bearbeiten; organisches Material wird kaum zersetzt. Der Name Pseudogley kommt vom russischen »gley« und heißt »Matsch«; pseudo, weil die Nässe nicht vom Grundwasser kommt. **Natürlicher Pflanzenwuchs:** Wiese.

heit des Oberbodens. Der Bodentyp hängt letztlich vom Gestein im Untergrund und vom Klima ab. Jeder Bodentyp hat einen eigenen natürlichen Pflanzenwuchs. Er lässt sich nur mit großem Aufwand beeinflussen, dennoch ist es gut zu wissen, was sich unter der Oberfläche verbirgt.

Bodentyp selbst testen

Die Analyse des Bodentyps ist mit einiger Arbeit verbunden. Das lohnt sich bei schweren Problemen, etwa bei verbreitetem Kümmerwuchs oder Massensterben der Pflanzen.

Dazu graben Sie ein 1 bis 1,5 m tiefes Loch in die Erde. Am freigelegten Bodenprofil können Sie die Schichtung erkennen. Oben liegt der dunkle Humus, unten das Gestein und zwischen beiden die mehr oder weniger mächtige mineral- und humushaltige Erde. Wie mächtig ist die Humusschicht? Wie verändern sich Farbe und Beschaffenheit des Bodens? Ist er durchgehend dunkel und krümelig oder wird er mit zunehmender Tiefe heller und kompakter? Gibt es (dunkle) Ablagerungen oder stoßen Sie gar auf Grundwasser? Anhand dieser Fragen ordnen Sie das Profil einem der typischen Böden Mitteleuropas zu. Bedenken Sie dabei, dass die Beschreibungen Idealtypen sind und nur selten genau in dieser reinen Form vorliegen.

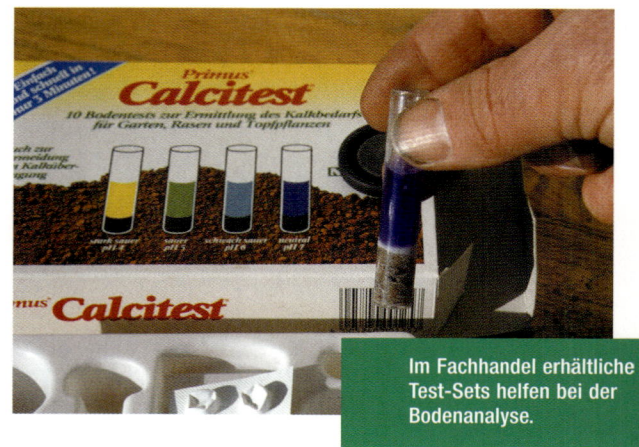

Im Fachhandel erhältliche Test-Sets helfen bei der Bodenanalyse.

Bodenart – der Oberboden

Mit der Bodenart beschreiben Fachleute und Gärtner die Beschaffenheit des Oberbodens. Es gibt den leichten, mittleren und schweren Boden bzw. Sand-, Lehm- und Tonboden. Entscheidend ist die Größe der Mineralteilchen und ihr Mengenverhältnis zueinander.

Der ideale Gartenboden enthält alle Korngrößen. Lehm z. B. besteht zu 40 Prozent aus Sand und zu je 30 Prozent aus Schluff und Ton. Man spricht von sandigem Lehm, wenn der Sandanteil überwiegt, bzw. von lehmigem Sand, wenn die anderen Teilchen den größeren Anteil stellen. Solche Mischböden vereinigen alle guten Eigenschaften der einzelnen Korngrößen. Problematischer sind Bodenarten, bei denen eine Korngröße überwiegt.

Teilchen, Korngröße und Funktion

	Stein	Sand	Schluff	Ton
Korngröße	größer als 2 mm	0,06 bis 2 mm	0,002 bis 0,06 mm	kleiner als 0,002 mm
Funktion	Steine gleichen Temperaturunterschiede im Boden aus und sorgen für eine gute Durchlüftung.	Sandkörner lagern locker aufeinander und lassen Hohlräume frei. Das macht den Boden großporig, sehr durchlässig, aber auch nährstoffarm.	Schluff hat mittelgroße Poren.	Tonteilchen sind Wasser- und Nährstoffspeicher; sie quellen bei Benetzung auf und schrumpfen bei Wasserentzug. Auf ihrer Oberfläche lagern sich Pflanzennährstoffe an.

			Analyse der Bodenart durch Bodenproben
Bodenart	**Sandboden, leichter Boden**	**Mischboden, mittlerer Boden**	**schwerer Lehm- oder Tonboden**
Krümeltest	Die Erde fühlt sich leicht, körnig und rau an, lässt sich nicht formen, haftet nicht am Finger.	Die Erde lässt sich gut formen, aber zerbricht oder reißt beim Ausrollen; sie fühlt sich samtartig und mehlig an und haftet am Finger.	Die Erde lässt sich zu einer festen Kugel formen und ausrollen, sie ist schmierig und bindig. Eine Tonkugel glänzt, die Lehmkugel ist dagegen stumpf.
Schlämmprobe	Die Sandschicht ist mächtiger als die beiden darüber liegenden Schichten.	Der Anteil des körnigen Materials liegt bei 40 Prozent.	Die Lehmschicht ist so mächtig wie die beiden anderen Schichten zusammen.

Sandböden oder leichte Böden enthalten kaum Nährstoffe und trocknen leicht aus. Ton- oder schwere Böden speichern zwar reichlich Nährstoffe, aber sie verschlämmen bei Regen und verkrusten bei Trockenheit.

Bodenart selbst testen

Ein einfacher, aufschlussreicher Test ist die Krümelprobe. Dazu verreiben Sie etwas feuchte Erde zwischen Daumen und Zeigefinger und beurteilen dessen Formbarkeit. Versuchen Sie die Probe auf eine halbe Bleistiftdicke auszurollen. Ein anderer Test ist die Schlämmprobe: Etwas Boden in ein durchsichtiges Glas geben, mit Wasser auffüllen, kräftig schütteln und die Erde über Nacht stehen lassen. Die Bodenteilchen setzen sich nach ihrem Gewicht ab: unten Sand, darüber Schluff und oben der Ton; Humus setzt sich ganz oben ab oder trübt das Wasser.

pH-Wert und Kalkgehalt

Der pH-Wert eines Bodens zeigt an, ob er sauer, neutral oder alkalisch reagiert. Ist der pH-Wert kleiner als 7, hat man es mit einem sauren Boden zu tun; wenn der pH-Wert direkt bei 7 liegt, bedeutet das, er ist neutral. Ein pH-Wert größer als 7 heißt, der Boden ist alkalisch. Ein günstiger pH-Wert für einen Staudengarten liegt bei pH 6,5, also neutral bis leicht sauer. Vom Idealwert abweichende pH-Werte schädigen die Pflanzen nicht direkt, aber sie lösen negative Reaktionen aus. Im sauren Milieu kommt es zu Nährstoffmangel, der Humusabbau wird gehemmt und Pflanzengifte wie Aluminium und Schwermetalle lösen sich darin auf.

Der pH-Wert ist zugleich ein Messanzeiger für den Kalkgehalt des Bodens. Kalk wirkt sich in mehrerer Hinsicht günstig aus: Er sorgt dafür, dass die Nährstoffe im Boden den Pflanzen besser zur Verfügung stehen. Er neutralisiert die Säuren, die bei den natürlichen chemischen Reaktionen entstehen, und verhindert, dass sich die Tonpartikelchen in die Tiefe verlagern und dort zusammenklumpen. Das nämlich würde eine Verschlämmung und Verdichtung des Bodens begünstigen. Schwere tonreiche Böden brauchen Kalk. Zu viel Kalk ist aber auch nicht gut, da ein Überschuss wichtige Nährstoffe bindet und damit den Pflanzen nicht zur Verfügung stellt.

pH-Wert selbst testen

Der Fachhandel bietet mehrere einfache, schnelle Test-Sets zur pH-Wert-Messung an. Meist muss etwas Boden mit einem chemischen Indikator vermischt werden, kräftig schütteln, die Erde absetzen lassen und dann die Farbe des Indikators mit einer Farbskala vergleichen. Gelborange zeigt einen sauren Boden an, grün einen neutralen und dunkel-olivgrün einen alkalischen.

pH-Wert

pH-Wert	unter 4,5 stark bis sehr stark sauer	4,5 bis 5,5 sauer	5,5 bis 7,5 schwach sauer bis neutral	7,5 bis 8,5 schwach alkalisch	über 8,5 alkalisch
Boden	Moorböden, Torf	Podsol, Bleicherde	Parabraunerde, Lehm-Sand-Gemische, Löss	Rendzina, Kalkboden	Salzböden
geeignete Pflanzen	Moor- und Torfpflanzen, Heidekräuter, blaue Hortensien	Rhododendron, Azaleen Heidekräuter, Nadelgehölze	fast alle Zier- und Nutzpflanzen	Kalk liebende Pflanzen	Salzpflanzen (Halophyten)

Auch Hortensien zeigen den pH-Wert des Bodens an. Auf saurem Boden bilden sie blaue Blüten; auf alkalischen, kalkhaltigen Böden sind sie rosa.

Übrigens: Der pH-Wert ist ein aktueller Wert, er gilt nur am jeweiligen Ort zum jeweiligen Zeitpunkt. Ein starker Regen treibt den pH-Wert hoch, während einer Trockenperiode fällt er ab.

Selbst kalken

Es gilt die Faustregel: 190 Gramm Gartenkalk auf 1 m^2 Boden erhöht den pH-Wert um eine Einheit. Sparsam kalken, zu viel Kalk bindet Nährstoffe und beeinträchtigt das Wachstum der Pflanzen. Der Kalk darf nicht an die Pflanzen kommen. Aus gleichem Grund dürfen Sie nach dem Kalken vier Wochen lang nichts Neues pflanzen oder säen.

Poren, Bodenwasser, Bodenluft

Die festen, mineralischen Teilchen nehmen nur 45 Prozent des Bodenvolumens ein, 5 Prozent entfallen auf Humus und Bodenleben. Die andere Hälfte verteilt sich gleichmäßig auf wasser- und luftgefüllte Poren. In den gröberen Poren versickert rasch das Regenwasser, ansonsten wirken sie als Luftspeicher für die Pflanzenwurzeln und Bodentiere. Poren halten das Wasser fest und bilden ein Wasserreservoir für Trockenzeiten. Wie viele Poren der Boden hat und wie groß sie sind, hängt wiederum von der Bodenart ab: Sandkörner lassen große Poren zwischen sich frei; Ton und Schluff bilden Aggregate, so dass nur Platz für feine Poren bleibt. Je größer der Humusanteil des Bodens ist, umso mehr Grob- und Feinporen besitzt er. Optimal ist auch hier eine Mischung aus Sand, Schluff und Ton; Lehm besitzt ein ausgewogenes Verhältnis von großen und kleinen Poren.

Trockene und magere Böden lassen sich mit Humus anreichern: so helfen Mulchen und Gründüngungen eine gute Bodenstruktur aufzubauen. **Verdichtete Böden** wie Bauplätze, Trampelpfade oder Feldwege können die Pflanzenwurzeln nur sehr schwer durchdringen, Gräser wachsen gut.

Probleme bereiten **nasse Böden**. Kurzes Ansteigen des Wassers macht den Pflanzen nichts aus, aber anhaltende Nässe lässt sie verkümmern.

Als Richtwerte gelten: Steht das Grundwasser bereits bei einer Tiefe von 40 bis 60 cm, ist es für ein gesundes Pflanzenwachstum eindeutig zu hoch und muss abgesenkt werden. Blumen, Rasen und Gemüse brauchen 60 bis 80 cm trockenes Erdreich; Sträucher, Obstbäume und tief wurzelnde Pflanzen mindestens 1,20 m, besser sogar 2 m.

Organische Bodensubstanz: Humus

Der Begriff Humus umfasst alle zersetzte organische Substanz im Boden, also zu Boden gefallene Blätter, Nadeln, Zweige, Stängel- und Wurzelreste, Erntereste, Früchte, abgestorbene Algen, Pilze und Bakterien sowie tote Bodentiere.

Humus kann man leicht selbst herstellen: er ist nichts anderes als verrottetes Pflanzengut.

Zunächst liegen die Pflanzenreste wie eine Art Streu dem Boden auf, man spricht von Rohhumus. Größere Bodentiere wie Asseln, Tausendfüßer und Larven zerkleinern, zerbeißen und zernagen die Streu, Regenwürmer ziehen die Blätter tief in den Boden hinein. 1/10 dieser Nahrung behalten sie bei sich, 9/10 scheiden sie wieder aus. Darauf wiederum stürzen sich kleinere Tierchen wie Nematoden, Mikroben und Pilze.

Die leicht zersetzbaren Stoffe wie Zucker oder Eiweiße dienen den Mikroorganismen als Nahrung (Nährhumus), während sich die schwer abbaubaren Strukturen im Boden anreichern und dort zu Dauerhumus umgebildet werden. Am Ende dieser Prozesse ist alles mineralisiert: Es sind dunkel gefärbte Huminstoffe, Humusteilchen und die besonders stabilen Ton-Humus-Komplexe entstanden. Art und Menge des Humus hängen sehr von Boden und Klima ab.

Aufgaben des Humus

- Verbessert Bodenstruktur und Durchlüftung.
- Der Boden bekommt größere Poren und fördert die Bodenatmung.
- Humus verbessert die Wasserkapazität, indem er Wasser aufsaugt.
- Durch seine dunkle Farbe speichert Humus Wärme und erhöht die Bodentemperatur.
- Humuspartikel lagern an ihrer Oberfläche Nährstoffe an.
- Huminsäuren setzen andere Nährstoffe wie Eisen und Mangan frei und stellen sie den Pflanzen zur Verfügung.

Humusgehalt selbst testen

Einen Teelöffel Boden aus der obersten Schicht in die dreifache Menge Salmiakwasser (1 Teil Salmiakgeist aus der Apotheke auf 3 Teile Wasser) geben, kräftig schütteln und durch einen Filter abgießen. Trübes Wasser zeigt Nähr- bzw. Rohhumus an, da die noch nicht verrotteten Substanzen das Wasser dunkel färben. Klares Wasser ist ein Zeichen für Dauerhumus.

Humusgehalt und Bodenfarbe		
Gehalt in %	Bezeichnung	Bodenfarbe
1 – 2	schwach humos	hellgrau
2 – 4	humos	dunkelgrau
4 – 8	stark humos	grauschwarz
über 8	sehr stark humos	schwarz

Kompost

Das Prinzip des Kompostierens ist einfach: Man nimmt Garten- und andere organische Abfälle, überlässt sie einige Monate den Bodentieren und Mikroorganismen und erhält Humus. Doch auch beim Kompost gibt es einiges zu beachten.

Was passiert beim Kompostieren / Verrotten?

In den ersten zehn Tagen (Abbauphase) erwärmt sich das Innere des Komposthaufens auf bis zu 70 °C. Bakterien und Pilze zersetzen das Material, das Volumen nimmt stark ab (heiße Rotte). Danach sinkt die Temperatur auf etwa 35 °C, Pilze bauen Holzstoffe und Zellulose ab (Umbauphase). Es folgt die mehrere Monate dauernde Aufbauphase. Die Innentemperatur sinkt auf 20 °C, Bodentiere zersetzen das Material. Anschließend reift der Kompost zum erdig-krümeligen Reifekompost.

Kompost im Garten

Kompost nur auf die Erdoberfläche streuen und leicht einharken, keinesfalls untergraben. Je jün-

Was gehört nicht in den Kompost?

Gartenabfälle: Unkraut mit Samen, kranke Pflanzen.

Küchenabfälle: Zitrusschalen in größeren Mengen, verschimmelte Lebensmittel, harte Nussschalen (verrotten zu langsam), gekochte Speisereste, Fleisch und Fisch (nur in geschlossene Komposter oder sofort untergraben), Knochen, Käse und Milchprodukte.

Haushaltsabfälle: nichtorganische Stoffe wie Plastiktüten, Metall, Glas, Porzellan, Kunststoffe, Metalle, Leder, Steine, Zigarettenreste, Kleintierstreu auf mineralischer Basis, Staubsaugerbeutel, Hochglanzpapier.

Vorsicht bei: Fichtenholz (sauer), Thujaschnittgut (besitzt hemmende Inhaltsstoffe), Kräuter mit Pflanzenschutzwirkung (Wermut, Rainfarn u.a., enthalten Giftstoffe), Wurzelunkräuter (verroten nur langwierig), Blätter von Eiche, Kastanie, Birke, Pappel und Nussbaum.

ger der Kompost, desto flacher sollte er eingearbeitet werden. Frischekompost ist nach etwa 3 bis 4 Monaten einsetzbar und eignet sich besonders zum Mulchen. Fertigkompost benötigt 9 bis 12 Monate und ist das ideale Düngematerial zur Bodenverbesserung. Kompost an einem bedeckten Tag oder bei Nieselregen ausbringen. Zur Flächenkompostierung im Herbst bringen Sie auf abgeernteten Beeten den Kompost einige Zentimeter hoch auf und bedecken ihn mit einer Schicht aus Rindenmulch. Vorsicht, Frischkompost lockt bei Wurzelgemüse, Zwiebeln und Kohl die Gemüsefliegen an.

Gärten, die ausschließlich mit organischen Materialien gedüngt werden, weisen regelmäßig überhöhte Werte für Phosphor und Kalium auf. Geben Sie nur so viel Kompost, wie die Pflanzen an Phosphor brauchen. Stickstoff müssen Sie zusätzlich in Form von Horngrieß, Hornspänen oder Ähnlichem zufügen. Man rechnet ca. 3 bis 4 kg/m^2.

Reifetest

Flache Schale mit Kompost füllen, befeuchten, Kressesamen säen und zum Schutz vor Verdunstung die Schale mit einer Folie überdecken. Ergebnis: Wenn nach 3 bis 4 Tagen die Keimlinge erscheinen, ist der Kompost reif. Nach 5 Tagen erscheinen die Keimblätter. Grüne Keimblätter zeigen einen sehr reifen, zum Dauerhumus verwendbaren Kompost an. Gelbe oder braune Keimblätter zeigen einen wenig reifen Nährkompost an, der sich gut zum Düngen eignet.

Problem: Das Kompostmaterial verrottet nicht.

Ursache: Material zu locker geschichtet; keine Heißrotte.

Vorbeugen: Richtige Mischung des Kompostmaterials: Nie größere Mengen der gleichen Abfallsorte geben, immer gut durchmischen: Reisig mit Grasschnitt, Heckenschnitt mit frischen Pflanzenteilen, Grünes mit Strohigem, Nasses mit Trockenem, Frisches mit Altem, Faseriges mit Matschigem. Bei zu lockerer Schichtung kann sich ein weißer Schimmelrasen bilden.

Abhilfe: Haufen umsetzen und besser schichten.

Ursache: Material zu trocken, zu kalt.

Vorbeugen und Abhilfe: Haufen beschatten und abdecken, bei einer längeren Hitzeperiode öfter begießen. Im Winter vor extremer Kälte schützen.

Ursache: Material enthält zu wenig Stickstoff.

Vorbeugen: Den Mikroorganismen bekommt ein Verhältnis 15 bis 30 Teile Kohlenstoff auf 1 Teil Stickstoff am besten. Überwiegt der Kohlenstoff, dann fehlt ihnen der Stickstoff und die Rotte geht nur langsam voran. Zu viel Stickstoff begünstigt Fäulnisbakterien und der Stickstoff entweicht als stinkender Ammoniak in die Luft. Es zählt nur das Gewicht, nicht das Volumen. Stickstoffreich sind Grasschnitt, Gründünger, Obstreste, Hornspäne, Blutmehl, tierische Abfälle; kohlenstoffreich sind Papier, Gartenabfälle, Stroh, Sägemehl, Holz und Strauchschnitt.

Abhilfe: Stickstoff zugeben, etwa Brennnessel oder Hornspäne, oder den Haufen mit Brennnesseljauche begießen.

Ursachen: Bodentiere können nicht einwandern.

Abhilfe: Das Kompostsilo muss unten offen sein, damit Regenwürmer und Bodentiere einwandern können; verfestigten Boden vorher lockern.

Ursachen: kein Starter.

Vorbeugen: Beim ersten Komposthaufen einen Starter/Beschleuniger zugeben. Er stellt den Mikroorganismen Nahrung zur Verfügung und beschleunigt deren Arbeit. Bei den nächsten Kompostansätzen reichen einige Schaufeln reifer Kompost. Starter selbst machen: 400 Gramm Zucker und 1 Hefewürfel in einer Gießkanne voll Wasser lösen und über den Komposthaufen gießen. Bedenken Sie, dass Kompostbeschleuniger nicht die Qualität des Kompostes verbessern.

Problem: Der Komposthaufen stinkt und/oder fault.

Ursache: ungeeigneter Platz, direkte Besonnung.

Vorbeugen: Der Kompostplatz sollte ein windgeschützter, halbschattiger, nicht zu kalter Platz sein, weit genug vom Nachbarn entfernt und in Gehweite der Küche, geschützt vor direkter Sonneneinstrahlung und Regengüssen.
Abhilfe: Platz beschatten, Kompostmaterial begießen. Ein Holunderstrauch, Sonnenblumen, Stangenbohnen oder Strauchbeerobst verstecken und beschatten den Haufen.

Ursache: ungeeigneter Kompostbehälter, unzureichende Luftzufuhr.

Vorbeugen: Das Material des Kompostbehälters spielt keine Rolle, wichtig sind Löcher an den Seiten, ein Einschub und der direkte Kontakt zum Unterboden. Für kleinere Gärten eignen sich die platzsparenden geschlossenen Komposter, die zudem ordentlich aussehen und jegliche Gerüche unterbinden. Bei einem offenen Komposthaufen können Sie seitlich an mehreren Stellen einen dicken Pflock einschlagen; beim Herausziehen bleibt ein Luftloch zurück.

Problem: Der Kompost zieht Ungeziefer an.

Unerwünscht: Ratten

Vorbeugen und Abhilfe: Frei liegende Küchenabfälle, gekochte Speisereste und Fleisch ziehen Allesfresser an.

Unerwünscht: Fliegen

Vorbeugen und Abhilfe: Sauerstoffmangel führt zu unangenehm riechenden Fäulnisprozessen, die Ungeziefer anlocken. Haufen umsetzen und locker aufschichten.

Bedingt erwünscht: Schnecken

Vorbeugen und Abhilfe: Schnecken sind als Pflanzenfresser im Komposthaufen eigentlich willkommen. Vor der Eiablage im Herbst sollte man sie aber absammeln und zur Sicherheit den Kompost vor dem Ausbringen absieben. Kleine weiße bis gelbe oder durchsichtige Kugeln sind Schneckeneier.

Unerwünscht, aber harmlos: Ameisen

Vorbeugen und Abhilfe: Ameisen treten häufig auf, wenn der Komposthaufen zu trocken ist.

Ursache: Material zu feucht, enthält zu wenig Strukturmaterial; im Inneren schmierig und schwarz.

Vorbeugen: Richtige Schichtung des Komposthaufens: Die unterste Schicht bildet grobes, sperriges Material wie Reisig, Gehölzschnitt oder Stauden. Darauf kommen etwa 20 Zentimeter gut durchmischtes, zerkleinertes Material; dann einige gröbere Äste und Zweige und wieder 20 Zentimeter zerkleinertes Material und so weiter. Pro m^3 Kompostmaterial eine Schaufel reiner Kompost und 2 bis 3 Hand voll Gesteinsmehl oder Algenkalk untermischen. Eine Abdeckung aus Erde, Stroh, Laub oder einem Jutesack hält die Feuchtigkeit zurück.
Abhilfe: Tonmehl bindet Feuchtigkeit. Den Kompost notfalls locker auf eine Reisigschicht umsetzen, verdichtete innere Schichten mit trockenerem Material mischen. Danach mit Erde abdecken.

Ursache: Material zu dicht, z. B. Rasenschnitt.

Vorbeugen: Zu dicht gepacktes Kompostmaterial wie Rasenschnitt oder Laub verklebt und fault; feuchtes Material vorher antrocknen lassen und immer mit grobem Material mischen.
Abhilfe: Material durchmischen, gröbere trockene Abfälle zugeben; notfalls den Haufen umsetzen.

Problem: Der Komposthaufen sackt zusammen.

Vorbeugen und Abhilfe: Umsetzen zu kleineren Haufen.

Problem: Ausbeute zu gering.

Vorbeugen und Abhilfe: Eine geringe Ausbeute ist gerade am Anfang nicht selten. Zwei Komposthaufen bilden: einen zum Sammeln des Materials, einen zweiten, der reift.

Problem: Unkrautsamen im Kompost.

Vorbeugen und Abhilfe: Während der Heißrotte sterben Samen ab, dennoch sollten Unkräuter zur Sicherheit nur ohne Samen kompostiert werden. Eine Abdeckung schützt vor einfliegenden Samen. Kompost aussieben.

Strohmulch hilft auch, dass Früchte nicht auf nassem Boden aufliegen und damit schneller faulen.

Lebensraum Boden

In einer Hand voll guter Humuserde tummeln sich so viele Lebewesen wie Menschen auf der Erde. Sie bilden eine hochkomplexe Gesellschaft aus Tieren, Pilzen und Mikroorganismen, die den Boden überhaupt erst fruchtbar macht.

Bodenverbesserungsstoffe

	Eigenschaften
Bodenhilfsstoffe, synthetische	Styromull verbessert bei schweren Böden den Lufthaushalt, Hygromull besitzt sehr kleine Poren und erhöht in leichten Böden die Wasserspeicherung. Beides sind Schaumkunststoffe, die im Boden innerhalb einiger Jahre abgebaut werden.
Gesteinsmehl	Feiner Staub aus Gesteinen verbessert den Nährstoff- und Wasserhaushalt. Basaltmehl enthält Kalzium und Magnesium und wirkt basisch. Granitmehl enthält Silizium und reagiert sauer; die quellfähigen Tonminerale vermindern die Auswaschungsverluste.
Kalk	Bindet die Säuren im Boden und schließt Nährstoffe auf; zu viel Kalk bindet Nährstoffe und kann zu Mangelerscheinungen führen. Brannt- und Löschkalk wirken rasch und aggressiv, nur auf schwere Böden ausbringen; für leichte und mittlere Böden langsam wirkender kohlensaurer Kalk, Kalkmergel oder Algenkalk; öfter kleine Gaben auftragen, leicht einharken.
Kompost, Humus	Verbessern die Bodenfruchtbarkeit, Dünger; Wurmhumus sind Regenwurmhäufchen.
Rindenmulch	Zerkleinerte Rindenstücke unterdrücken Unkräuter und verhindern eine Austrocknung des Bodens; zum Abdecken von Beeten und Baumscheiben.
Sand	Hat eine grobe Körnung, lockert schwere oder verdichtete Böden auf und erhöht die Luft- und Wasserdurchlässigkeit.
Stroh	In den Boden eingearbeitetes Stroh verbessert die Durchlüftung.
Torf	Besitzt eine enorme Wasserhaltefähigkeit und kann schwere Böden auflockern. Geeignet für Rhododendren, Azaleen, Heidekraut und Hortensien.

Problem

leichter und sandiger Boden

schwerer und tonig-lehmiger Boden

trockener Boden

nasser Boden

verdichteter Boden

saurer Boden

alkalischer Boden

nährstoffarmer Boden

Bodenprobleme und Lösungen

Ursachen	Woran erkenne ich das?	Was kann ich dagegen tun?
Große Poren zwischen den Sand-körnern, Nährstoffauswaschung.	Krümeltest, Schlämmprobe, der Boden ist trocken und grießig.	Wasserspeichernde Stoffe zuführen; Humusanteil erhöhen; im Herbst eine 8 bis 13 cm dicke Schicht gut zersetzten Kompost ausbringen, bis zum Frühjahr liegen lassen und einarbeiten.
Hoher Tongehalt, die Tonteilchen ver-backen regelrecht miteinander.	Krümeltest, Schlämmprobe; der Boden ist kalt, oft verdichtet, schwer zu bearbeiten, neigt zu Staunässe; Nährstoffe sind kaum verfügbar, das Wurzelwachstum ist gehemmt.	Boden lockern und vermagern; zur Belüftung Sand 2 bis 5 cm bzw. Styromullflocken 1 bis 2 cm stark aufbringen und spa-tentief einarbeiten; angesäuerten Boden kalken; Humusgehalt erhöhen, Kompost einarbeiten oder Gründüngung; Boden im Herbst lockern, Winterfrost hilft die Schollen aufzubrechen.
Sandboden, kalkhaltiges Gestein im Untergrund lässt das Regenwasser sofort versickern (Rendzina).	Der Boden ist häufig steinig, Bodenprofil.	Boden vor Wind und Verdunstung schützen, mulchen, Boden-deckerpflanzen; organische Substanz zuführen; Taubildung fördern, bis zu 1 Liter Tau pro m^2; Boden nur flach bearbeiten, da sonst die Verdunstungsporen zerstört werden.
Ortstein; Podsol. Staunasser Boden, Pseudogley. Hoher Grundwasserspiegel. Schwere Tonböden halten große Wassermengen fest.	Staunässe bei Regen, sonst Neigung zu Trockenheit, saurer Sandboden. Bodenprofil; der Boden ist kalt und schlecht durchlüftet. Bodenprofil. Krümeltest, Schlämmprobe.	Hoch liegende Ortsteinschicht durchbrechen, den Boden mit Humus anreichern, Gründüngung. Den Boden auch in der Tiefe lockern, tief wurzelnde Pflanzen anbauen, evtl. in der Tiefe kalken. Boden entwässern; an der tiefsten Stelle des Gartens einen Teich anlegen, in dem sich das Wasser sammeln kann; Hochbeete für tiefer wurzelnde Pflanzen anlegen. Mit tiefer Bodenbearbeitung Abfluss verbessern, danach Kompost einarbeiten, Gründüngung.
Trampelpfad, Weg für schwere Gartengeräte, z. B. nach Baumaßnahmen.	Der Boden ist hart, neigt zu Staunässe, die Pflanzen keimen schlecht, das Wurzelwachstum ist gehemmt.	Boden durch tiefes oder doppeltes Umgraben (Rigolen) zwei Spatenstich tief lockern; das Bodenleben fördern durch Einarbeitung von Kompost und Gründüngung; Boden bedeckt halten.
Nährstoffe wurden ausgewaschen, unzureichendes Bodenleben, dichte Rohhumusauflage; Podsol.	pH-Wert ist kleiner als 7; dichte Rohhumusauflage, wenig Bodenleben.	Boden häufig mit Humus anreichern (mulchen, Gründün-gung), durch Kalkzugaben neutralisieren.
Kalkhaltiges Gestein; Rendzina.	pH-Wert ist größer als 7; häufig Kalksteine in der Erde.	Es ist schwierig, den Boden anzusäuern; keine kalkhaltigen Dünger verwenden; Kalk liebende Pflanzen anbauen, evtl. Steingarten anlegen; Hochbeet für kalkempfindliche Pflanzen.
Sandboden, Nährstoffe sind ausge-waschen und reichern sich in der Tiefe an; Podsol. Saurer Boden, die Nährstoffe sind an Tonteilchen gebunden und für die Pflanzen nicht verfügbar.	Bodenprofil, heller Sand, keine (dunklen) Humusteilchen. Kümmerwuchs und Mangelerschei-nungen trotz vorhandener Nährstoffe.	Boden mit Humus anreichern, mulchen, Gründüngung; nicht umgraben, da jede Bodenbearbeitung die Auswaschung fördert. pH-Wert durch Kalken erhöhen.

Pflanzennährstoffe im Überblick

Nährstoff	Bedeutung für Pflanze	Mangelsymptome	Überschusssymptome
Bor	Pollenbildung, Wurzelwachstum, Aufbau der Zellwände.	Häufig bei schweren Böden, hohem pH-Wert und in trockenen Jahren; erhöhter Schädlingsbefall, wenig Obstfrüchte, teils verkorkt, rötlich verfärbte, löffelartig gekrümmte Blätter, Herz- und Trockenfäule.	Nur bei Überdüngung.
Chlor	Wichtig für den Wasserhaushalt.	Ähnlich wie Manganmangel, Gelbfärbung der Blätter, Welke der Blattspitzen.	Steiltracht.
Eisen	Chlorophyllbildung (Blattgrün) und Photosynthese; Baustein vieler Enzyme.	Häufig auf kalkhaltigen, leichten, trockenen Böden, nach Kalkung, bei hartem Wasser; junge Blätter färben sich leuchtend gelb bis weiß, die Blattadern bleiben zunächst noch grün (Kalkchlorose).	Selten. Übrigens: Rindenmulch kann die Verfügbarkeit des Eisens beeinträchtigen.
Kalium	Fruchtreifung und -qualität, Wasserhaushalt, Wachstum und Standfestigkeit, Frostresistenz im Winter.	Ältere Blätter färben sich an den Rändern gelblich, dann braun (Blattrandnekrose), Welkeerscheinungen und Spitzendürre.	Selten.
Kalzium	Wurzelwachstum und -funktionen, Aufnahme von Nitrat, Eiweißbildung.	Stippigkeit bei Äpfeln, Fruchtfäule der Tomaten; Spitzendürre und Blattverformungen durch unzureichende Wurzeltätigkeit.	Begünstigt Kartoffelschorf, bindet Phosphat und Spurenelemente.

Nährstoffe

Die Pflanzen nehmen ihre Nährstoffe über die Wurzeln aus dem Boden auf. Dabei ist die so genannte Nährstoffverfügbarkeit fast wichtiger als die tatsächlich vorhandene Menge an Stickstoff, Eisen, Mangan und Co. Diese müssen nämlich erst durch Mikroorganismen aufgeschlossen werden, in einem organischen Komplex verpackt sein oder in Bodenlösung gehen. Nur dann kann sie die Pflanze aufnehmen. Wie viele das sind, hängt ab von Feuchtigkeit, Temperatur und pH-Wert des Bodens sowie von den Mikroorganismen und der Pflanzenwurzel selbst. In der Regel trifft das auf zwei Prozent aller Nährstoffe im Boden zu.

Hinzu kommt, dass eine ausgewogene Ernährung nur dann gelingen kann, wenn die Nährstoffe im »richtigen« Verhältnis zueinander vorliegen. Ein hoher Kaliumgehalt hemmt z. B. die Aufnahme von Magnesium, Bor und Mangan. Ein Kalziumüberschuss blockiert Eisen. Folglich ist Eisenmangel, verursacht durch hartes, kalkhaltiges Gießwasser, ein häufiges Symptom an Zierpflanzen. Ein Ungleichgewicht in der Versorgung mit Kalzium und Kalium führt beim Apfel zur Stippigkeit. Viele Mangelsymptome treten erst bei starker Unterversorgung auf und sind nur in einigen wenigen Fällen eindeutig (siehe Seite 116).

tipp

Hartes Wasser wird weicher und kalkfreier, wenn Sie es durch einen Wasserfilter auf Ionenaustauschbasis laufen lassen oder pro 10 Liter Gießwasser 10 bis 20 Milliliter 5-prozentigen Apfelessig einrühren.

Nährstoff	Bedeutung für Pflanze	Mangelsymptome	Überschusssymptome
Kobalt	Sorgt für die Stickstoff-bindung bei Leguminosen.	Keine Symptome bekannt.	Keine Symptome bekannt.
Kupfer	Chlorophyll (Blattgrün), Photosynthese.	Selten, am ehesten auf humusreichen Pod-solen und Moorböden; junge Blätter färben sich fleckig-gelb bis weiß.	Verringert die Eisenaufnahme und führt somit zu Eisenmangel-Symptomen (Chlorose).
Magnesium	Baustein von Chlorophyll (Blattgrün), Eiweißsynthese.	Häufig auf Sandböden, nach Kaliumdüngung und bei niedrigem pH-Wert; Gelbfärbung der Blätter, Blattadern bleiben zunächst grün.	Kann zu Kalzium- und Manganmangel führen.
Mangan	Photosynthese, Blattfärbung.	Verbreitet bei hohem pH-Wert und auf Sand-böden; Gelbfärbung der Blätter (Chlorose), die Blattadern bleiben grün.	Kleine schwarzbraune Punkte auf den älteren Blättern (Manganablagerungen oder so genann-ter Braunstein), später Chlorosen.
Molybdän	Stickstoff-Stoffwechsel.	Ältere Blätter sind blaugrün, später chlorotisch.	Führt zu keinen sichtbaren Symptomen.
Natrium	Wachstum von Blattgemüse.	Kein Mangel bekannt, vermutlich gestörter Wasserhaushalt.	Nicht bekannt; Salzschäden (Natriumchlorid) äußern sich in Blattrandnekrosen.
Phospor	Blütenbildung, Wachstum der Früchte.	Ältere Blätter und Triebe verfärben sich rötlich violett, die Pflanze bleibt klein, kümmerlich, blüht kaum oder nur verzögert, Starrtracht.	Selten, kann zu Eisenmangel führen.
Schwefel	Baustein einiger Aminosäuren und Vitamine.	Gelbfärbung der jüngeren Blätter, vermindertes Spross- und Blattwachstum; ähnlich wie Stickstoffmangel.	Sehr selten; Schwefelverbindungen werden rasch aus dem Boden ausgewaschen. Schwe-feldioxide tragen wesentlich zum sauren Regen bei; das Schadbild ist sehr viel komple-xer; es handelt sich hauptsächlich um Nähr-stoffmängel als Folge der Bodenversauerung.
Silizium	Kieselsäure stabilisiert die Zellwände und erhöht die Widerstandskraft.	Erhöhte Anfälligkeit für Krankheiten, besonders gegenüber Mehltau.	Nicht bekannt.
Stickstoff	Pflanzenwachstum, u. a. im Eiweiß und Blattgrün.	Die älteren Blätter vergilben (Chlorose), Kümmerwuchs, Notblüte.	Übermäßiges Längen- und Dickenwachstum, große weiche Blätter, die Pflanze wird anfällig für Schädlingsbefall; Obst und Gemüse verlie-ren Lagerfähigkeit, die Frosthärte von Bäumen und Sträuchern nimmt ab.
Zink	Baustein einiger Enzyme.	In Mitteleuropa sehr selten, empfindlich reagie-ren Obstbäume; Blattverfärbungen und Wachstumshemmungen.	Sehr selten, blockiert die Eisen- und Kupfer-aufnahme der Pflanze und führt zu einem entsprechenden Mangel.

Geben und Nehmen – Düngen

Düngen ist nicht einfach. Mehrere wissenschaftliche Studien aus Deutschland, Österreich und der Schweiz kamen zum gleichen Ergebnis: Entweder düngt der Hobbygärtner nach dem Motto »viel hilft viel«, also zu viel, oder er düngt gar nicht. Vier von fünf Gemüsegärten sind überversorgt mit Phosphor, oft auch mit Kalium und Stickstoff. Dem Rasen nebenan fehlt es dagegen an Kalium und Magnesium. Doch weder das eine noch das andere bekommt den Pflanzen.

Wie viel Dünger braucht die Pflanze?

Indem man gärtnernd tätig ist, unterbricht man den natürlichen Kreislauf. Viele Gartenarbeiten entnehmen dem Garten Substanz: jeder Rasenschnitt, die Ernte, das Entfernen von Laub und verblühten Rosen bedeutet einen Verlust an Nährstoffen. Dünger gleicht diesen Verlust aus. Wie viel und welchen Dünger der Garten braucht, hängt vom Boden und von der Pflanze ab.

Beim Anbau von drei Gemüsekulturen, z. B. Radieschen im Frühjahr, Bohnen im Frühsommer und Feldsalat im Herbst, ergibt das einen jährlichen Stickstoffbedarf von etwa 15 Gramm/m².

Außerdem entziehen sie dem Boden 4 bis 6 Gramm Phosphor, 15 bis 30 Gramm Kalium und 2 bis 4 Gramm Magnesium pro m². Im Obstgarten reichen in der Regel das Mulchen und das Ausbringen von Kompost aus.

Düngen mit Kompost
Der Jahresbedarf an fertigem, gut verrottetem Kompost wird im Frühjahr auf einmal ausgestreut. Es gilt: 2 bis 3 Liter pro m², bei Starkzehrern maximal 6 Liter, das entspricht einer Schichtdicke von 0,1 bis 0,6 cm. Kompost enthält 3 bis 7 Gramm Stickstoff pro Liter, reichlich Spurenelemente, Phosphor und Kalk. In der Regel müssen nur geringe Mengen Stickstoff und Kalium zugedüngt werden.

Wann bringe ich den Dünger aus?

Gedüngt wird frühmorgens, bei bedecktem Himmel, im Frühjahr, im Mai und im August. Danach bereiten sich die Pflanzen auf die kalte Jahreszeit vor. Der Rasen wird bis Oktober gedüngt. Unterlassen Sie eine vorbeugende Düngung bei gut versorgten Pflanzen. Das kann zu Ernährungsstörungen führen und einen Schädlingsbefall oder eine Infektion mit Mikroorganismen begünstigen.

Stickstoffbedarf verschiedener Pflanzen

	Beispiele Zierpflanzen	Beispiele Obst/Gemüse	Bedarf
Starkzehrer	Bartnelken, Eisenhut, Margerite, Pfingstrose, Rittersporn, Sonnenhut	Gurken, alle Kohlarten, Porree, Rhabarber, Sellerie, Tomaten, Zucchini	15 – 18 g reiner Stickstoff/m² – entspricht 3,5 kg Kompost und 60 g Horngrieß
Mittelstarkzehrer	Astern, Narzisse, Phlox, Ringelblume, Tagetes, Taglilie, Zinnien	die meisten Obstbäume und Strauchobstarten; Bohnen, Mangold, Möhren, Paprika, Rettich, Salat, Spinat	8 – 12 g reiner Stickstoff/m² – entspricht 2 kg Kompost und 30 g Horngrieß
Schwachzehrer	Astilben, Farne, Goldtaler, Lupinen, Primeln, Strohblume, Ziergräser	Erbsen, Feldsalat, Radieschen	5 – 6 g reiner Stickstoff/m² – entspricht dem natürlichen Stickstoffnachschub im Boden

	Eigenschaften	Anwendung
Organische Dünger	Die Nährstoffe werden erst durch die Bodenorganismen aufbereitet. Sie wirken relativ langsam und liefern ein ausgewogenes Angebot an allen Nährstoffen. Natürliche Dünger wie Kompost, Gründüngung, Tiermist, Jauchen und Wurmkompost erhöhen den Humusanteil des Bodens. Hornmehl und Hornspäne liefern vorwiegend Stickstoff. Eine bewährte, preiswerte Mischung für nahezu alle Kulturen ist Kompost/Horngrieß.	Eine gezielte, genau berechnete Düngung ist nicht möglich. Organische Dünger eignen sich gut für die Grundversorgung der Pflanzen; eine Überdüngung ist fast nicht möglich, aber nicht ausgeschlossen. Die Düngemittel werden immer in die oberste Bodenschicht eingearbeitet.
Mineralische Dünger oder Kunstdünger	Mineraldünger gibt es in großer Auswahl von preiswert bis teuer. Richtig angewandt, liefern Mineraldünger der Pflanze alle nötigen Nährstoffe. Sie lösen sich leicht und werden von den Wurzeln schnell aufgenommen. Es gibt Einzelnährstoffdünger und Mehrnährstoff- oder Volldünger. Langzeit- oder Depotdünger geben ihre Nährstoffe kontinuierlich über einen langen Zeitraum hinweg ab.	Volldünger eignen sich gut für Kübelpflanzen, bei denen die Bodenorganismen fehlen, sowie für schnell wachsende Einjährige. Sehr praktisch sind Langzeitdünger, die man beim Pflanzen unter die Erde mischt. Die Gefahr einer Über- oder Unterversorgung ist hierbei gering. Im Garten sind Volldünger nicht unproblematisch. Sie verleiten viele Anwender zur Überdüngung, die Pflanze braucht selten genau die vorgegebene Dosis und Zusammensetzung der Nährstoffe, außerdem werden sie rasch wieder aus dem Boden ausgewaschen (Stickstoff) bzw. im Boden fest gebunden (Phosphor). Spezialdünger sind auf die Bedürfnisse der jeweiligen Pflanzen ausgerichtete Volldünger, etwa Rasen-, Rosen- oder Rhododendrondünger. Einzelnährstoffe ermöglichen eine gezielte, am Bedarf orientierte Düngung. Wenn die Pflanze bereits Mangelsymptome zeigt, schafft ein flüssiger Blattdünger schnell Abhilfe.

praxis

Düngermenge richtig berechnen
Die Düngermenge pro m^2 berechnet sich aus der Nährstoffmenge und dem Nährstoffgehalt des Düngers.

$$\text{Dünger}/m^2 = \frac{\text{Nährstoff}/m^2 \times 100\,\%}{\text{Nährstoffgehalt des Düngers in }\%}$$

Kohlgemüse braucht als Starkzehrer etwa 15 Gramm Stickstoff pro m^2. Hornspäne enthalten rund 12 % Stickstoff. Der Jahresbedarf liegt bei 15 g/m^2 x 100 % : 12 % = 125 Gramm Hornspäne pro m^2. Auf 3 Düngungen verteilt, ergibt das 45 Gramm Hornspäne im Frühjahr und je 40 Gramm im Mai und August.

Nichts ist besser für das Bodenleben als reifer, durchgesiebter Kompost.

Mulchen

Mulchen nennt man das Bedecken freier Boden-
flächen. Das verdrängt das Unkraut, wärmt die
Erde im Winter und kühlt sie im Sommer und
hält die Feuchtigkeit im Boden. Mit der Zeit zer-
fällt das Mulchmaterial und bereichert als Humus
die Gartenerde. In der Natur bilden Laub, Nadelstreu und abgestorbenes Pflanzenmaterial eine
natürliche Mulchdecke.

Mit richtigem Mulchen Probleme vermeiden

Mulcharten:
- Grasschnitt: vorher antrocknen lassen und nur
  sehr dünn auftragen.
- Kompost: zum Mulchen und Düngen von Obst.
- Lebendmulch: essbare Untersaaten wie Feld-
  salat im Gemüsegarten, Polsterstauden im
  Ziergarten.
- Mulchdecke, -folie oder Vlies, dunkle: für Boh-
  nen, Erdbeeren, Frühgemüse, Gurken, Kürbis,
  Paprika, Tomaten.
- Nadelstreu: sauer, für Azaleen, Erika und
  Rhododendren.
- Rindenhumus: die kompostierte Rinde eignet
  sich für Gemüse, einjährige Zierpflanzen und
  junge Stauden.

Neben der Düngung und der Schutzwirkung vor Wasserverdunstung wärmt Rindenmulch die Pflanzen.

- Rindenmulch: hält mehrere Jahre, für Zier- und
  Obstgehölze, Rosen und ältere, große Stauden;
  Rindenmulch bindet beim Verrotten Stickstoff,
  daher vor dem Mulchen Hornspäne als Stick-
  stoffquelle ausstreuen; die Rinde enthält wachs-
  tumshemmende Substanzen.
- Stroh: zum Abdecken einzelner Pflanzen, etwa
  Erdbeeren.

Mulchzeiten:
- Dauermulch: etwa 5 bis 6 cm mächtige Schicht,
  die mehrere Jahre liegen bleibt; erhöht lang-
  fristig die Bodenfruchtbarkeit; Nachteil: gutes
  Versteck und Winterquartier für Schnecken.
- Sommermulch: bis zu 2 cm dick, Mulch sofort
  nach dem Pflanzen ausbringen, öfter erneuern.
- Wintermulch: bis zu 10 cm dick; Nachteil: im
  Frühjahr erwärmt sich der Boden langsamer
  als ohne Mulch.

Bodenarten und Mulch:
- Leichte, sandige Böden: ideal zum Mulchen.
- Schwere, tonhaltige Böden: Boden vorher auf-
  rauen, Mulchschicht dünn auftragen; bei star-
  kem Regen können die unteren Schichten faulen.
- Ausgetrocknete, verfestigte Böden: nicht ohne
  Vorbereitung mulchen; eine Mulchdecke bremst
  zusätzlich die Wasserverdunstung.

Problemfälle:
- Fäulnis: Eine dicke oder schwere Mulchschicht
  behindert die Bodenatmung und kann zu faulen
  beginnen. Feuchtes Material vorher antrocknen
  lassen.
- Schnecken: Frisches Material lockt Schnecken
  an. Nur dünn mulchen, nach häufigem Regen
  und im Winter öfter nach Schnecken suchen.

Gründüngung

Gründüngung ist ein sehr altes Verfahren zur Bodenverbesserung im Gemüsegarten. Man pflanzt
schnell wachsende, tief wurzelnde Pflanzen, die
im Winter absterben, und lässt sie stehen und
verrotten. Im Frühjahr werden sie in den Boden
eingearbeitet. Das durchlüftet den Boden, hält

Gründüngung, Stroh und Kompost fördern die Humusbildung. Und übrigens: Nach Baumaßnahmen ist der Boden fast immer verdichtet. Eine Gründüngung bereitet den Garten optimal auf die spätere Bepflanzung vor.

		Gründüngungspflanzen für den Garten	
	ganzjährige Aussaat	Aussaat im Frühjahr/Sommer	Aussaat im Herbst
alle Böden	Phacelia/Bienenfreund W, Kresse	Sonnenblume T, Senf	
leichter Boden		Buchweizen, Serradella W L	Winterwicke W L
leichter bis mittlerer Boden	Gelbsenf, Lupine L T	Inkarnatklee W L T	Ölrettich T, Winterraps W
schwerer Boden	Ackerbohne L, Weißklee W L	Steinklee W L	
Kalkboden	Lupine L T	Esparsette W L	

W winterhart
L Leguminose (Stickstoffsammler)
T tief wurzelnde Pflanze

ihn bedeckt und düngt auf natürliche Weise. Leichte Böden speichern mehr Wasser, schwere Böden werden durchlässiger. Schmetterlingsblütler (Leguminosen wie Lupinen, Klee oder Ackerbohne) führen dem Boden sogar zusätzlichen Stickstoff zu.

Probleme vermeiden:

- Vorsicht im Gemüsegarten: Kreuzblütler wie Senf, Raps, Ölrettich und Kresse sind mit Kohl eng verwandt und fördern die Kohlhernie.
- Keine Pflanzen aus derselben Pflanzenfamilie hintereinander anpflanzen, keine Sonnen- oder Ringelblumen vor oder nach Salaten.
- Tagetes und Ringelblume vertreiben wurzelschädigende Nematoden (siehe Nützlinge).
- Bevor Sie die Gründüngungspflanzen in den Boden einarbeiten, müssen sie abgemäht, zerkleinert und einige Tage getrocknet werden. Frisches Grün kann im Boden faulen.

Extra: Zeigerpflanzen

Zeigerpflanzen sind Wildpflanzen, die ganz bestimmte Ansprüche an den Boden stellen. Dort, wo sie verstärkt auftreten, kann man auf die Bodeneigenschaften schließen.

Übrigens: Auch Moos zeigt einen sehr feuchten, verdichteten Boden an. Bei starker Moosbildung leidet der Boden möglicherweise unter Staunässe.

Feuchter bis nasser Boden:
Ackerminze, Ackerschachtelhalm, Ampfer, Beinwell, Binse, Kriechender Hahnenfuß, Mädesüß, Scharbockskraut, Schilf, Sumpfdotterblume, Weißes Straußgras, Wiesenschaumkraut

Lehmboden, mittlerer Boden:
Bingelkraut, Persischer Ehrenpreis, Flockenblume, Huflattich, Wiesenfuchsschwanz

Sandboden, leichter Boden:
Klatschmohn, Königskerze, Hasenklee, Feldthymian, Vogelmiere

Schwerer Boden, Tonboden:
Ackerminze, Ackerschachtelhalm, Kriechender Hahnenfuß, Leberblümchen, Löwenzahn, Quecke, Sternmiere, Weidelgras, Wurmfarn

Trockener Boden:
Bibernelle, Färberkamille, Federgras, Fingerkraut, Klee, Leinkraut, Mauerpfeffer, Thymian, Kleiner Wiesenknopf, Wiesensalbei, Wolfsmilch

Die Bodentypen im Einzelnen:
- Alkalischer, kalkhaltiger Boden: Acker-Gauchheil, Ackersenf, Esparsette, Gundermann, Hopfen, Huflattich, Leberblümchen, Leinkraut, Löwenzahn, Luzerne, Kleiner Wiesenknopf, Ringelblume, Salbei, Silberdistel, Taubnessel, Wegwarte, Wiesen-Storchschnabel, Wundklee
- Kalkarmer Boden: Ehrenpreis, Hundskamille, Sauerampfer, Sauerklee, Wollgras

- Nährstoff- und stickstoffreicher Boden: Bärenklau, Große und kleine Brennnessel, Bingelkraut, Ehrenpreis, Echte Kamille, Franzosenkraut, Giersch, Hirtentäschel, Kerbel, Klette, Löwenzahn, Melde, Rispengras, Schwarzer Holunder, Taubnessel, Weißer Gänsefuß, Wiesenkerbel, Vogelmiere, Zaunwinde
- Nährstoffarmer Boden: Bibernelle, Fetthenne, Heide-Ginster, Heidekraut, Labkraut, Sonnentau, Steinbrech, Thymian

- Saurer Boden: Ackerziest, Adlerfarn, Hasenklee, Hederich, Heidekraut, Heidelbeere, Hohlzahn, Hundskamille, Hundsveilchen, Sauerampfer, Stiefmütterchen
- Stickstoffarmer Boden: Stiefmütterchen, Besenginster, Klee, Hornkraut, Hungerblümchen, Kamille, Mauerpfeffer, Wilde Möhre, Zittergras
- Verdichteter Boden: Breitwegerich, Gänsefingerkraut, Kriechender Hahnenfuß, Quecke, Tausendgüldenkraut, Weidelgras

Standortansprüche der Pflanze

Witterung und (Mikro-)Klima

Unsere Gartenpflanzen kommen mit den Jahreszeiten, also unterschiedlichen Tageslängen und Temperaturen, hervorragend zurecht. Anders sieht es bei klimatischen Extremen und lang anhaltenden ungünstigen Witterungsbedingungen aus. Eine Frostperiode im Winter ertragen Obstbäume ohne Schaden, doch ein plötzlicher Spätfrost während der Blüte kann nicht nur die ganze Ernte vernichten, sondern auch den Baum nachhaltig schädigen.

Klimafaktoren, Extreme und ihre Wirkung

Klimafaktor Licht
- Lichtmangel: Die Pflanzen verkümmern, in die Früchte wird zu wenig Zucker eingelagert.
- Intensive Sonnenstrahlung: Verbrennungserscheinungen (nekrotische Brennflecken) an Blättern, Stängel und Früchten.

Klimafaktor Temperatur
- Frost und Kälte: Die Pflanze erfriert, wenn sich Eiskristalle in den Zellen bilden. Erfrorene Blätter und Stängel erscheinen nach dem Auftauen glasig und schlaff. Beim langsamem Übergang zu Frosttemperaturen bilden resistente Pflanzen Schutzstoffe, die Kälteschäden entgegenwirken. Tatsächlich gehen im Winter mehr Pflanzen an Trockenheit ein als durch Frostschäden. Besonders gefährdet sind immergrüne Sträucher und Nadelgehölze. Ihre Wurzeln können aus dem gefrorenen Boden kein Wasser aufnehmen – es kommt zur Frostdürre. Bei trockenem Frostwetter und gleichzeitigem Sonnenschein können Baumrinden aufplatzen. Auch hier ist nicht die Kälte schuld, sondern der extreme Temperaturwechsel. Große Schäden richten Spätfröste aus; gefährdet sind alle frostempfindlichen (Kübel-)Pflanzen sowie Keimlinge, frisch ausgetriebene Blätter, Blüten und Blütenknospen.
- Hitze: Die Pflanze verliert mehr Wasser, als sie aufnehmen kann; es kommt zu Wachstumsstillstand und Welke. Kirschen und Tomatenfrüchte platzen auf, wenn es nach längerer Trockenheit heftig regnet.

Klimafaktor Wind
- Kalter Wind: Kalter Wind erhöht die Verdunstung der Pflanze, trocknet den Boden aus und kann Kälteschäden und Erfrierungen der Pflanze verursachen.
- Starker Wind, Sturmböen: Pflanzen knicken um, Blüten und Früchte fallen ab, Zweige und Äste brechen, Bäume werden entwurzelt.

Klimafaktor Niederschläge
- Starke, anhaltende Regenfälle: Der Boden wird eingeschlämmt, zarte Pflanzen brechen ab; bei gleichzeitiger Kälte können Blüten abfallen.

- Hagel: schwere mechanische Verletzungen der Pflanzen, Blüten und Früchte.
- Schnee: Bei einer zu starken Belastung können Zweige und Äste abbrechen.

Stadt- und Landklima

Das Klima zeigt regional große Unterschiede. Im Gebirge strahlt die Sonne intensiver, der Wind weht heftiger und häufiger, es regnet mehr und der Schnee liegt höher. Größere Seen mildern Temperaturunterschiede noch kilometerweit entfernt. Das so genannte Stadtklima in ausgedehnten Siedlungen ist gekennzeichnet von weniger Sonnenschein, mehr Wärme, weniger Frost und mehr Regen. Im Stadtgarten gedeihen tatsächlich empfindlichere Pflanzen als im Umland.

Veränderungen des Stadtklimas gegenüber Umland

Sonnenscheindauer und Intensität:	vermindert
Fühlbare Wärme:	um 50 Prozent höher
Temperatur im Winter:	um 3 Prozent höher
Dauer der Frostperiode:	um ein Drittel kürzer
absol. Luftfeuchtigkeit:	tagsüber niedriger, nachts höher
Niederschläge:	10 Prozent mehr Regen, weniger Schnee
Windgeschwindigkeit:	um ein Viertel langsamer
Vegetationsperiode:	bis zu 10 Tage länger

Extreme Standorte, problematische Gärten

Alle wissen es und doch wird immer wieder dagegen verstoßen: Jede Pflanze hat ihre eigenen Bedürfnisse und ihre ganz besonderen Ansprüche an den Standort – Ansprüche an den Boden und Ansprüche an Witterung und Klima. Die Bedingungen in den verschiedenen Ecken und Bereichen des Gartens können extrem unterschiedlich sein. Hier kommt etwas mehr Sonne hin, dort liegt eine Kaltluftsenke, links liegt ein Beet im Regenschatten, rechts saust der Wind ungebremst hindurch. Die Kunst ist nun, für jeden Standort die geeignete Pflanze zu finden.

Standorte und ihre Probleme

Standort	Probleme und Abhilfe
sonnig, heiß und trocken, Südseite	Boden und Pflanzen trocknen rasch aus, Wassermangel; organische Substanzen verbessern das Wasserhaltevermögen des Bodens; niedrige Pflanzen bieten weniger Verdunstungsfläche; Taubildung fördern.
schattig, Nordseite	Lichtmangel im Sommer, Kälte im Winter, die Erde erwärmt sich nur langsam; Schatten liebende (Wald-)Pflanzen und robuste spät blühende Stauden.
windig, Ostseite	Kalte Ostwinde und Frost gefährden junge Triebe und Blüten; robuste, im Hochsommer blühende Pflanzen.
Westseite	Schatten im Frühjahr, der Boden erwärmt sich nur langsam; Spätfrost; im Herbst blühende Pflanzen vorziehen.
windig, kalt	Erhöhte Verdunstung der Pflanzen, Gefahr der Trockenheit; Fläche durch eine (lichte) Hecke aus Sträuchern mit kleinen, robusten Blättern schützen, den Boden stets bedeckt halten; Gebirgs- und Küstenpflanzen kommen mit windigen Standorten zurecht; auf ausreichende Feuchtigkeit achten.
unter Bäumen	Schattig, die Pflanzen konkurrieren mit den Baumwurzeln um Platz, Wasser und Nährstoffe; unter Nadelbäumen herrscht meist ein trockenes, saures und nährstoffarmes Milieu; Schatten liebende (Wald-)Pflanzen und Farne unter sommergrüne Bäume, auf ausreichende Feuchtigkeit achten; bei ausgedehntem Wurzelsystem des Baumes die Pflanzen in ein niedriges Hochbeet setzen.
an einer Mauer	Mauern erzeugen Windwirbel und nehmen Licht; die Pflanzen stehen im Regenschatten, daher trockener Boden; Stauden erst im Abstand von 40 cm pflanzen; niedrige, trockenresistente Schattenpflanzen vorziehen und häufiger gießen.
in Meeresnähe, Küstengarten	Starker, salziger Wind; Salzablagerungen im Boden schädigen die Wurzeln, Salz auf den Blättern verursacht eine Braunfärbung; salzresistente, robuste Heckenpflanzen mit kleinen Blättern, z. B. Melde, Ölweide, Sanddorn, Tamariske, Wacholder.
Hanglage, steiles Gefälle	Rutschgefahr; Hang terrassieren, Steingarten anlegen; Schatten liebende Bodendecker am Nordhang, anspruchslose Kleinstauden und winterharte Sukkulenten am Südhang; Boden nie unbedeckt lassen.

Unkraut – wie viel darf es sein?

Was ist Unkraut?

Der amerikanische Schriftsteller Mark Twain (1835–1910) brachte es auf den Punkt: »Unkraut ist alles, was nach dem Jäten wieder wächst.« Tatsache ist, es lebt, wächst und gedeiht ohne unser Zutun, und wenn man es mit Wurzel herausreißt, kommt es wieder. Unkraut wurde weder gesät noch gepflanzt, ist weder erwünscht noch gewollt. Und doch zeigt es sich jedes Frühjahr als Erstes und erweist sich als überaus robust und zäh. Im Konkurrenzkampf um Licht, Luft, Wasser und Nährstoffe ist es den kultivierten Gartenpflanzen weit überlegen. Unkraut ist bestens an den Standort angepasst, wuchsfreudig und anpassungsfähig.

Unkraut abwehren – ja oder nein?

Ja: Es sind harte, den Kulturpflanzen überlegene Konkurrenten, die zudem das optische Gefüge stören. Unkräuter dienen außerdem vielen Schadinsekten als Wirts- und Futterpflanzen, sie bieten ihnen Schutz und Nahrung, und viele Krankheitserreger nutzen sie als Zwischenwirt.

Nein: Unkräuter liefern wertvolle Hinweise auf die Bodenqualität und das Kleinklima am Standort. Die Pflanzen fühlen sich genau an diesem Standort, auf diesem Boden und an diesem Kleinklima wohl. Wenn gewohnte Unkräuter wegbleiben und/oder neue Arten auftauchen, so ist das ein Hinweis auf Veränderungen im Boden. Wurzelunkräuter verbessern die Bodenstruktur, so lockert der gefürchtete Giersch den Boden auf. Außerdem lassen sich sehr viele Unkräuter in Küche oder Hausapotheke sinnvoll verwenden.

Was nun tun?

Das heißt: Abwehr mit Vernunft! Ein unkrautfreier Garten ist nahezu unmöglich. Konzentrieren Sie sich lieber auf die Stellen, wo Unkräuter die Wunschpflanzen bedrängen, etwa im Gemüsebeet oder zwischen Stauden. An anderen Stellen reicht es, den Wildwuchs einzudämmen. Wildkräuter tragen zum ökologischen Gleichgewicht bei; sie bieten Nützlingen Schutz und Nahrung und helfen den Zierpflanzen gesund zu bleiben.

Unkräuter als Wirtspflanzen für Krankheitserreger und Schädling

Erreger/Schädling	Unkraut/Wirtspflanze
Gurkenmosaikvirus	Vogelmiere, Hirtentäschel, Franzosenkraut
Kohlhernie-Pilz	Ackersenf, Hederich, viele Kreuzblütler
Schwarzbeinigkeit	Quecke und andere Gräser
Graufäule (Botrytis)	zahlreiche Korbblütler
Erbsenrost	Zypressenwolfsmilch
Nebliger Schildkäfer	Gänsefuß, Melde

Für den einen unliebsames Unkraut, für den anderen eine bunte Wiese.

Zwei Strategien – zwei Lösungen

Was macht Unkraut so überaus erfolgreich? Unkraut hat den optimalen Standort, den man mit Zierpflanzen nur näherungsweise erreicht. Außerdem verfügt es über zwei unterschiedliche, raffinierte Überlebensstrategien: Ein rasantes Wachstum und Unmengen von Samen kennzeichnet das Samenunkraut. Beim Acker-Hellerkraut reifen pro Pflanze bis zu 40.000 Samen, die Geruchlose Kamille bildet bis zu 200.000. Die Samen werden verschleppt, verweht oder verschwinden im Boden. Dort können sie 20 bis 40 Jahre überdauern und, wenn sie an die Oberfläche gelangen, wieder keimen. Schätzungen gehen von einigen 1.000 Samen pro m² Boden aus. Samenunkräuter sind einjährige Pflanzen, selten auch zweijährig.

Die anderen, so genannte Wurzel- oder Dauerunkräuter, erweisen sich als äußerst hartnäckig. Quecke und Distel krallen sich mit reich verzweigten, tiefen Wurzeln fest. Löwenzahn und Winde verankern sich mit einer Pfahlwurzel. Der Kriechende Günsel, Hahnenfuß und Gundermann wuchern mit Ausläufern ihre Umgebung zu. Reißt man die Wurzelunkräuter heraus, dann wachsen aus den Wurzelresten sofort neue Pflanzen.

Die Überlebensstrategien der Unkräuter geben die Strategien zu ihrer Abwehr vor: Bei Samenunkräutern müssen Sie schneller sein als die Pflanze – die Blüten dürfen nicht zur Samenreife gelangen. Harnäckigen Wurzelunkräutern kommen Sie eben auch nur mit Hartnäckigkeit bei.

Unkraut in den Kompost?

Abgerissene Blütenköpfe reifen nach und können keimfähige Samen bilden; Wurzelstückchen treiben wieder aus! Brennnessel, Giersch, Löwenzahn und Co. gehören nur in den Heißkompost oder sicherheitshalber gleich in den Restmüll. Also Vorsicht, sonst verbreitet sich das Unkraut später mit dem Kompost im gesamten Garten. Gleiches gilt für Jauchen und Brühen, die vor dem Ausbringen durch ein Sieb abgegossen werden sollten.

Die wichtigsten Unkräuter

Samenunkräuter, die während des ganzen Jahres keimen

Gänsefuß, Weißer
Merkmale: Einjährig, bis zu 20.000 Samen/Pflanze, die 20 Jahre lang keimfähig bleiben; wurzelt bis in 1 m Tiefe.
Bemerkungen: Wächst auf lockerem, stickstoffreichem Boden; Wirtspflanze für den Nebligen Schildkäfer; kann zusammen mit Vogelmiere, Hirtentäschel und Floh-Knöterich große Bestände bilden.

Hirtentäschel
Merkmale: Kleine weiße Blüten mit bis zu 90.000 Samen, herzförmige Schötchen (»Hirten-Täschlein«); Blätter bilden eine grundständige Rosette.
Bemerkungen: Wächst auch auf sehr trockenen Böden, an Wegrändern und in Pflasterritzen; Wirtspflanze für den Gurkenmosaikvirus.

Rispengras
Merkmale: Das verwandte Wiesen-Rispengras ist Bestandteil von Rasenmischungen.
Bemerkungen: Sehr verbreitet auf Rasen, in Pflasterfugen, Mauerritzen und in Gärten; zeigt einen stickstoffreichen Boden an.

Taubnessel, Rote und Weiße
Merkmale: Rote bzw. weiße Lippenblüten, vierkantiger Stängel.
Bemerkungen: Zeigt lockeren, stickstoffreichen Boden an; die Rote Taubnessel gedeiht eher im Garten, die Weiße auf Ruderalflächen; wird leicht mit Brennnessel verwechselt; essbar, Blüten eignen sich zur Dekoration von Salaten.

Vogelmiere
Merkmale: Kleine weiße Blüten, 10.000 bis 20.000 Samen pro Pflanze, bildet oft teppichartige Bestände.
Bemerkungen: Sehr verbreitet, kann bis zu 4 Generationen bilden; humoser, nährstoffreicher Boden; essbar, Samen sind gutes Vogelfutter; Wirtspflanze für den Gurkenmosaikvirus und Erreger des Kartoffelkrebses.

Samenunkräuter, die vorwiegend im Frühjahr und teils nochmals im Herbst keimen

Kamille, geruchlose
Merkmale: Bis zu 200.000 Samen/Pflanze, nahezu geruchlos, wächst größer und sieht derber aus als die Echte Kamille.
Bemerkungen: Mäßiger Boden; Futterpflanze für Schwebfliegen.

Kleine Brennnessel siehe Große Brennnessel.

Kletten-Labkraut oder Klebkraut.
Merkmale: Stark verzweigte Pflanze, über 1,2 m hoch; kleine Blüten, vierkantiger Stängel mit Widerhaken.
Bemerkungen: Auf Lehm- oder Tonboden; oft in dichten Beständen; früher als Heilpflanze und zur Milchgerinnung bei der Käseherstellung genutzt (Lab).

Knöterich
Merkmale: Blüten rosa bis purpurrot, Blätter oft schwarz gefleckt.
Bemerkungen: Häufiges Gartenwildkraut auf stickstoffreichen (Roh-)Böden.

Samenunkräuter, die vorwiegend im Herbst keimen

Greiskraut, Kreuzkraut, Senecio
Merkmale: Kleine Korbblüten, später mit seidig weicher »Haarkrone«, erinnern an den Kopf eines Greises.
Bemerkungen: Zeigerpflanze für stickstoffreichen Boden.

Schaumkraut
Merkmale: Weiße Kreuzblüten, Blätter in grundständiger Rosette.
Bemerkungen: Breitet sich in den letzten Jahrzehnten stark aus.

Wolfsmilch
Merkmale: Grünlich gelbe kleine Blüten, grüne Teile enthalten einen giftigen weißen Milchsaft.
Bemerkungen: Zypressenwolfsmilch ist Zwischenwirt für den Erbsenrostpilz.

Samenunkräuter, die vorwiegend im späten Frühjahr oder frühen Sommer keimen

Franzosenkraut, Knopfkraut
Merkmale: Bis zu 30.000 Samen pro Pflanze.
Bemerkungen: Zeigt stickstoffreiche Böden an; essbar, zarte Blätter und Stiele; Wirtspflanze für den Gurkenmosaikvirus; das aus Südamerika eingeschleppte Kraut kam zeitgleich mit den Truppen Napoleons nach Deutschland – daher der Name Franzosenkraut.

Wurzel- oder Dauerunkräuter

Ackerschachtelhalm, Zinnkraut
Merkmale: Grüne Sommertriebe mit quirlförmig angeordneten Ästen, im Frühjahr braune Sprossen mit Sporen.
Bemerkungen: Zeigt schweren, verdichteten Tonboden an; sehr tief sitzende Ausläufer; früher zum Putzen von Zinngeschirr benutzt.

Ackerwinde und Zaunwinde
Merkmale: Keimung während des ganzen Jahres, weiße Blüten mit rosa Streifen, pfeilförmige Blätter.
Bemerkungen: Kletterpflanze, windet sich an anderen Pflanzen empor; tiefe Pfahlwurzel mit meterlangen Ausläufern durchlüftet den Boden.
Tipp: Aus den Blütentrichtern kann man trinken.

Ampfer, Krauser
Blütezeit: Juli bis August.
Merkmale: Keimung im Spätfrühjahr, Blüte im Sommer; 2.000 bis 5.000 Samen pro Pflanzen, bis zu 20 Jahre lang keimfähig; Blätter grundständig, Blüten quirlartig angeordnet.
Bemerkungen: Häufiges Rasenunkraut, Pfahlwurzel mit Wurzelausläufern.

Braunelle
Merkmale: Blauviolette Lippenblüten, flacher Bodenkriecher mit Ausläufer.
Bemerkungen: Häufiges Rasenunkraut, alte Heilpflanze.

Brennnessel, Große
Merkmale: Reich verzweigter Wurzelstock mit Ausläufern.

übrigens

Vorsicht, wenn Sie Brennnesseljauche zubereiten: Die Samen sind extrem widerstandsfähig, sie ertragen Kälte, Hitze, Säuren und Basen. Jauche aus verblühten Brennnesseln unbedingt mit einem Küchenhandtuch abfiltern, sonst verteilen Sie die Samen mit der Jauche mit.

Vorsicht Riesenbärenklau!
Zwar wächst dieser eingeschleppte Riese noch nicht im Garten, dennoch ist Vorsicht angebracht. Riesenbärenklau kam vor mehr als 100 Jahren in die Schweiz, verwilderte und breitet sich seither erfolgreich aus. Mittlerweile wächst er an Wegen, entlang von Straßen und Bahndämmen. Der Pflanzensaft enthält hautreizende Stoffe, es kommt zu Rötungen, Blasenbildung und Dunkelfärbung der Haut. Man spricht zu Recht von Verbrennung.

Bemerkungen: Nähr- und stickstoffreicher Boden, hinterlässt eine dunkle, fruchtbare Erde; Futterpflanze für Schmetterlingsraupen (Kleiner Fuchs, Pfauenauge, Admiral); bewährtes Heilkraut; die Kleine Brennnessel ist ein im Frühjahr blühendes Samenunkraut.

Disteln, z. B. Acker-Kratzdistel u. a.
Merkmale: Köpfchenblüten, stachelige Blätter; Pfahlwurzel mit Ausläufern.
Bemerkungen: Futterpflanze für Insekten und Vögel; man zählte 86 Insektenarten.

Ehrenpreis
Merkmale: Kleine weiße oder bläuliche Lippenblüten von April bis Juli; Keimung im Herbst; oberirdische Ausläufer.
Bemerkungen: Häufiges Rasenunkraut.

(Gänse-)Fingerkraut
Merkmale: Gelbe Blüten, Blütezeit Mai–Aug., Fiederblätter.
Bemerkungen: Niederliegendes häufiges Rasenunkraut mit Ausläufern.

Gänseblümchen
Merkmale: Weiße Korbblüten, Blätter in grundständiger Rosette.

Bemerkungen: Häufiges Rasenunkraut; Blüten essbar.
Tipp: Verwenden Sie die Blüten zum Garnieren der Speisen und im Salat oder probieren Sie ein Butterbrot mit Blüten des Gänseblümchens.

Giersch, Geißfuß, Zipperleinskraut
Merkmale: Doldenblüten.
Bemerkungen: Zeigt stickstoffreichen Boden an; sehr häufiges Gartenunkraut, meist in größeren Beständen und äußerst hartnäckig; mit seinen unterirdischen Ausläufern durchlüftet er den Boden; junger Giersch kann wie Spinat zubereitet und als Gemüse oder Salat gegessen werden.
Tipps zur Bekämpfung: Konsequentes Mähen in kurzen Abständen oder Abdecken mit schwarzer Mulchfolie; Samenbildung verhindern.

Günsel, Kriechender
Merkmale: Blaue Lippenblüten, auf dem Boden kriechende Ausläufer, flache Wurzel.
Bemerkungen: Häufiges Rasenunkraut; sein Pflanzensaft enthält Gerbstoffe mit blutstillender Wirkung.

Hahnenfuß, Kriechender
Merkmale: Gelbe Blüten; oberirdische Ausläufer kriechen am Boden entlang.
Bemerkungen: Zeigt feucht-nassen Boden an.

Huflattich
Merkmale: Gelbe Korbblüte von Februar bis April.
Bemerkungen: Zeigt feucht-nassen Boden an; wichtige erste Nahrungsquelle für überwinternde Schmetterlinge; Heilpflanze.

Wurzel- oder Dauerunkräuter

Löwenzahn

Merkmale: Gelbe Korbblüte von April bis Juli; kugelige Samenstände mit jeweils 3.000 Fallschirmchen.
Bemerkungen: Rasenunkraut, zeigt stickstoffhaltige Lehmböden an; erste Nahrungsquelle für überwinternde Insekten; Blätter als Salat essbar; Heilpflanze.

Klee-Arten: Rotklee, Weißklee

Merkmale: Weiße bzw. rote, bis zu 90 Schmetterlingsblüten, dreiteilige Blätter mit Klee-Zeichnung.
Bemerkung: Häufiges Rasenunkraut, bei Bienen begehrt; Klee war den Kelten heilig und ist heute noch Symbolpflanze Irlands.
Hinweis: Der Sauerklee hat ebenfalls dreiteilige Blätter, bildet aber eine eigene Pflanzenfamilie.

Schafgarbe

Merkmale: Sehr kleine, weiße Blüten in doldenähnlichen Blütenständen, stark würziger Duft.
Bemerkungen: Alte Heilpflanze gegen Krämpfe und Magenbeschwerden.

Wegerich (Spitz- und Breitwegerich)

Merkmale: Blätter mit parallelen Nerven in grundständiger Rosette.
Bemerkungen: Spitzwegerich häufig im Rasen; Breitwegerich zeigt verdichteten Boden an; essbare Heilpflanze.

Vorbeugen und Abwehren

Einen Garten ohne Unkraut gibt es nicht. Allerdings lässt es sich auf ein Mindestmaß verringern.

Strategien zur Vorbeugung

Strategie	Maßnahmen
Den Zugang verwehren.	1. Qualitätssamen verwenden; sie sind weitgehend frei von Unkräutern; Mist und Kompost gut verrotten lassen, Jauche abseihen. 2. Umgraben vermeiden, es bringt keimfähige Samen an die Oberfläche.
Dem Kraut keinen Platz lassen.	1. Enge Pflanzabstände unterdrücken Unkräuter, erleichtern allerdings die Übertragung von Krankheiten. Tipp: Zwischen Pflanzen, die einen weiten Abstand verlangen, etwa Tomaten, passt eine Zwischensaat wie Radieschen oder Kresse. 2. Boden bedeckt halten: Bodendecker im Ziergarten, Mischkulturen im Gemüsegarten, Gründüngung bei Anbaupausen, Mulchen mit Kiesel- oder Rindenmulch (enthält zusätzlich saure, keimhemmende Stoffe) oder gehäckseltem Holz (Mulchschicht mindestens 5 bis 8 cm dick).

Vorhandenes Unkraut abwehren

Dazu haben Sie zwei Möglichkeiten. Entweder Sie machen dem Unkraut Konkurrenz, indem Sie ausdauernde Bodendecker wie Efeu, Kriechgehölze oder Zwerg-Gamander anpflanzen. Oder Sie versuchen mit den aufgelisteten Maßnahmen dem Unkraut Herr zu werden.

Maßnahme 1: Rupfen, jäten, hacken, graben; ein regelmäßiges Hacken des Bodens ersetzt das Unkrautjäten; Samenunkräuter haben kaum eine Chance zum Gedeien, Wurzelunkräuter verausgaben sich bis zur Erschöpfung. Die Samenunkräuter unbedingt jäten, bevor der Samen reift, Pflanzen mit reifen Samen dürfen nicht auf den Kompost. Wurzelunkräuter aushungern lassen, d. h. mit der Wurzel ausstechen oder ausgraben, danach über einen längeren Zeitraum hinweg alle Neuaustriebe entfernen, bis die Pflanze erschöpft zusammenbricht.

Übrigens: Löwenzahn, Krauser Ampfer und einige andere Unkräuter verankern sich mit einer langen Pfahlwurzel. Man entfernt sie am besten mit einem Distelstecher. Das ist eine lange halboffene Röhre, die man tief in den Boden führt und einmal dreht. Danach lässt sich die Pfahlwurzel herausziehen. Löwenzahnwurzeln haben einen leicht süßlichen Geschmack und passen gut zu Salaten.

Jäten
Die genannten Methoden fördern anfangs noch das Unkraut, da jedes Wurzelstück neu austreibt; letztlich kapituliert sie aber doch. Vorausgesetzt, Sie jäten, jäten und jäten ... Wählen Sie dazu aber die richtige Jahreszeit: Der Kampf gegen Giersch bringt im Spätsommer eher Erfolg, wenn die Pflanze nicht mehr so kräftig ist. Bei Ackerschachtelhalm brauchen Sie viel Geduld, da seine Triebe sehr tief im Boden sitzen. Anfänger verwechseln leicht Unkräuter mit zweijährigen Kulturpflanzen, die im ersten Jahr eine Rosette bilden und erst im Jahr darauf zur Blüte kommen, z. B. die Nachtkerze.

Maßnahme 2: Versalzen. 1 Teelöffel Kochsalz pro Unkraut trocknet die Wurzel aus und die Pflanze geht ein; gelingt besonders gut bei Pfahlwurzeln; Speisesalz verwenden, kein Wegesalz (!); morgens gegeben, dringt das Salz mit dem Tau schneller ein. Ideal für einzelne Pflanzen, gegen Unkraut auf Gehwegen oder zwischen Pflastersteinen.

Maßnahme 3: Ersticken. Verunkrautete Fläche mit schwarzer Mulchfolie, Pappe oder undurchlässiger Folie bedecken. Ohne Licht und Wasser gibt früher oder später jedes Kraut auf; in sonnigen Gegenden reicht eine klare Plastikfolie, die sich gut aufheizt. Ideal für große Flächen oder bei einer Neuanlage des Beetes bzw. des Gartens.

Verstecken Sie die Folie unter einer flachen Schicht Rindenmulch oder Kies. Pappe verrottet von selbst. Dauerunkräuter brauchen mehrere Monate oder gar Jahre, bis sie endgültig den Kampf aufgeben. Schneller geht die Kombination Aushungern durch Lichtmangel und gleichzeitiges permanentes Abschneiden neuer Triebe. Nicht nachlassen, es gewinnt, wer den längeren Atem hat. Schneiden Sie Schlitze hinein, dann können die Wunschpflanzen herausschauen und -wachsen.

Maßnahme 4: Abbrennen, abflammen. Kurzfristige Hitze zerstört die Gewebeeiweiße und die Pflanze stirbt ab; allerdings bleiben die Wurzeln erhalten und treiben wieder auf.

Überbrühen Sie das Unkraut mit heißem Wasser, oder benutzen Sie einen Dampf- oder Hochdruckreiniger. Im Garten- oder Baucenter finden Sie Abflammgeräte auf Elektro- oder Flüssiggas-Basis oder Infrarotstrahler. Für kleinere Flächen reicht ein Krautbrenner oder ein Bunsenbrenner.

Daumendrucktest: Drücken Sie auf das Blatt, wenn ein Fingerabdruck zu sehen ist, war die Behandlung erfolgreich.

»Kulinarische Unkrautbekämpfung«: essen statt ärgern!

Maßnahme 5: Essen statt ärgern: Bereiten Sie sich einen schmackhaften Wildkräutersalat zu. Tipps: Blüten werden am Vormittag geerntet, sobald der Tau abgetrocknet ist. Blätter (im zeitigen Frühjahr) am Nachmittag; nur junge, zarte Blätter nehmen (feinerer Geschmack); ältere und/oder im Sommer geerntete Blätter schmecken streng, behaarte Blätter sind oft kratzig oder sandig. Mischen Sie mehrere Arten, das schmeckt feiner.
Zubereitung: Blüten zum Garnieren, Blätter als Salat oder wie Spinat zubereiten. Brennnessel brennen nach dem Blanchieren nicht mehr.

tipp

Stopp: Keine Herbizide!
Herbizide sind im Haus- und Kleingarten begrenzt erlaubt (siehe Pflanzenschutz). Dennoch sollten Sie in Ihrem eigenen Interesse diese Mittel nicht verwenden, sie haben im Garten nichts verloren. Warum? Auch wenn Sie das korrekte Mittel bei geeignetem Wetter zum richtigen Zeitpunkt in der exakten Dosierung genau an der dafür vorgesehenen Pflanze ausbringen und alle Vorgaben einhalten, selbst dann gefährden Sie Ihre Wunschpflanzen. Die Substanzen hängen an den Schuhsohlen und werden über den Garten verteilt, sie werden ausgewaschen, dringen in den Boden ein und gefährden das Bodenleben und die Nachbarpflanzen. Harmlose Herbizide gibt es nicht.

Weitere Problemfälle mit Unkraut

Neuanlage von Beeten oder Rasen.
Beet oder Rasenfläche vorbereiten, Samenunkräuter jäten, Wurzelunkräuter ausstechen oder ausgraben und die Fläche 14 Tage lang brachliegen lassen. In dieser Zeit keimt ein großer Teil der Unkrautsamen. Jäten und erst danach säen oder pflanzen.

Der Garten ist sehr stark verunkrautet.
Die Fläche mehrere Monate lang mit einer schwarzen Mulchfolie bedecken. Bei einem sehr großen Garten lohnt sich, den Boden mit einer Fräse zu bearbeiten, danach gründlich abrechen und alle Wurzelstücke entfernen. Boden vor einer Neuanpflanzung zwei Wochen lang ruhen lassen, damit Unkrautsamen auskeimen.
Alternativ: Sie pflanzen Rasen ein, pflegen ihn gut und halten ihn sehr kurz. Das verdrängt die meisten Unkräuter.

Unkraut unter Ziergehölzen oder Bäumen.
Gleich nach dem Pflanzen, im Frühjahr vor Vegetationsbeginn oder im Spätherbst eine 8 bis 10 cm dicke Mulchschicht aus Rindenstücken oder Nadelholzrinde auftragen. Vorsicht: Baumrinde ist stickstoffarm und verbraucht beim Abbau sogar noch Stickstoff aus dem Boden. Das kann zu Stickstoffmangel führen, deshalb vor dem Mulchen Hornspäne ausstreuen.

Unkräuter, Moos und Gras in den Fugen der Plattenwege, Garagenzufahrten, Terrassen und Steintreppen.
Der Einsatz von Unkrautvernichtern oder Herbiziden ist auf Wegen und Einfahrten verboten. Das Gift könnte zu leicht in den Boden und ins Grundwasser eindringen. Sie müssen das Unkraut jäten, aus den Fugen ausbürsten, abschaben, mit einem Fu-genreiniger säubern oder abbrennen. Vorbeugend Fugen mit Splitt auffüllen oder mit Polsterpflan-zen zuwachsen lassen.
Unkraut auf Kieswegen: Eine poröse Plastikmembran unter der Kiesauflage lässt Regen und Dünger in den Boden durch und hält die Fläche frei. Bei Nässe kann der Boden allerdings glitschig werden.

Parasitische Pflanzen

Parasitische Pflanzen spielen im Hausgarten keine nennenswerte Rolle. Am ehesten findet man eine Mistel im Apfelbaum, in der Linde oder in der Pappel. Misteln sind Halbparasiten, d. h. sie betreiben mit ihren grünen Blättern Photosynthese, holen sich aber die Nährstoffe mit Hilfe spezieller Organe, die Haustorien, aus ihrer Wirtspflanze. Die weißen Beeren werden von den Vögeln gefressen. Große Mistelbüsche sind mindestens zehn Jahre alt, der von ihnen verursachte Schaden ist meist nur gering. Gegenmaßnahmen sind nicht nötig, in manchen Bundesländern aus Naturschutzgründen sogar verboten. Doch Vorsicht: Die gesamte Pflanze, nicht nur die Beeren, ist giftig.

Die Mistel lebt als Halbschmarotzer auf Bäumen und zapft die Leitungsbahnen der Bäume an, auf denen sie wächst.

Rasen – der Teppich im Garten

Besitzen Sie einen Rasen oder eine Grünfläche? Ein Rasen ist per Definition eine nur aus Süßgräsern bestehende, durch regelmäßigen Schnitt kurz gehaltene Grasdecke. Gänseblümchen und Löwenzahn haben da nichts zu suchen. Laut Umfragen wünscht sich jeder vierte Gartenbesitzer einen solchen sattgrünen Rasenteppich – und ist zumeist weit davon entfernt.

Rasen ist nicht gleich Rasen

Mit dem Saatgut entscheiden Sie über die künftige Qualität Ihrer Grünfläche. Als Richtwert können Sie den prozentualen Anteil von Weidelgras an der Rasenmischung nehmen. Weidelgras keimt und wächst schnell, ist zäh und belastbar. Kleine Kahlstellen wachsen rasch wieder zu. In Gebrauchs- oder Spielrasen liegt sein Anteil bei 40 bis 50 Prozent. Aber in den Zier- und Vorzeigerasen gehört es leider nicht, denn es bringt nicht das gewünschte zarte, dichte Grün. Hochwertige Zierrasen enthalten reichlich Rotschwingel, Horstrotschwingel und Straußgras.

Pflegemaßnahmen

Tatsächlich verlangt der Rasen genauso viel Aufmerksamkeit und Pflege wie die anderen Gartenbeete. Das beginnt bei der Bodenvorbereitung zur Aussaat und erlaubt nur eine kurze Winterpause.

Bodenvorbereitung und Aussaat

Rasen benötigt einen durchlässigen, humusreichen Boden, frei von Steinen und Unkräutern, mit einem pH-Wert von 5,5 bis 7,0.

So bereiten Sie den Boden für die Aussaat vor: Boden aus zwei Richtungen walzen, zwei Wochen lang brachliegen lassen, die letzten aufkeimenden Unkräuter entfernen, die Fläche walzen und gründlich wässern. Das Walzen bewirkt, dass der Samen später einen guten Bodenkontakt bekommt. Ohne diesen Bodenkontakt keimt er nicht. Die Aussaat erfolgt im April/Mai oder im August; Saatgut gut durchmischen und an einem windstillen Tag ausbringen. Pro m^2 müssen Sie 15 bis

Das Schmuckstück des Gartens: Mit der richtigen Planung können Sie im Vorfeld unnötige Arbeit und Ärger vermeiden.

tipp

- Ein leichtes Gefälle, etwa 1 bis 2 cm Höhendifferenz auf 1 m Länge, schützt später vor Staunässe und Überschwemmungen nach schweren Regenfällen.
- Feinkörniger Grassamen lässt sich gleichmäßiger verteilen, wenn Sie ihn mit trockenen Sand vermischen.
- Kahlstellen vermeiden Sie, indem Sie den Samen zweimal ausstreuen; das zweite Mal streuen Sie im rechten Winkel zum ersten Durchgang, also über Kreuz.

20 Gramm Samen veranschlagen. Anschließend das Saatgut leicht in den Boden einarbeiten, walzen und beregnen. Walzen können Sie auch mit zwei großen Brettern, die Sie sich unter die Schuhe binden. Wenn die Halme 8 bis 10 cm hoch sind, beginnt das Mähen.

Was, wenn der Rasen nicht aufgeht?

Mögliche Ursache 1: Das Saatgut war nicht mehr keimfähig.
Vorbeugen: Samen trocken, kühl und dunkel aufbewahren. Bei älteren Samen testen Sie vor der Aussaat eine Probe auf ihre Keimfähigkeit.

Mögliche Ursache 2: Der ausgebrachte Samen wurde von Vögeln gefressen, vom Wind weggeweht oder vom Regen verschwemmt.
Vorbeugen: Bei Windstille aussäen, Wettervorhersage beachten und ggf. ein Netz oder Nylonfäden über die Saatfläche spannen.

Mögliche Ursache 3: Trockenheit und/oder Kälte brachte den Keimling zum Absterben. Zu viel Feuchtigkeit oder Staunässe begünstigt Pilzinfektionen des Keimlings, der rasch abstirbt.
Vorbeugen: Den Boden durchgehend feucht halten, bis das erste Blatt sichtbar ist – das dauert etwa 14 Tage. Die Keimlinge aber nicht ertränken und Staunässe vermeiden.

Mähen

Wann und wie oft Sie mähen, das hängt von der Geschwindigkeit ab, mit der Ihr Rasen wächst. Als Richtwert gelten die Schnitthöhen 2,5 bis 3,5 cm für Zierrasen und 3,5 bis 5 cm für Gebrauchsrasen; im Hochsommer darf und sollte die Schnitthöhe generell etwas höher sein. Im Idealfall mähen Sie häufig, dann wird der Rasen dicht; Sie sollten aber nur die Spitzen mähen, denn kurzes Gras ist empfindlich. Nicht gemäht werden sollte in der Mittagshitze, bei Trockenheit oder wenn das Gras nass ist.

tipp

- Wenn Sie das Schnittgut auf dem Rasen liegen lassen, hält es die Bodenfeuchtigkeit zurück und spart das Düngen. Das klappt aber nur bei kurzem und wirklich trockenem Schnittgut: Längere Gräser bleiben liegen, verfilzen, verklumpen und begünstigen einen Wurm- und Pilzbefall des Rasens. Im Herbst werden der Rasen ein letztes Mal gemäht und das Schnittgut sowie Falllaub sorgfältig entfernt.
- Das Schneiden der Rasenkanten entfällt, wenn Sie den Rasen mit Steinplatten einfassen. Dann können Sie mit dem Mäher über die Ränder hinwegfahren.
- Stumpfe oder schlecht eingestellte Messer schlagen den Grashalm nicht ab, sondern fransen ihn aus. Das lässt den Rasen stumpf aussehen und erhöht die Anfälligkeit für Infektionen.

Wässern

Einmal täglich sprengen – das muss nicht sein. Die meisten Rasen halten es selbst im Hochsommer 5 bis 6 Tage aus. Einmal in der Woche gründlich wässern bekommt dem Rasen wesentlich besser als jeden Tag ein wenig. Gründlich heißt pro m^2 10 bis 20 Liter Wasser. Der Boden sollte spatentief feucht sein. Häufiges, aber kurzes Wässern schadet dem Rasen, denn es begünstigt ein flaches Wurzelwerk. Die flachen Wurzeln können bei Trockenheit das in der Tiefe vorhandene Wasser nicht mehr erreichen.

> Die Wassermenge können Sie gut kontrollieren, wenn Sie im Bereich des Rasensprengers einen Wasserbehälter hinstellen. Die nötige Menge ist erreicht, wenn das Wasser 1 bis 2 cm hoch steht.

Düngen

Mit dem Mähen entziehen Sie dem Rasen Nährstoffe. Was Sie ihm wegnehmen, müssen Sie mit Dünger oder Kompost wieder zuführen. Auch hier gibt es Richtwerte: dreimal im Jahr (im Frühjahr, im Juli und evtl. Ende September) einen speziellen Rasen-Volldünger, jeweils 40 Gramm Dünger pro m^2 Rasenfläche, ausstreuen. Langzeitdünger werden einmal im Frühjahr ausgebracht. Ob die Düngung ausreicht, sehen Sie an den Gräsern: wenn das Grün verblasst und die Gräser langsamer wachsen, hungert der Rasen. Der Dünger muss möglichst regelmäßig verteilt werden. Am besten gehen Sie wie beim Aussäen vor: in zwei Arbeitsgängen und über Kreuz. Übrigens: Achten Sie beim Düngerkauf auf das Etikett. Vielen Düngern sind Moosvernichter und/oder Unkrautgifte beigemischt!

Eine Alternative zum Düngen ist, im Frühjahr eine dünne Schicht fein gesiebten Kompost auf den Rasen zu verteilen und leicht einzuarbeiten. Mit dem Kompost erhöhen Sie auch den pH-Wert des Bodens, was wiederum einer Moosbildung im Rasen vorbeugt. Beobachten Sie Ihren Rasen; denn nicht immer liefert Kompost genau die Nährstoffe in den Mengen, die das Gras braucht.

Vertikutieren

Ein Filz aus liegen gebliebenem Schnittgut und abgestorbenen Pflanzenresten riegelt mit der Zeit den Boden ab. Deshalb sollten Sie den Rasen im Frühjahr und bei Bedarf im Herbst vertikutieren. Die Messer des Vertikutiergeräts oder -rechens schneiden den Filz aus der Grasnarbe heraus; der Boden wird durchlässig für Dünger und Wasser, der Rasen kann atmen. Achten Sie darauf, dass die Schneideblätter den Boden nur anritzen, nicht aufschlitzen; sonst könnten die Graswurzeln beschädigt werden. Vor dem Vertikutieren mähen, anschließend düngen. Bei kleinen Flächen reicht es meist aus, den Rasen zu belüften.

Belüften

Der Name sagt es schon, durch das Belüften im Frühjahr bringen Sie Sauerstoff in den Boden. Entweder Sie fahren mit einer Stachelwalze über den Rasen, oder Sie stechen mit einer Gabel im Abstand von 15 cm tiefe Löcher in den Rasen und bewegen die Gabel hin und her. Anschließend eine dünne Schicht Sand auf den Boden streuen und mit Rechen oder Besen verteilen.

> **praxis**
>
> **Alternative Fertigrasen?**
> Fertigrasen oder Rollrasen wird ausgelegt wie ein Teppich. Das verspricht einen schnellen Erfolg, allerdings müssen Sie die Fläche genauso vorbereiten wie bei der Aussaat. Weder das Einebnen und Unkrautjäten vorher noch das Walzen und Wässern danach bleibt Ihnen erspart. Verlegefehler führen zu braunen Bahnenrändern, am Hang können die Bahnen ins Rutschen kommen und müssen fixiert werden. Letztlich ist diese Art Rasen kaum besser, dafür aber teurer als eine Aussaat.

Die häufigsten Rasenprobleme

Unkraut

Ursachen: Pflegefehler. Entweder war der Boden vor der Aussaat unzureichend vorbereitet oder das Unkraut konnte sich später gegen die Gräser durchsetzen.

Vorbeugen: Unkrautsamen sind in Unmengen im Boden vorhanden und werden vom Wind herbeigeweht. Sie besiedeln jede Lücke und nutzen jede Schwäche des Grases aus. Gegen kräftige, wohlgenährte und dichte Gräser haben sie allerdings keine Chance. Den Rasen regelmäßig mähen, ausreichend düngen, richtig wässern und belüften. Bei Frost und nassem Wetter den Rasen nicht betreten; dabei entstehen nämlich Kahlstellen, die dem Unkraut Platz lassen. Kahlstellen rasch ausbessern.

Abwehren: Bei geringem Befall die Unkräuter von Hand jäten, kriechende Pflanzen vor dem Mähen aufrichten, damit sie erfasst werden; den Rasen gut und konsequent pflegen. Bei starkem Befall müssen Sie die Rasengräser stärken und das Unkraut schwächen. Lassen Sie den Rasen hoch wachsen, nimmt er dem Unkraut das Licht weg und es schießt in die Höhe. Mähen Sie häufig und regelmäßig die Spitzen ab. Das regt das Gras an, sich an der Basis zu verzweigen, und der Rasen wird dichter. Das Unkraut wird durch den ständigen Verlust seiner Spitzen geschwächt und schließlich verdrängt. Reichlich düngen und viel gießen. Unter optimalen Bedingungen verdrängt Gras nach einem Jahr auch hartnäckiges Unkraut.

Moose und Algen

Ursachen: Moose und Algen breiten sich aus, wenn sie gegenüber den Gräsern einen Vorteil haben. Häufig leidet der Rasen an Nährstoff- oder Lichtmangel, der Standort ist falsch oder der Untergrund ungeeignet. Ein Rasen im Schatten, auf zu dichtem, staunassem oder zu saurem Boden ist immer anfällig für Moos- und Algenwuchs.

Vorbeugen: Unterstützen Sie das Gras in seinem Wachstum. Mähen Sie regelmäßig, aber nicht zu kurz. Ein kurzer Rasen ist empfindlicher und anfälliger als ein langer. Entfernen Sie den Rasenfilz und halten Sie den Boden nur leicht sauer. Das geht in einem Durchgang: Beim Vertikutieren im Frühjahr arbeiten Sie eine dünne Schicht gesiebten Komposts sowie 100 Gramm Hornspäne pro m^2 ein. Der Kompost treibt den pH-Wert des Bodens in den gesunden Bereich, ebenso die Belüftung im Frühjahr sowie das Auffüllen der Belüftungslöcher mit Sand. Bei einem stark sauren Boden streuen Sie im Winter, wenn eine dünne Schneedecke auf dem Rasen liegt, pro m^2 etwa 150 bis 200 Gramm kohlensauren Kalk aus. Der Kalk sickert mit dem tauenden Schnee in den Boden ein.

Übrigens: Kalk beseitigt nicht das Moos, aber er verbessert den pH-Wert des Bodens. Das saure Milieu entsteht durch ungünstige Bodenverhältnisse wie Staunässe oder Sauerstoffmangel. Langfristig müssen Sie diese Ursachen beseitigen.

Gelbe oder braune Flecken und Flächen

1. Mögliche Ursache: Düngefehler. Es wurde nicht, zu wenig oder ungleichmäßig gedüngt. Den hellen Stellen fehlen Nährstoffe, insbesondere Eisen und Stickstoff. Auch Hunde können lokale Überdüngung verursachen.
Vorbeugen und Abhilfe: Rasen ausreichend und gleichmäßig düngen, das Gras höchstens auf 5 cm abmähen.

2. Mögliche Ursache: Sonnenbrand, Überhitzung.
Vorbeugung: Rasen nicht kürzer als 3 bis 4 cm schneiden, im Hochsommer eher länger lassen. Dann sind die einzelnen Gräser besser vor Hitze und Trockenheit geschützt. Sollten bereits Schäden aufgetreten sein, gedulden Sie sich: In der Regel regeneriert sich der Rasen wieder, sobald die Temperaturen nachlassen.

3. Mögliche Ursache: Trockener Boden, aufgrund eines schotterigen, kargen Unterbodens.
Vorbeugung: Boden verbessern, Rasen gut wässern.

4. Mögliche, eher seltene Ursachen:
- Hexenbesen: vergilbte Gräser innerhalb eines Ringes; zeitliches Auftreten: ganzjährig; Maßnahmen: keine wirkliche Abhilfe möglich.
- Rostpilze: rostige Stellen im Rasen im Sommer; Maßnahmen: Rasen kurz und trocken halten, gut durchlüften.
- Schneeschimmel: feuchte, runde Flecken nach der Schneeschmelze, die Gräser faulen am Blattgrund; Maßnahmen: Rasen durchlüften, ggf. Fungizide.

Schadstellen, Lücken und Löcher

1. Mögliche Ursache: Die Rasenmischung entspricht nicht der Beanspruchung.

2. Mögliche Ursache: Lichtmangel, schattiger Standort.
Vorbeugen: Spezielle Gräsermischungen oder Schattenrasen benutzen. Rasen nicht tiefer als 5 cm schneiden, ausreichend düngen, trockene Stellen gießen sowie Schnittgut und Falllaub sofort von der Rasenfläche entfernen. Zum Vergleich: An einem sonnigen Tag dringt durch die Krone eines Walnussbaums gerade so viel Licht, wie ein Schattenrasen benötigt.

3. Mögliche Ursache: Ungünstiger Untergrund.
Vorbeugen und Abhilfe: Sandboden kann Wasser und Nährstoffe nur unzureichend speichern, die Gräser vertrocknen. Unter dem geschlossenen Blätterdach einer Baumkrone kann es zu Wassermangel kommen. Gräser auf schweren, lehmigen, verdichteten oder staunassen Böden leiden unter Sauerstoffmangel. Rasenfläche im Frühjahr belüften und mit Sand auflockern. Staunässe oder geringer Humusgehalt beeinträchtigt das Bodenleben.

Übrigens: Kahle Stellen und Löcher müssen rasch gefüllt werden, sonst schießt das Unkraut in den Himmel. Kahle oder beschädigte Stelle sauber ausstechen, das Loch bis auf Rasenhöhe mit Erde auffüllen und neu aussäen. Liegen die kahlen, braunen Stellen am Wegrand, dann nehmen die Pflastersteine bzw. der befestigte Untergrund den Wurzeln zu viel Platz weg.

»Unschöne« Häufchen und Haufen

1. Mögliche Ursache: Maulwurf. Er wirft große, lockere Erdhügel auf. Die Hügel können Sie einebnen, gegen den Maulwurf dürfen und sollten Sie nichts tun. Er frisst nämlich schädliche Insektenlarven, Raupen und Engerlinge (siehe Seite 122).

2. Mögliche Ursache: Regenwurm. Kleine unregelmäßige, über die Rasenfläche verteilte Erdhäufchen kommen von Regenwürmern und lassen sich gut mit dem Rechen abkehren. Regenwürmer belüften den Rasen, arbeiten Kompost und Schnittgut ein und verbessern den Boden. Es sind äußerst nützliche Tiere, deren Anwesenheit wir begrüßen und fördern sollten (siehe Seite 123).

Stecher und Sauger

Ursache: Grasmilben, Herbstbeiß, Erntemilbe oder Erntekrätze – es gibt viele Namen für diesen Lästling. Es sind winzige, knapp 0,3 mm kleine, blassrote Larven einer Laufmilbe, die uns im Spätsommer vom Rasen vertreiben. Ihr Stich juckt heftig und ist sehr unangenehm. Grasmilben lauern auf Wiesen und Rasen, klettern Grashalme und Wiesenblumen hoch und warten auf Kaninchen, Katzen, Hunde oder eben unsere Knöchel und Waden. Am Wirt verstecken sie sich in Kniekehle, Achselhöhle oder im Schritt, ritzen die Haut an, lösen mit ihrem Speichel unser Gewebe auf und saugen es ein. Ebenso lautlos, wie sie gekommen sind, verschwinden sie wieder. Sie plumpsen auf den Boden und reifen zur 2 mm großen Milbe heran.
Vorbeugen: Grasmilben sind fast nicht zu bekämpfen. Sie bilden zeitweise eine Plage und verschwinden wieder. Insektizide dämmen diese Lästlinge kaum ein, Insektenrepellents schützen nur kurzfristig, es bleibt nur: befallene Wiesen meiden, Rasen häufig mähen, den Rasenschnitt entfernen (die Tierchen vertragen keine Trockenheit), Pflanzen nicht mit der nackten Haut berühren, die Stiche kühlen. Der Stich ist ungefährlich, allergische Reaktionen oder Komplikationen sind nicht bekannt.

Rasenschädlinge

Ursache: Verbreitet sind Engerlinge, z. B. die Larven des Gartenlaubkäfers sowie Wiesenschnakenlarven, Drahtwürmer und Erdraupen. Sie verraten sich durch gelbe, verwelkte oder abgestorbene Gräser – zieht man die Gräser heraus, sind die angefressenen Wurzeln zu sehen. Im Haus- und Kleingarten treten die Schädlinge selten in bedeutenden Mengen auf.
Vorbeugen: Rasen im Sommer länger wachsen lassen, da die Weibchen zur Eiablage einen kurz geschorenen Rasen bevorzugen.
Abwehr: Eine biologische Bekämpfung mit Nematoden ist möglich und gelingt bei den Larven des Gartenlaubkäfers sehr gut. Deren Älchen parasitieren die Larven und töten sie ab. Nematoden erhalten Sie bei Spezialfirmen als Granulat oder Gel. Ein starker Befall von Wiesenschnaken ist sehr selten. Dann muss der Rasen umgebrochen, der Boden mit der Bodenfräse bearbeitet und anschließend neu ausgesät werden. Lassen Sie sich im Zweifelsfall beraten, und nehmen Sie eine Larve mit (Unterscheidungsmerkmale, siehe Seite 94).

Gartenteich – zwischen Wunsch und Wirklichkeit

Ökosystem Gartenteich

Gartenteiche sind beliebt. Zu Recht, denn Wasser belebt den Garten, lockt nützliche Tiere an, verbessert das Kleinklima und außerdem gefällt es uns gut. Ein Fertig- oder Folienteich anzulegen ist keine Kunst. Probleme tauchen erst später auf. Warum? Es passiert so vieles im Teich: Im Wasser laufen permanent chemische Reaktionen ab, mineralische Salze lösen sich und verändern die Wasserwerte, die Sonne heizt das Wasser auf, Regenwasser und Staub fallen hinein, Insekten ertrinken, Fische atmen, fressen und knödeln, Schnecken vermehren sich, Algen und Pflanzen verbrauchen Kohlendioxid und erzeugen Sauerstoff, und nicht zuletzt gefriert im Winter auch noch der Teich zu. Das Ökosystem funktioniert nur im biologischen Gleichgewicht wirklich gut.

Probleme und Abhilfen im Teich

Die Algen nehmen überhand

Wenn Algen überhand nehmen, ist das Gleichgewicht im Teich gestört. Meist treten Algenprobleme (siehe Tabelle) in den ersten Jahren auf; in einem eingespielten Teichsystem spielen sie kaum eine Rolle.

Pflanzen sorgen dafür, dass das Ökosystem Teich im Gleichgewicht bleibt.

Langfristig helfen Sie Ihrem Teich durch eine Bepflanzung mit geeigneten Wasserpflanzen. Neue Pflanzen kommen in einen Pflanzkorb mit einer speziellen Wasserpflanzenerde. Dieses Substrat steht nur der Wunschpflanze zur Verfügung, nicht aber den Algen. Bei Folienteichen müssen Sie sowieso immer einen Pflanzkorb verwenden, da die Folie zu leicht verletzt werden könnte. Ebenfalls bewährt hat sich ein reiner mineralischer Sand oder ein Sand-Kies-Gemisch als Bodensubstrat. Fische im Teich erfordern einen zusätzlichen Teichfilter.

Wenn Sie Wasser nachfüllen müssen, geben Sie häufiger kleine Mengen nährstoffarmes Regenwasser zu: Kleine Mengen werden immer besser vertragen als große. Keine oder nur geringe Auswirkungen auf das Algenwachstum hat eine Wasserumwälzung mit Hilfe einer Tauchpumpe oder eine Aufbereitung des Wassers mit pH-Puffern.

Was Algenwachstum fördert bzw. begrenzt

Begünstigende Faktoren

- **Nährstoffe aller Art:** Fischfutter, ein nährstoffreiches Bodensubstrat, eingeschwemmte Gartenerde oder auch Leitungswasser bringen zusätzliche Nährstoffe ins Wasser.
- **Sonne:** Tageslicht regt das Algenwachstum an.
- **Hartes Wasser:** Es enthält reichlich Hydrogencarbonat, aus dem die Algen Kohlenstoff gewinnen können. Diese Fähigkeit besitzen die meisten Unterwasserpflanzen auch, aber Algen sind schneller. Hartes Wasser verschafft ihnen einen deutlichen Wachstumsvorteil.
- **Wenige oder kleine Wasserpflanzen:** Wasserpflanzen konkurrieren mit den Algen um Nährstoffe und Kohlendioxid. Sind sie noch klein, bleibt für die Algen mehr übrig.
- **Geringe Wassertiefe:** Das Wasser erwärmt sich gleichmäßig bis an den Grund, was wiederum eine Vollzirkulation ermöglicht. In der Folge werden Nährstoffe im Bodenschlamm aufgewirbelt und für die Algen verfügbar. Das Gleiche bewirken bodenwühlende Fische.

Im Herbst steht die gründliche Reinigung an: abgestorbene Pflanzen und Pflanzenteile entfernen und das Falllaub herausfischen. Es wird empfohlen, alle zwei Jahre mit einem speziellen Schlammsauger den Bodenschlamm abzusaugen.

Trübes Wasser

Normal sind Trübungen, wenn Sie große Mengen frisches Wasser einleiten, sowie im Frühjahr und im Herbst – das Wasser wird dann von alleine wieder klar.

1. Ursache: Fischbesatz.

Entweder haben Sie die Fische zu früh eingesetzt, die Tiere sind zu groß, es sind zu viele oder sie passen nicht in den Teich.

Vorbeugung: Fische sollten Sie erst dann einsetzen, wenn sich der Teich eingespielt hat. Kleine Fische bis 10 cm Länge brauchen pro Fisch 50 Liter Wasser, größere Fische erheblich mehr. Dann können sie sich alleine versorgen, eine zusätzliche Fütterung ist nicht nötig. Bodenwühlende Fische, wie z.B. Goldfische, suchen ihre Nahrung am Boden. Das geht so: Maul auf, in den Bodengrund rein, dieser wird durchgekaut und ungenießbare Stoffe werden dann ausgespuckt. Davon wird jedes Wasser in kurzer Zeit trüb.

Abhilfe: Ein Teichfilter muss installiert werden. Es gibt Filter, die außerhalb des Teiches im Boden versenkt werden. Sie sind gut zugänglich, was die Reinigung erleichtert. Manche Teichbesitzer bringen den Filter in einem für die Fische unzugänglichen Flachwasserbereich an.

Weitere Maßnahmen: Unnötige Wasserbewegungen vermeiden; die Erde in Pflanzbehältern mit einem Sand-Kies-Gemisch abdecken; den Bodenschlamm regelmäßig absaugen.

2. Ursache: Massenvermehrung von Algen und/oder Mikroorganismen.

Algen verfärben das Wasser rot oder grün. Milchige Trübungen gehen auf Bakterien zurück. Fadenförmige, schmierige Beläge an der Wasseroberfläche und aufsteigende Gasblasen zeigen

Entgegenwirkende Faktoren	Sofortmaßnahmen
• **Sauerstoff:** Er verdrängt das Kohlendioxid und entzieht den Algen eine wichtige Substanz. Sauerstoffspendende Pflanzen sind Laichkraut, Sumpfschraube, Tausendblatt, Teichfaden, Wasserhahnenfuß, Wasserpest, Wasserquirl. • **Wasserpflanzen:** Sie entziehen den Algen lebenswichtige Nährstoffe und Kohlendioxid. Bewährte algenfeindliche Pflanzen sind Froschbiss, Hornkraut, Laichkraut, Muschelblume, Tausendblatt, Wasseraloe, Wasserhyazinthe, Wasserlinse, Wasserpest, Wasserquirl. Vorsicht: Wasserlinse und Froschbiss vermehren sich sehr schnell und müssen regelmäßig ausgelichtet werden. Teilweise Beschattung der Wasseroberfläche etwa durch Schwimmpflanzen oder durch Wasserpflanzen mit großen Schwimmblättern. • **Tiefes Wasser:** Weil sich nur das Wasser im oberen Teil des Teiches erwärmt und zirkuliert, bleibt der Bodenschlamm liegen.	• **Abfischen:** Große Algenmengen abfischen, da abgestorbene Algen wieder Nährstoffe für weitere Algen liefern. • **Chemische Algenhemmer oder Algizide** klären den Teich. Doch sie beseitigen weder die Ursache noch hält die Wirkung an. Dem Teich helfen sie schon gar nicht, außerdem können sie die Wasserpflanzen schädigen. • **Farbstoffzugabe:** Spezielle Farbstoffe filtern bestimmte Wellenanteile aus dem Tageslicht heraus und unterbinden die Photosynthese und das Algenwachstum. Allerdings färbt sich das Wasser türkis. • **Keine weiteren Nährstoffe** zuführen; stattdessen schnell wachsende Schwimm- und Unterwasserpflanzen einsetzen. • **Sauerstoffbelüftung** des Teiches verdrängt das Kohlendioxid. In manchen Fällen kann sie jedoch das Algenwachstum fördern. Eine genaue Beobachtung ist nötig. • **Tonmineralien** als Bodensubstrat binden die Nährstoffe.

ausgedehnte Gärprozesse an. Treten blaugrüne Schmieralgen auf, ist das Teichwasser vergiftet.
Vorbeugung: Nährstoffangebot begrenzen, ausreichend Sauerstoff zuführen, vergleiche oben.
Abhilfe: Algen, siehe oben. Bei Fäulnisprozessen retten Sie die Fische und warten ab. Meist verschwindet die Färbung wieder, wenn die Reaktionen beendet sind. Die Rinde von Laubbäumen enthält Stoffe, die das Wasser klären können. Sie können ein Stück Baumstamm ins Wasser legen, sollten ihn aber jedes Frühjahr austauschen. Doch Vorsicht, beim Zersetzen kann er die Trübung verstärken. Im Extremfall müssen Sie den Teich ausräumen und einen anderen Bodengrund verwenden.

Überwinterung

Großputz: Der Teich muss von abgestorbenen Pflanzen, Pflanzenteilen und Herbstlaub vollständig freigeräumt werden. Sie würden im Winter faulen und dabei den Sauerstoff verbrauchen sowie Faulgase entwickeln. Stark wuchernde Pflanzen müssen zudem ausgedünnt werden.

> Wenn Sie einen Bündel Binsen oder Schilfrohr etwa 60 cm tief ins Wasser stellen, können giftige Faulgase trotz Eisdecke durch die Stängel nach oben abziehen.

Fische: Winterharte Fische fühlen sich in ihrem Teich am wohlsten und können dort verbleiben, sofern das Wasser mindestens 80 cm tief ist und nicht zu viel Faulschlamm am Bodengrund liegt. Flachere Teiche können bis auf den Grund durchfrieren; Sie müssen die Fische dann unbedingt herausnehmen.

Erste Hilfe: Falls ein flacher Teich überraschend gefriert, decken Sie ihn mit einer Folie oder Styroporplatte ab – das isoliert und rettet die Fische. Auf keinen Fall Löcher in das Eis schlagen. Dieser Stress macht den Fischen mehr zu schaffen als das Eis.

Seerosen und andere nicht winterharte Pflanzen herausnehmen und im Keller überwintern, am besten in Teichwasser, das die Pflanzen besser verkraften.

Sauerstoff: In der Regel reicht der im Teichwasser vorhandene Sauerstoff für eine Überwinterung aus. Eine zusätzliche Belüftung ist nicht nötig. Sie kann sogar gefährlich werden, wenn sie die natürliche Schichtung des Wassers stört. Im Normalfall sammelt sich das wärmere Wasser am Grunde, das kältere Wasser steigt auf. So gefriert der Teich nur an der Oberfläche und in der Tiefe überwintern die Wassertiere.

Wasser- und Schwimmpflanzen

Ein eingespielter Teich ist in Bezug auf Pflanzenkrankheiten und Schädlingsbefall recht problemlos. Am häufigsten fallen im Hochsommer Blattläuse über die Seerosen her. Anzeichen dafür sind Fraßschäden an Seerosenblättern, missgebildete Blätter sowie verfärbte, sich nicht öffnende Blüten.
Maßnahme: Die im Hochsommer häufig in großen Mengen auftretende Seerosenblattlaus, aber auch den Seerosenblattkäfer oder die Raupe des Seerosenzünslers lassen sich mit dem Schlauch abspritzen; stark befallene Blätter abschneiden. Alternativ kann man die Blätter beschweren und einen Tag lang untertauchen und die Blattläuse ertränken.

Fremdstoffe im Teich

Herabgefallenes Laub sinkt auf den Boden, zersetzt sich langsam und kann zu einer Überdüngung sowie zu Sauerstoffmangel und Faulgasentwicklung im Winter führen. Sie sollten das Laub mehrmals in der Woche abfischen. Besser ist, wenn Sie ein engmaschiges Schutznetz anbringen. Das hält nicht nur Laub fern, sondern schützt Ihre Fische auch vor Katzen. Eine Maschenweite von 5 bis 10 mm hält sogar Nadeln und Samen ab.

Dominanz einer Tier- oder Pflanzenart

In noch nicht eingespielten Teichen kommen Ungleichgewichte immer wieder vor. So können sich z.B. zeitweilig Wasserschnecken massiv vermehren. Meist hilft abwarten, denn früher oder später findet sich ein natürlicher Feind ein. Das kann ein Fressfeind oder Parasit sein, auf alle Fälle reguliert sich der Bestand meist von alleine.

Stechmücken

Stechmücken ziehen kleinere Wasserflächen vor. Weil sie ihre Eier zumeist in Regentonnen ablegen, wird die Mückenplage durch einen Wasserteich kaum größer als ohne. Die schwarzen Larven tanken mit ihren Atemröhren am Hinterleib an der Wasseroberfläche nach Luft. Bei Gefahr lassen sie sich in die Tiefe fallen, kommen aber bald wieder an die Oberfläche. Ihre Eipakete gleichen halbmondförmigen, schwarzen Schiffchen. Fische fressen einen großen Teil der Larven; ansonsten hilft *Bacillus thuringiensis israelensis* (Bti). Das Bakterium enthält ein nur für Stechmückenlarven giftiges Eiweiß. Bti gibt es als Granulat.

Ihr grimmiger Blick gilt der nächsten Mahlzeit, die aus Mücken und anderem Ungeziefer besteht.

praxis

Kleinkinder

Jedes Jahr ertrinken Kinder in einem Gartenteich: Gerade für sie stellt jeder auch noch so flache Teich eine Gefahr dar. Hinzu kommt, dass Kinder bis zu einem gewissen Alter keine Grenzen respektieren; die Faszination ist einfach größer als jedes Verbot. Vorbeugen: Wenn in Ihrer Nachbarschaft Kleinkinder wohnen, sichern Sie Ihren Teich bzw. Ihr Grundstück mit einem stabilen Zaun. Notfalls decken Sie die Teichoberfläche mit einem Baustahlgitter ab.

Arbeitserleichterung und Zeitmanagement im Garten

Gartenarbeit zwischen Lust und Last

Böse Zungen fragen bisweilen, warum der Gartenzwerg so boomt, und liefern die Antwort gleich mit: Weil man ihn nicht gießen muss. Ein Garten macht Arbeit; mancher mehr, ein anderer weniger. Doch die Arbeitsmenge lässt sich ebenso verringern wie die damit verbundene Zeit und Mühe. Die Kunst ist, den Garten so (um)zugestalten, dass die Lust überwiegt.

Tipps für eine zeitsparende Gartenarbeit

Zierpflanzen

1. Pflanzen Sie robuste, genau an diesen Standort angepasste (Wild-)Pflanzen statt empfindlicher, pflegebedürftiger (Zucht-)Sorten. Nehmen Sie nur gesunde und kräftige Pflanzen aus dem Fachhandel. Der Vorteil: Bewährte Sorten sind an-

spruchslos und gedeihen in der Regel ohne größeren Aufwand prächtig. Wenn sie außerdem winterhart sind, erübrigt sich ein besonderer Schutz.

2. Legen Sie ein Stauden- statt Blumenbeet mit wechselnder Bepflanzung an. Ein eingespieltes Staudenbeet hält mehrere Jahre lang. Sie müssen weder ein Beet vorbereiten noch einpflanzen oder abräumen. Das Unkraut halten Sie mit einer Mulchschicht fern.

3. Bevorzugen Sie Zwiebel- und Knollenpflanzen statt Neuanpflanzungen. Einmal gepflanzt, kommen Tulpen und Hyazinthen Jahr für Jahr wieder. Das Laub lassen Sie nach der Blüte stehen, denn die Pflanze braucht die Nährstoffe, um im nächsten Jahr wieder auszutreiben. Sie müssen lediglich die Samenkapseln entfernen. Unter Blütenstauden sieht man die trockenen Blätter nicht mehr.

4. Nehmen Sie zweijährige Sommerblumen wie Stockrosen oder Nachtkerze; sie säen sich von alleine aus. Schütteln Sie die Samen einfach an Ort und Stelle aus – der Rest regelt sich von alleine. Für einjährige Pflanzen gibt es Saatbänder. Die Samen sind so angeordnet, dass für jede Pflanze ausreichend Platz bleibt; ein Ausdünnen erübrigt sich.

Bäume, Sträucher, Hecken

1. Entscheiden Sie sich für einen Baum mit kleiner Krone. Sie haben alle Vorteile eines Baums, ohne dass Sie allzu viel Herbstlaub zusammenkehren müssen.

2. Freie Hecke statt Schnitthecke: Das alljährliche Heckenschneiden entfällt; außerdem bietet die freie Hecke aus verschiedenen Sträuchern zahlreichen Nützlingen Lebensraum und Nahrung. Einheimische Gehölze wie Liguster, Kornelkirsche, Berberitze oder Pfaffenhütchen müssen Sie nur im ersten Jahr gießen. Noch einfacher und außerdem platzsparend ist ein Holzzaun mit Kletterpflanzen.

Rosen

Schneiden Sie Strauch- und Kletterrosen nur nach Bedarf. Ein Schnitt alle paar Jahre reicht oftmals aus. Auf den Herbstschnitt können Sie ganz verzichten.

Rasen

1. Begrenzen Sie die Rasenfläche auf das Nötigste, und pflanzen Sie Gebrauchsrasen statt Zierrasen an. Er braucht weit weniger Pflege, noch anspruchsloser ist eine Blumenwiese, eine Grünfläche oder eine Bepflanzung mit Bodendeckern. Eine Blumenwiese muss zweimal jährlich gemäht werden; das allerdings ist mühsam und geht oft nur mit einer Sense.

2. Pflanzen Sie eine große zusammenhängende Rasenfläche statt einzelner Blumeninseln. Rasenränder durch Platten oder Kantsteine begrenzen. Das Mähen geht einfacher und schneller; ein Nachschneiden der Kanten entfällt.

3. Mähen Sie den Rasen häufiger und lassen Sie das Schnittgut als Mulch liegen; das Zusammenrechen und Beseitigen des Schnittguts entfällt. Die abgemähten Grashalme fallen von alleine zwischen die Graspflanzen und sparen Dünger, verdrängen Moos und Unkraut und verbessern den Boden. Ein längerer Rasen braucht allerdings weniger Wasser als das kurz geschnittene Gras.

Obst und Gemüse

1. Pflanzen Sie kleinwüchsige Obstbäume und -sträucher in Kübeln anstatt eines Baums mit großer Krone im Garten. Ihr Vorteil: kleinere Ernte, kein Schneiden, weniger Laub.

2. Pflanzen Sie einzelne Gemüsepflanzen zwischen Zierpflanzen statt ins Gemüsebeet, denn diese benötigen Zeit und Pflege. Zwischen den Zierpflanzen laufen ausgewählte Gemüsearten einfach mit.

3. Lassen Sie Ernterückstände im Gemüsebeet stehen. Das Kompostieren und spätere Ausbringen des fertigen Komposts entfällt, die Nährstoffe bleiben unmittelbar an der Stelle, wo sie gebraucht werden.

Wege

1. Einzeln verlegte Trittplatten oder Mulchpfade statt Kieswegen sind pflegeleichter. Rindenmulch wird regelmäßig nachgelegt, eine Reinigung entfällt. Anders die Kieswege: Kieselsteine setzen mit der Zeit eine Patina aus Algen, Flechten oder Moosen an, werden verschleppt und lassen in ihren Lücken Platz für Staub und Unkraut. Außer Rindenmulch eignen sich Holzschredder oder Dekorinde.

2. Bei größeren gepflasterten Flächen die Fugen mit Splitt füllen statt mit Sand. Im Splitt keimen Unkräuter schlechter, lassen sich leichter herausziehen und vertrocknen rasch in der Sommerhitze. Oder Sie lassen die Fugen mit Gras oder Bodendecker bewachsen.

»Kleinkram« und immer wiederkehrende Arbeiten

1. Legen Sie ein kleines Feuchtbiotop statt eines aufwändigen Gartenteichs an. Ein wassergefülltes kleines Gefäß, Holzfass, Kübel oder Trog mit einer Seerose und einigen Wasserpflanzen bepflanzt, sieht hübsch aus, ist pflegeleicht und schnell entsorgt.

2. Beregnen lassen statt gießen. Ein Regner ist kostengünstig und pflegeleicht. Vielleicht kommt für Sie ein Bewässerungssystem in Frage. Für Kübelpflanzen und Balkonkästen können Sie ein einfaches System sogar selbst bauen. Dazu brauchen Sie Kübel oder Kästen mit Zwischenboden und mehrere Saugdochte oder Stoffstreifen. Der untere Teil des Kastens dient als Wasservorrat und ist mit den Dochten mit dem eigentlichen Pflanzkasten verbunden. Das Wasser wandert alleine hoch – Sie müssen nur noch Wasser nachfüllen. Allerdings brauchen die Gefäße einen Überlauf, falls es heftig regnet.

3. Regelmäßiges Hacken statt Unkrautjäten. Noch besser sind eine Mulchdecke oder bodendeckende Pflanzen. Häufiges Hacken hindert das Unkraut am Wachsen. Eine Mulchdecke verdrängt das Unkraut und hält den Boden feucht. Mulch, der im Laufe des Jahres verrottet, muss nicht mehr entfernt werden; Splittmulch hält viele Jahre lang. Gemulchte Beete sollten 5 bis 6 cm tiefer liegen als ihre Umgebung. Das verhindert ein Verschleppen des Materials, da z.B. Vögel den Mulch nicht herausscharren können.

4. Gezieltes Umgraben und gelegentliches Lockern spart Zeit. Wenn Sie umgraben, dann entweder im Herbst oder im Frühjahr. Im ersten Fall kann der Boden im Winter besser durchfrieren, die Schollen zerfallen und werden krümelig. Beim Umgraben im Frühjahr bringen Sie die Unkrautsamen an die Oberfläche. Das hat den Vorteil, dass Sie jäten können, bevor die eigentliche Pflanzung beginnt.

5. Gezieltes Säubern im Herbst statt eines allgemeinen Großputzes verringert die Arbeit auf das Nötigste. Wichtig ist, dass der letzte Rasenschnitt und das restliche Laub vom Rasen entfernt werden. Aber verzichten Sie den Vögeln zuliebe auf einen Gehölzschnitt und das Entfernen der abgestorbenen Staudenstängel. Die Tiere finden hier im Winter Nahrung und Schutz.

6. Überlegt kompostieren spart Arbeit. Einige Kompostmaterialien müssen vorher aufbereitet werden, so muss Rasenschnitt z. B. erst trocknen. Trocknen, zusammenrechen, kompostieren und wieder ausbringen – manchmal geht es einfacher. Lassen Sie das Schnittgut gleich auf dem Rasen liegen. Darauf achten, dass es nicht zu dicht aufliegt und trocken ist.

**Checkliste:
So übersteht der Garten
Ihren Urlaub**

1. Unkraut jäten.
2. Gründlich wässern.
3. Nackte Erde bedecken, also mulchen oder Gründünger pflanzen; für Blumenkästen und Kübelpflanzen fragen Sie den Nachbarn oder Sie vertrauen der Technik.
4. Verblühtes und bald Blühendes abscheiden.
5. Rasen auf 3 bis 4 cm mähen, düngen und gründlich wässern.

7. Hilfe durch Technik? Motor- und Elektrogeräte können Arbeit und Zeit sparen, aber sie müssen auch gewartet werden. Nicht jedes Gerät eignet sich für jeden Garten. So können Sie kleinere Rasenflächen mit dem Vertikutierrechen ausreichend gut belüften. Maschinen zur Bodenbearbeitung lohnen sich nur bei großen freien Flächen. Laubsauger erscheinen ökologisch und ökonomisch recht unsinnig; sie sind wenig effektiv, laut und saugen mit dem Laub auch nützliche Kleintiere ein.

Wenn der Rücken schmerzt

Vier von fünf Bundesbürgern leiden mindestens einmal im Leben unter Rückenschmerzen. Hobby- und Freizeitgärtner sind keineswegs davon ausgenommen, im Gegenteil: Falsche Arbeitstechniken und -haltungen belasten Wirbelsäule und Bandscheiben. Intensive Gartenarbeit am Wochenende kann, vor allem nach fünf Tagen Schreibtischtätigkeit, die Rückenmuskulatur verspannen und überdehnen. Was können Sie tun?

Rückenfreundliche Arbeitsgeräte

Kaufen Sie sich nur gute, handliche und bewährte Gartengeräte. Der Stiel von Schaufel, Spaten und Rechen muss so lange sein, dass Sie mit aufrechtem Oberkörper bequem stehen und arbeiten können. Viele Geräte gibt es mittlerweile in einer leichteren Version. So wiegt ein professioneller Spaten gut zwei Kilogramm, einer mit Aluminiumblatt weniger als die Hälfte. Tragen und Schleppen müssen nicht sein: Nutzen Sie wann immer es geht einen Schubkarren oder zumindest eine Sackkarre.

Die Haltung machts

Die wichtigsten Lehrsätze aller Rückenschulen lauten: Halten Sie den Rücken gerade. Arbeiten Sie aus den Beinen heraus. Heben und tragen Sie Lasten nahe am Körper. Verteilen Sie die Gewichte sinnvoll. Benutzen Sie Gehirn, Arme und Beine und schonen Sie Ihren Rücken. Konkret bedeutet dies: Graben, rechen, Rasen mähen – egal, was Sie tun, tun Sie es aufrecht und mit geradem Oberkörper. Hacken, pflanzen, Unkraut jäten – eine gebeugte Haltung gilt als beschwerlich, vor allem wenn man nur den Oberkörper beugt. Zum Bücken gehen Sie aus der Schrittstellung in den halben Kniestand, so dass Sie auf dem hinteren Bein knien.

Schneiden Sie Bäume und Sträucher nie über Kopf. Kaufen Sie sich eine gute Leiter.

Schwere Erdsäcke, Kübel, volle Gießkannen – heben und tragen Sie die Lasten richtig. Sie stellen sich nahe an die Last, gehen in die Knie, spannen die Bauchmuskeln an und heben die Last aus den Beinen heraus an. Nicht der Oberkörper arbeitet, sondern die Beine. Je weniger der Rumpf vorgeneigt ist, umso besser geht es. Atmen Sie aus, wenn Sie sich anstrengen.

Nehmen Sie lieber zwei halb volle Gießkannen – auf jede Seite eine – als eine volle. Schleppen Sie schwere Gegenstände zu zweit oder benutzen Sie einen Schubkarren.

Fegen, Schaufeln, Schneeschippen – bei Drehbewegungen bewegen Sie den ganzen Körper; arbeiten Sie aus den Beinen und der Hüfte heraus.

Hochbeete
Bei der Arbeit am Hochbeet entfällt das den Rücken belastende Bücken. Es kann sehr ansprechend gestaltet werden, integriert sich nahezu in jeden Garten und bringt eine reiche Ernte. Als ideales Maß gilt eine Höhe von 80 bis 90 cm. Bei einer maximalen Breite zwischen 100 und 130 cm lässt sich das Hochbeet gerade noch von beiden Seiten gut bearbeiten. Die Länge richtet sich nach dem vorhandenen Platz.

2

Die kranke Pflanze

Vom Wesen der Krankheit

Wann ist eine Pflanze krank?

Zwischen dem Zustand des Gesundseins und dem des Krankseins liegt keine scharfe Abgrenzung – es sind zwei Zustände, die fließend ineinander übergehen. Die Frage lautet: Ab wann ist eine Pflanze wirklich krank? Reicht es, wenn ein Pilz vereinzelte, stecknadelkopfgroße Flecken auf einem Kirschblatt verursacht? Die Pflanze ist infiziert, doch die Flecken beeinträchtigen die Fruchtentwicklung in keiner Weise. Sind kreisrund ausgestanzte Löcher in den Blättern von Rosen ein Schaden? Oder hat die Blattschneiderbiene, die mit den Blättern ihre Nester tapeziert, vielleicht sogar einen Nutzen? Wie schlimm ist eigentlich das Schaumnest der Zikade? Was können die Jungzikaden anrichten, wenn sie schlüpfen?

Unser Garten und seine Pflanzen ist ein Teil des natürlichen Lebenszyklus: Tiere, Mikroorganismen und Unkräuter kommen und gehen. Im Idealfall besteht ein Gleichgewicht zwischen unseren Pflanzen und ihren Besuchern. Die Pflanze wird mehr oder weniger geschädigt, aber nicht ernsthaft gefährdet. Nur selten entwickeln sich ausgeprägte Symptome oder Schadbilder, was unter natürlichen Bedingungen die Ausnahme darstellt.

Allerdings ist der Garten eine von uns geschaffene und gestaltete Lebensgemeinschaft, die in dieser Form in der Natur nicht vorkommt. Folglich herrscht selten ein ideales Gleichgewicht und wir müssen unsere Pflanzen beobachten, manchmal auch schützen: Bleibt es bei den Flecken? Wie sehen die Nachbarpflanzen aus? Kann ich den Standort optimieren? Oft hilft abwarten, denn vieles regelt sich von selbst. In manchen Fällen aber müssen Sie sofort eingreifen. Die nächsten Seiten helfen Ihnen bei der Entscheidung: abwarten, spritzen oder vernichten.

Entstehung und Verlauf

Der Pflanze ergeht es kaum anders als uns: Krankheitserreger gibt es viele, doch nur in wenigen Fällen können sie uns etwas antun. Pilzsporen schaffen es nur selten, sich an der gesunden Haut festzusetzen. Die Abermillionen Bakterien, die wir täglich einatmen oder mit der Nahrung verschlingen, scheitern an unserer Abwehr. Erst wenn wir geschwächt sind, haben diese Organismen eine Chance.

Die gesunde Pflanze ist keineswegs wehrlos: Mit ihrer derben äußeren Haut schützt sie sich vor Eindringlingen. Giftige oder bitter schmeckende Inhaltsstoffe verleiden Fraßschädlingen den Appetit. Mit Hilfe mehrerer Abwehrstrategien bekämpfen sie Infektionserreger oder isolieren sie von gesundem Gewebe. Eine geschwächte Pflanze aber tut sich schwer mit ihrer Abwehr. Dann haben Krankheitserreger ein leichtes Spiel, vorausgesetzt, sie tauchen am richtigen Ort zum richtigen Zeitpunkt auf.

übrigens

Gefahr für den Menschen?
Pflanzliche Krankheitserreger sind für den Menschen nicht gefährlich. Die Viren, Bakterien und Pilze können unsere Haut nicht durchdringen. Wenn wir sie mit dem Obst oder Gemüse verzehren, dann setzt ihnen der Magen mit aggressiven Säuren zu. Im Darm werden sie rigoros von der Abwehr attackiert; auch die Darmwand stellt eine nahezu unüberwindbare Barriere dar. Auch unsere Körpertemperatur von 37 °C gibt ihnen den Rest. Einem gesunden Menschen können diese Mikroorganismen also nichts anhaben. Allerdings lässt sich eine Gefährdung von Patienten mit einem ausgeprägten Immundefekt nicht gänzlich ausschließen. Vereinzelt wurden tatsächlich Infektionen durch entsprechende Pilze festgestellt. Allergiker könnten gefährdet sein, wenn mehrere ungünstige Faktoren zusammenkommen, etwa eine sehr große Menge an Sporen in einem geschlossenen Raum, was aber eher unwahrscheinlich ist.

Der richtige Ort, der richtige Zeitpunkt

Schädlinge und Krankheitserreger müssen an die richtige Stelle gelangen. Je nach Angreifer ist es Blatt, Stängel, Blüte, Frucht, Same, Wurzel oder Knolle der Wirtspflanze. Viren nutzen zum Transport Blattläuse, Zecken und einige andere Schadinsekten. Andere Infektionserreger sind auf den Zufall angewiesen. Pilzsporen wie der Echte und der Falsche Mehltau überwinden mit Hilfe des Windes Entfernungen von mehreren hundert Kilometern. Nematoden hängen an Gartengeräten und Samen und tummeln sich in großer Zahl in verunreinigter Erde. Mit etwas Glück werden sie in neue Gebiete zu neuen passenden Wirtspflanzen ge- und verschleppt.

Auch der Zeitpunkt muss stimmen: Erreger von Keimlingskrankheiten wie der Umfallkrankheit bringen Keimlinge zum Absterben; an älteren Pflanzen rufen sie hingegen keine größeren Schäden hervor. Der Pilz *Botryotinia fuckeliana* befällt nur Weintrauben, die bereits ausreichend viel Zucker enthalten – Pech für ihn, wenn er an einer unreifen Traube landet. Die Kirschfruchtfliege legt ihre Eier nur an gelben Kirschen ab. Dieses enge Zeitfenster kann man in vielen Fällen zum Schutz der Pflanzen nutzen; so lässt sich allein durch eine geschickte Wahl des Pflanz- und Erntezeitpunkts mancher Schädling überlisten.

Doch selbst wenn Ort und Zeit stimmen, kommt es immer noch nicht gleich zur Infektion. Viren können nicht aus eigener Kraft in die Pflanze eindringen, sie brauchen den Saugrüssel einer Blattlaus. Pilze und Bakterien schlüpfen durch offene Wunden oder Spaltöffnungen der Blätter. Auch die Witterung spielt eine wichtige Rolle. Viele Dauerstadien von Bakterien oder Pilzen keimen nur bei einer bestimmten Feuchtigkeit und Temperatur. Der Apfelschorfpilz braucht einen Wasserfilm auf der Blatt- oder Fruchtoberfläche; bei Trockenheit kann er nichts anrichten. Fachleute können aus der Anzahl der Stunden, in denen die Blätter nass sind, und der Temperatur berechnen, ob und in welchem Ausmaß ein Befall mit Apfelschorf droht. Danach richten sich die Gegenmaßnahmen. Anderen Erregern setzt ein Zuviel an Wasser zu, etwa dem Echten Mehltau. Er nimmt das vorhandene Wasser ungebremst auf, bis er platzt.

Nur wenige Erreger schaffen es, in die Pflanze einzudringen und deren Widerstandskraft zu überwinden. Die Krankheitssymptome bilden sich umso heftiger aus, je stärker der Erreger und je schwächer die Pflanze ist. Die Symptome können lokal begrenzt auftreten oder der Erreger breitet sich vom Infektionsort über mehr oder weniger weite Teile der Pflanze aus.

Auch Pflanzen leiden unter Stress
Unter Stress versteht man eine besondere Belastungssituation, die nicht unmittelbar lebensbedrohlich sein muss. Eine Pflanze steht unter Stress, wenn das dichte Kronendach eines Nussbaums ihr das Licht nimmt, es über längere Zeit hinweg nicht regnet oder die Wurzeln einer Nachbarpflanze zu nahe an sie heranrücken. Die Stressbelastung ist sogar messbar. Die Pflanzenzellen bilden nämlich Stresshormone, die letztlich das Wachstum bremsen, eine Notblüte auslösen, die Fruchtbildung verhindern, einen vorzeitigen Blattfall auslösen oder die Pflanze schneller altern lassen. Eine gestresste Pflanze ist ein leichtes Opfer für Schädlinge und Krankheitserreger.

Symptome und Schäden

Unter Symptomen versteht man Abweichungen im Erscheinungsbild der kranken Pflanze von der gesunden Pflanze. Es sind Reaktionen auf den Erreger, so z. B. Verfärbungen, Blattwelken, -krümmungen, Pusteln, Aufreibungen, Gallbildungen oder andere Wucherungen. Schäden gehen einher mit Substanzverlusten, etwa Astbruch oder Blattfraß. Schäden können nicht mehr repariert werden. Das Schadbild kann sich im Verlauf der Zeit ändern; häufig überlagern sich Schäden und Symptome und erschweren die Zuordnung zum Verursacher.

Schlüssel für Schäden und Symptome an Blättern, Wurzeln und unterirdischen Pflanzenteilen (Rüben, Kollen, Zwiebel), Knospen, Stängel, Holz, Blüten und Früchten sowie Wachstumsstörungen

Schäden und Symptome an Blättern

1	a	Blattfarbe verändert sich oder farbige Flecken, Streifen oder Muster.	siehe 2
	b	Andere Symptome (Belag, Verform./Missbildungen, Welke/Fäule, Verletzung/Fraßschaden).	siehe 12
2	a	Blätter verfärben sich mehr oder weniger einheitlich.	siehe 3
	b	Blattspitzen und/oder Blattränder verfärben sich.	siehe 6
	c	Auf den Blättern erscheinen Flecken, Muster, Streifen oder Sprenkelungen.	siehe 7
3	a	Vor allem die unteren bis mittleren (älteren) Blätter verfärben sich.	siehe 4
	b	Vor allem die oberen (jüngeren) Blätter verblassen oder verfärben sich hellgrün bis gelb.	siehe 5
	c	Blätter hellen nach kalter Witterung rasch auf.	Kälteschaden (S. 116)
4	a	Blätter verlieren Blattgrün und werden hellgrün bis gelb (Chlorose).	Stickstoffmangel (S. 146)
	b	Blätter verfärben sich zwischen den Mittelrippen braun oder rot.	Phosphormangel (S. 115)
	c	Zwischen den Blattnerven bilden sich gelbe, später braune Flecken.	Magnesiummangel (S. 115)
5	a	Blätter werden vom Rand her gelbgrün bis gelb, die Hauptadern bleiben grün.	Manganmangel (S. 115)
	b	Blätter verblassen und werden gelbgrün bis hellgelb (Chlorose), die Blattadern bleiben grün und scharf abgesetzt.	Eisenmangel, Kalkchlorose (S. 115)
6	a	Von Blattspitzen/-rand aus verfärbt sich Blatt gelb (Chlorose), kurz darauf braun (Nekrose).	Kaliummangel (S. 115)
	b	Blattspitzen werden gelb und welken.	Trockenheit, Bodenprobleme (S. 115)
	c	(Jüngere) Blätter verfärben sich nach kalter Witterung an den Blattspitzen rosa bis rot.	Kälteschaden (S. 116)
7	a	Dunkle bis schwarze, meist größere Flecken.	siehe 8
	b	Blätter mit helleren Mustern, Streifen oder Sprenkelungen oder farb. Flecken.	siehe 9
8	a	Nach direkter Sonneneinstrahlung erscheinen braunschwarze, scharf abgegrenzte Flecken.	Hitzeschaden, Verbrennung (S. 116)
	b	Gelbbraune bis braunschwarze Flecken.	Blattälchen/Nematoden, Platzmine, Faulstelle (S. 105)
	c	Braune, korkige Flecken.	Korkflecken als Folge einer Verletzung/Wachstumsstörung
	d	Graugrüne bis braunschwarze Flecken an Blättern und Stängel.	Kraut-/Knollenfäule an Kartoffel, Braunfäule an Tomate (S. 65)
9	a	Blätter erscheinen auf der Oberseite gelblich gesprenkelt oder getüpfelt, zahlreiche kleine helle Pünktchen, Blätter teils mit Blei- oder Milchglanz, teils glänzen sie silbrig, Blätter können kleben (Honigtau) und sind häufig verformt, gekräuselt oder blasig aufgetrieben.	Saugschädlinge (Milben (S. 107), Schildläuse (S. 81), Zikaden (S. 81), Blattläuse (S. 82), Thripse (S. 100) u. a., Glanz durch Lufteinschlüsse
	b	Blattminen, helle, geschlängelte Gangminen, Fraßgänge zwischen Blattober-/Blattunterseite.	Blattminierer (Miniermotten, Minierfliegen) (S. 90)
	c	Andersartige Blattflecken.	siehe 10
10	a	Flecken sind mosaikartig angeordnet, auch Streifen, Bänder, Ringe oder Linienmuster sind möglich; mind. 3 verschiedene Farbabstufungen von hell- bis dunkelgrün, gelblich oder weißlich; scharfe Abgrenzung zum gesunden Gewebe.	Mosaik- oder Ringfleckenkrankheiten (Virosen) (S. 55)
	b	Zunächst kleine, helle, runde oder eckige Flecken, mit oder ohne lichtem Rand, erscheinen glasig-wässrig; färben sich später dunkel, vergrößern sich und fließen zusammen.	Bakterielle Blatt- und Fettfleckenkrankheiten (S. 58)
	c	Blattflecken mit kleinen schwarzen Pünktchen (Sporenlager) im Zentrum.	siehe 11 (Pilzkrankheiten)
	d	Meist zahlreiche farbige, weißlich grüne oder rote Pocken oder Flecken auf Blattunterseite.	Blattgallen (Gallmilben) (S. 106)
11	a	Zunächst vereinzelte Flecken auf den Blättern breiten sich mehr oder weniger schnell aus, unterschiedliche Farben (gelblich, braun, grau, rötlich, schwarz), Formen und Größen, im Zentrum das dunkle Sporenlager.	Blattfleckenpilze (S. 58)
	b	Dunkelfarbige Punkte, Flecken oder eingesunkene Stellen an Blättern, die Flecken fließen zusammen.	Brennfleckenpilze (S. 71)
	c	Auf Blattoberseite farbige, meist kleine hellorange oder gelbliche, teils eingesunkene Flecken; auf Unterseite rostfarbene bis dunkle, oft warzenähnliche Pusteln, Pusteln stäuben.	Rostpilze (S. 66)
	d	Schwarzbraune, rußige oder verstaubt wirkende Flecken auf der Blattoberseite, oft klebrig (auf Honigtau).	Rußtau- und Schwärzepilze, Sternrußtau an Rose (S. 68)
	e	Andersartige Pilzflecken.	Sprühflecken-, Schrotschusskrankheit, Schorfpilze u. a. Pilze (S. 68)
12	a	Blätter mit (abwischbarem) Belag.	siehe 13
	b	Andere Symptome (Verformungen/Missbildungen, Welke/Fäule, Verletzung/Fraßschaden).	siehe 16
13	a	Weißer (Pilz-)Belag, puderartiges Geflecht.	siehe 14 (Mehltau)
	b	Andersartiger Belag.	siehe 15
14	a	Auf der Blattoberseite gelbe bis bräunlich violette Flecken, auf der Blattunterseite weißlicher, hellbrauner oder violettgrauer Pilzrasen; Belag nicht abwischbar.	Falscher Mehltau (S. 62)
	b	Auf der Blattoberseite puder- oder mehlartiges weißes Geflecht, verfärbt sich später schmutzig-braun; Belag abwischbar.	Echter Mehltau (S. 63)

Schäden und Symptome an Blättern (Fortsetzung)

15	a	Klebriger Belag, manchmal zusätzlich von rußiger, schwarzbrauner Schicht bedeckt.	Honigtau, darauf Schwärze-/Rußtaupilze (S. 68)
	b	Grüner, schmieriger Belag.	Algen, Moose (S. 38)
	c	Weißgrauer, verkrusteter Belag.	Kalk- oder Salzablagerungen
	d	Grauweißer, braungelber bis rosafarbener Schimmelbelag.	Grauschimmel (S. 72)
	e	Halbkugelige braune Schilde (Napfschildlaus); weißer, flaumiger Wachs (Woll- oder Schmierlaus); Schaumnester (Schaumzikade), Gespinste (Spinnmilbe), Schleim (Nacktschnecken), Hüllen und Häute.	Tierische Schädlinge
16	a	Blätter mit Verformungen oder Missbildungen.	siehe 17
	b	Blätter mit Gallbildungen.	Gallmilben, -wespen und andere Gallerzeuger (S. 106)
	c	Andere Symptome (Welke/Fäule, Verletzung/Fraßschaden).	siehe 18
17	a	Junge Blätter gerollt, gekräuselt, blasig aufgetrieben, manchmal auch verklebt; zusätzlich Saugschäden (Tüpfelungen, Silberglanz), manchmal auch Saugschädlinge sichtbar.	Saugschädlinge wie Milben (S. 107), Blattläuse (S. 82), Blattwanzen (S. 81), Zikaden (S. 81) u.a.
	b	Blätter versponnen, gekrümmt oder eingerollt; darin befindet sich eine Larve.	Nester der Wickler (S. 101), Motten, Blattrollwespen u.a.
	c	Gekräuselte, verdickte, blasig aufgetriebene oder schmale und in Form veränderte Blätter.	Vergiftung, Infektionen wie Tomaten-Fadenblättrigkeit (Virus), Kräuselkrankheit beim Pfirsich (Pilz), blasige Auftreibung auch nach Kälte (S. 55)
18	a	Blätter mit Absterbeerscheinungen wie Welke oder Fäule.	siehe 19
	b	Andere Symptome (Verletzung/Fraßschaden).	siehe 20
19	a	Blätter welken in rascher Folge; bei starkem Befall wirft die Pflanze vorzeitig Blätter, Blüten oder Früchte ab; Triebe können absterben – bei Gefäßkrankheiten häufig dunkle Streifen am Trieb oder verfärbte Adern.	Wurzelschädlinge, Infektion der Wurzel oder des Stängels (S. 79), Welke- und Brandkrankheiten (S. 68), Bodenproblem (Trockenheit, Staunässe)
	b	Braunschwarze Blattflecken, Blätter vergilben, verfärben sich schmutzig-grünbraun; Faulstellen zum Teil mit weißem, rosafarbenem Pilzmyzel.	Pilzinfektionen, Welke- und Fäulniskrankheiten (S. 60)
20	a	Löcher in den Blättern, abgestorbenes (nekrotisches) Blattgewebe ist herausgefallen (z.B. Schrotschusskrankheit) oder wurde bei heftigem Regen oder Hagel herausgeschlagen.	Nekrose, Hagelschaden u. Ä. (S. 27)
	b	Blätter mit Fraßschäden.	siehe 21
21	a	Schabefraß: nur die Blattoberfläche wird abgeschabt.	Schnecken (S. 108), Asseln (S. 120)
	b	Kaufraß: das Pflanzengewebe wird nicht vollständig verzehrt, sondern nur zerkaut, Blattrippen und starke Fasern bleiben stehen.	Larve des Getreidelaufkäfers (S. 86)
	c	Kahlfraß oder Skelettierfraß: ganze Pflanzenteile werden mehr oder weniger vollständig aufgefressen, stärkere Blattadern bleiben als Skelett erhalten.	Käferlarven/Käfer (Kartoffelkäfer, Maikäfer) (S. 84), Raupen des Kohlweißlings (S. 88), Blattwespenlarven (S. 91)
	d	Fensterfraß: erst wird eine Blattseite abgefressen, danach die andere, größere Blattadern bleiben stehen.	Lilienhähnchen (S. 85), Erdfloh (S. 84), Raupe der Kohleule (S. 88), Kohlmotte (S. 88)
	e	Blattrand- oder Buchtenfraß: am Blattrand sind Kerben und Buchten herausgefressen.	Blattrandkäfer (S. 101), Dickmaulrüssler (S. 100)
	f	Lochfraß: herausgefressene Löcher.	Zahlreiche Käfer (S. 84), Schmetterlingslarven (S. 103)
	g	Gespinstfraß: die Schädlinge schützen sich mit einem Gespinst.	Raupen der Gespinstmotte (S. 92)
	h	Minierfraß: Minen und Fraßgänge im Innern des Gewebes, zwischen Blattober- und Blattunterhaut (Schlangenmine, Gangmine, Platzmine, Blasenmine).	Minier-, Zwiebelmotte, Minierfliegen, Gallmücken (S. 90)
	i	Nagefraß: Spuren der Nagezähne sind erkennbar.	Mäuse, Wühlmäuse, Kaninchen (S. 111/112)

Schäden und Symptome an Wurzeln und unterirdischen Pflanzenteilen (Rüben, Knollen, Zwiebel)

1	a	Wurzel/Zwiebel/Knolle mit Verformungen, Missbildungen oder Gallen.	siehe 2
	b	Andere Symptome (Verfärbungen, Fäulen, Verletzungen/Fraßschäden).	siehe 4
2	a	Vermehrte Bildung von Nebenwurzeln, Wurzelbart.	Wurzelgallenälchen (S. 105)
	b	Kropfartige Wucherungen.	Wurzelkropf (Bodenbakterien) (S. 57)
	c	Knotige Verdickungen und Anschwellungen an den Wurzeln oder Gallen.	siehe 3
3	a	An Kohlpflanzen, Verdickungen und Knoten sind im Inneren massiv.	Kohlhernie (S. 65)
	b	Kleinere Anschwellungen oder Zysten an der Wurzel.	Wurzelälchen, Zystenälchen (S. 105)
4	a	Wurzel/Zwiebel/Knolle mit Verfärbungen.	siehe 5
	b	Wurzel/Zwiebel/Knolle mit Faulstellen, trockene oder Nassfäule.	siehe 6
	c	Andere Symptome (Verletzungen/Fraßschäden).	siehe 7
5	a	Knollen mit braun-grauen Flecken und rissiger, rauer Haut.	Schorf (Kartoffel-, Sellerie-) (S. 71)
	b	Blauschwarz verfärbte Rettiche; verkrümmte, missgestaltete Formen.	Rettichschwärze, Schwarzfäule (S. 66)
6	a	Kartoffelknollen mit braunem Inneren; an der Oberfläche graue, leicht eingesunkene Flecken.	Knollenfäule der Kartoffel (S. 65)
	b	Zwiebel mit Faulstellen.	Zwiebelhalsfäule, -grundfäule (S. 68)
	c	Faulende, zerstörte Rhizome oder Wurzeln.	Rhizomfäule, Wurzelfäule (S. 65)
7	a	Fraßschäden, Welke und Kümmerwuchs bis hin zum Absterben.	siehe 8
	b	Zwiebel und Wurzelgemüse mit weichem, breiigem Inneren und Faulstellen, evtl. Maden.	Maden der Wurzelfliegen (S. 94)
8	a	Minierte, durchgebissene, angefressene Wurzeln, bodenlebende Insekten/Larven vorhanden.	Drahtwürmer, Engerlinge (S. 93), Käferlarven, Maden.
	b	Nagefraß, Spuren der Nagezähne sind erkennbar.	Wühlmaus, Feldmaus, Feldhase, Wildkaninchen (S.111/112)

Schäden und Symptome an Knospen

1	a	Blütenknospen treiben nicht aus, verbräunen und können abfallen.	Frostschaden, Bormangel (S. 116), Knospenbräune (S. 69)
	b	Saug- und Fraßschädlinge an Knospen.	siehe 2
2	a	Angefressene oder abgebissene Knospen.	Vögel, Raupen (S. 103), diverse Käfer, Ohrwurm (S. 99)
	b	Knospen öffnen sich nicht oder kaum.	siehe 3
3	a	Knospen sind mit Honigtau verklebt und können abfallen.	Saugschädl., z. B. Blattsauger, Wanzen, Läuse u. a. (S. 95)
	b	Knospen beherbergen eine Larve bzw. sind ausgefressen.	(Apfel-, Birnen-)Blütenstecher (S. 96)
	c	Knospen sind vergrößert, blasig aufgetrieben, verbräunen (Rundknospen).	Johannisbeergallmilbe (S. 106)

Schäden und Symptome an Stängel, Holz sowie Wachstumsstörungen

1	a	Wachstumsstörungen der gesamten Pflanze oder großer Teile der Pflanze.	siehe 2
	b	Andere Symptome am Stängel (Verfärbungen, Belag, Missbildungen, Welke/Fäule).	siehe 3
	c	Schäden und Symptome am Holz.	siehe 8
2	a	Pflanze bleibt klein oder gestaucht: verkürzte Stängel, kleine Blüten oder Kümmerwuchs.	Virusinfektion (S. 55), Standortproblem (S. 115)
	b	Pflanze wächst übermäßig lang und ist nur spärlich beblättert.	Lichtmangel (S. 26)
	c	(Jung-)Pflanze fällt um; an der Stängelbasis oder an unterirdischen Strunkteilen finden sich weiche dunkle oder faulige Stellen.	Infektion mit Bodenpilzen, Umfallkrankheit (S. 70), Schwarzbeinigkeit (S. 70)
	d	Seitenknospen treiben verstärkt aus, dadurch besenartiges Aussehen der Pflanze.	Besenwuchs (S. 56), Hexenbesen (S. 116)
	e	Die Blütenblätter bleiben laubartig und klein, Blüten verkrüppelt.	Blütenvergrünung (S. 55)
3	a	Stängel mit Verfärbungen, Flecken oder Faulstellen; Blätter können welken, Triebe verdorren.	siehe 4
	b	Andere Symptome am Stängel (Verformungen/Missbildungen, Verletzung/Fraßschaden).	siehe 5
4	a	Leitbündel braun verfärbt, Verfärbungen an Blättern.	Schwarzadrigkeit (S. 59)
	b	Fäulnis; verstopfte Leitbahnen, die Blätter welken vorzeitig.	Verschiedene Fäulnis- und Welkekrankheiten (S. 68)
5	a	Stängel mit Verformungen oder Missbildungen.	siehe 6
	b	Andere Symptome am Stängel (Verletzung/Fraßschaden).	siehe 7
6	a	Junge Triebe gekräuselt, verkrümmt, seltsam geformt; Triebe zum Teil verklebt.	Saugschädlinge (Blattwanze, Kommaschildlaus, Blattlaus, Blutlaus) (S. 96), Infektionen wie Kräuselkrankheit (S. 65)
	b	Stängel an der Basis verdickt, verdreht, gespalten.	Stängelälchen (S. 106)
7	a	Fraßschäden an Keimlingen.	Springschwanz (S. 78), Tausendfüßer (S. 106),
	b	Stängel angefressen und abgeknickt, in der Knospe entwickeln sich Larven.	Schnecken (S. 108), Blütenstecher (S. 95)
	c	Minierer und Gallbildner am Stängel.	Triebgallen, Triebbohrer (S. 97), Maiszünsler (S. 98)
8	a	Verfärbungen, Flecken, Pusteln an der Rinde allgemein.	siehe 9
	b	Verfärbungen, Flecken, Pusteln an der Rinde von Strauchbeeren (Rutenkrankheiten)	siehe 10
	c	Andere Symptome an der Rinde (Verformungen/Missbildungen, Welken und Absterben der Triebe, Verletzungen, Fraßschäden).	siehe 11
9	a	Rötlich bis bräunliche Verfärbungen an vorjährigen, noch grünen Trieben und Stämmen, die Rinde kann aufreißen, häufig an Rosen.	Rindenfleckenkrankheiten (Rindenbrand, -flecken) (S. 70)
	b	Rinde verfärbt sich, Triebe sterben ab; darauf rötlich beige, stecknadelkopfgroße Pusteln.	Rotpustelkrankheit (S. 70)
10	a	Rotbraune bis violette Flecken auf den Ruten der Himbeere, untere Rutenteile hell verfärbt; Gewebe reißt auf, der Trieb trocknet ein.	Rutenkrankheit der Himbeere (S. 70)
	b	Kleine grüne, später rot werdende Flecken am Rankengrund oder länglich-ovale, silbrig bis hellbraune Flecken mit dunklem Rand.	Rankenkrankheit, Rindenkrankheit der Brombeere (S. 69)
	c	Tragruten treiben nicht mehr aus; graubraune Verfärbungen an der Basis.	Himbeersterben (S. 69)
11	a	Verformungen und Missbildungen an der Rinde.	siehe 12
	b	Andere Symptome an der Rinde.	siehe 13
12	a	Eingesunkene, abgestorbene, aufgeplatzte Rindenbereiche, wulstartige Missbildungen.	Obstbaumkrebs (S. 69)
	b	Wachswollartige, watteähnliche Ausscheidungen an Zweigen, Trieben sowie an Wunden, aufgeplatzte Rinde, krebsartige Wucherungen.	Blutlaus und Blutlauskrebs (S. 96)
	c	Keulenartige Verdickungen mit goldgelben Zäpfchen.	Birnengitterrost an Wacholder (S. 66)
	d	Rosenäpfel an Zweigen, Gallen mit Larven.	Rosengallwespe (S. 98)
13	a	Vorzeitige Welke und Absterben der Triebe.	siehe 14
	b	Tierische Schädlinge an der Rinde.	siehe 15
	c	Längsrisse, Verletzungen der Rinde, Gummifluss.	Frostschäden (S. 116), mechanische Verletzung
14	a	Blätter welken rasch, nekrotische Flecken an der Rinde, Gummifluss.	Bakterienbrand, Rindenbrand (S. 58)
	b	Plötzliches Absterben einzelner Äste und Zweige, verbranntes Aussehen der Blätter/Triebe.	Feuerbrand (S. 58)
	c	Blütenbüschel und Triebspitzen hängen herab, welken und sterben ab, dunkle Verfärbungen.	Monilia-Spitzendürre (S. 69)
	d	Minierer, Gallbildner zerfressen das Mark, Ein-/Ausbohrlöcher, welke, absterbende Triebe.	Rosentriebbohrer, Glasflügler (S. 97)
15	a	Saugschädlinge.	Schildläuse (S. 81), Blutläuse (S. 96), Obstbaumspinnmilbe
	b	Fraßschädlinge.	Wühlmaus, Feldhase, Wildkaninchen, Wild (S. 111/112)

Schäden und Symptome an Blüten

1	a	Blüten mit Verfärbungen oder Belag.	siehe 2
	b	Andere Symptome (Belag, Verformungen/Missbild., Welke/Fäule, Verletzung/Fraßschaden).	siehe 3
2	a	Weiße oder gelbliche Streifen auf den Blütenblättern von Zwiebelpflanzen.	Buntstreifigkeit (S. 57)
	b	Bläulich graue Flecken auf den Blütenblättern von Zwiebelpflanzen – Schimmelbelag; die Blüte bleibt stecken, Triebe verkrüppelt.	Grauschimmel, Tulpenfeuer, Narzissenfeuer (S. 72) u. a.
	c	Blüten bleiben grün.	Blütenvergrünung (S. 55)
	d	Braune, unansehliche Blüten nach kalter Witterung oder Spätfrost, Blüten können abfallen.	Kälteschaden (S. 116)
3	a	Blüten mit Saugschäden und punktförmigen Einstichen, bei Thripsen auch Kotflecken.	Wanzen, Thripse (S. 77)
	b	Angefressene Blüten und Blütenknospe.	Vögel, Raupen, verschiedene Käfer

Schäden und Symptome an Früchten

1	a	Früchte fallen vorzeitig ab, nur wenige Früchte reifen.	Frostschaden, mangelnde Bestäubung, Standortprobleme
	b	Früchte mit Verfärbungen oder Flecken.	siehe 2
	c	Früchte mit anderen Symptomen.	siehe 7
2	a	Auf den Früchten braune, scharf abgegrenzte Flecken – die Früchte schrumpfen einseitig.	Hitzeschaden, Verbrennung (S. 116)
	b	Kernobst	siehe 3
	c	Steinobst	siehe 4
	d	Beeren	siehe 5
	e	Weitere Früchte mit Symptomen.	siehe 6
3	a	Zahlreiche kleine, bräunl. Flecken auf der Fruchtschale; gehen bis ins Fruchtfleisch hinein.	Stippe (S. 116)
	b	Früchte mit unterschiedlich großen, braunschwarzen verkorkten Flecken.	Schorfpilz (S. 71)
	c	Früchte mit Korkstellen.	Folge früherer Verletzungen (Wanzen, Aufplatzen)
4	a	Kirschen mit runden, braunen, eingesunkenen Flecken, weißen Pilzpusteln, die Frucht schmeckt bitter.	Bitterfäule an Kirsche (S. 71)
5	a	Erdbeeren weißrosa bis bräunlich verfärbt.	Lederfäule (S. 65)
	b	Brombeeren mit roten, sauren Teilbeeren.	Brombeergallmilbe (S. 106)
6	a	Gurkenfrüchte mit charakteristischen Mosaik- oder Ringflecken.	Mosaik-, Ringflecken (S. 56)
	b	Hülsenfrüchte mit rundlichen, braunen, etwas eingesunkenen Flecken.	Brenn-, Fettfleckenkrankheit (S. 71)
	c	Rostpilzflecken auf Hülsenfrüchten.	Bohnenrost (S. 71)
	d	Tomaten mit schmutzig braunen Flecken, Fruchtfleisch verfärbt, verhärtet.	Kraut- und Braunfäule (S. 65)
7	a	Früchte mit Verletzungen, Verformungen oder Missbildungen.	siehe 8
	b	Früchte mit anderen Symptomen (Fäulen/Schimmel, Fraßschäden).	siehe 10
8	a	Aufgeplatzte Früchte, Früchte mit Rissen.	Witterungseinflüsse wie Temperaturschwankungen, heftiger Regen nach Trockenheit
	b	Kernfrucht mit verhärteter Frucht, Beulen und Vertiefungen.	Steinfrüchtigkeit (S. 57), Bormangel (S. 116), Wanzen (S. 81)
	c	Verformungen an Steinfrüchten.	siehe 9
9	a	Früchte bleiben zunächst klein oder fallen ab; später mit weißen Blasen, Frucht vergrößert.	Kräuselkrankheit (S. 65)
	b	Von Narben übersäte, rissige Steinfrucht mit braunem, zähem Fruchtfleisch.	Scharka-Krankheit (S. 57)
	c	Lange, flache, schotenförmig gekrümmte Steinfrucht, mit Pilzbelägen.	Narren- oder Taschenkrankheit (S. 71)
10	a	Früchte mit Faulstellen oder Schimmelüberzug.	siehe 11
	b	Früchte mit anderen Symptomen (Fraßschäden).	siehe 13
11	a	Braunschwarz verfärbte, durchgefaulte Früchte.	Monilia-Fruchtfäule (Braunfäule) (S. 72)
	b	Früchte mit Schimmelüberzug.	siehe 12
12	a	Große braune Faulstellen mit kreisförmig angeordneten gelb-grauen, pustelartigen Sporenlagern (Polsterschimmel).	Monilia-Fruchtfäule (Polsterschimmel) (S. 72)
	b	Filzig-weißer Pilzbelag auf den (Beeren-)Früchten.	Echter Mehltau (S. 71), Amerikanischer Stachelbeermehltau
	c	Zunächst braune Flecken, dann überzieht dichter mausgrauer Schimmelüberzug die Frucht.	Botrytis-Grauschimmel (S. 72)
13	a	Angefressene, angepickte Früchte.	Vögel (S. 113), Wespen (S. 100)
	b	Minierende Fraßschädlinge, »Obstwürmer«.	siehe 14
14	a	Ausgehölte, von Larven zerfressene Haselnüsse.	Haselnussbohrer (S. 96)
	b	Ausgehölte Hülsenfrüchte, im Innern Larven, Puppen oder Käfer.	Samenkäfer (S. 100)
	c	Verkorkte Miniergänge (Bohrfraß), beim Apfel bogenförmige Fraßminen mit Ein- und Ausbohrloch, bei Pflaumen seitliches Einbohrloch, verkotetes, ranzig riechendes Fruchtfleisch.	Larven der Sägewespen (S. 101)
	d	Wicklerraupen (»Obstmaden«, »Obstwürmer«) in der Frucht, Bohrfraß, zerfressenes Fruchtfleisch.	Apfelwickler (Apfelwurm) (S. 101), Pflaumenwickler (S. 102), Fruchtschalenwickler (S. 102) u. a.
	e	Kirsche mit bräunlichen, eingesunkenen Stellen, angefressenes, miniertes Fruchtfleisch, Ausbohrloch, Kirschwurm.	Kirschfruchtfliege (S. 102)

Viren und Bakterien

Feuerbrand
(Seite 58)

Blattfleckenkrankheit
(Seite 58)

Scharka-Krankheit
(Seite 57)

Gurkenmosaik
(Seite 56)

bakterielle Tomatenwelke
(Seite 59)

Viren und Bakterien sind vergleichsweise einfach gebaute Kleinstlebewesen (Mikroorganismen). Ein Bakterium mit 1/1.000 mm Länge kann man gerade noch mit einem guten Lichtmikroskop erkennen – Pilze sind etwa hundertmal größer, Viren etwa hundertmal kleiner. Diese Winzlinge waren die ersten Lebewesen auf der Erde und beeindrucken vor allem durch ihre Überlebenskünste. Dank einer rasanten Vermehrung und der enormen Anpassungsfähigkeit eroberten sie alle Lebensräume. Sie leben in heißen Quellen, in der Tiefsee und überstehen sogar Weltraumspaziergänge. In ihren Dauerformen sind sie nicht umzubringen. Als Botaniker im Herbarium des Kew Garden in England Erdkrümel an Pflanzen untersuchten, die vor 200 bis 300 Jahren getrocknet und eingelagert wurden, fanden sie lebensfähige Sporen verschiedener Bacillusarten.

Viren

Das lateinische Wort »virus« heißt »Gift«, und als giftige Krankmacher wurden diese seltsamen Gebilde vor etwa 110 Jahren entdeckt. Viren sind extrem klein und nehmen bizarre geometrische

Formen ein. Ihre Hülle gleicht einem Stäbchen, einer Kugel, einem vielseitigen Polyeder oder anderen Figuren. Alleine können Viren nicht leben und sich nicht vermehren, d. h., ohne Wirt kommen sie um. Sie verändern die Geninformation der infizierten Wirtszelle, manipulieren dessen Stoffwechsel und zwingen sie, bestimmte Bausteine herzustellen, die sich zu neuen Viren zusammenfügen. Schließlich platzt die Wirtszelle auf und die Viren infizieren neue Zellen. Manchmal verharren Viren jahrelang in der Wirtszelle, ohne etwas anzurichten. Der Wirt ist infiziert, aber nicht krank.

Derzeit kennt man rund 1.000 Pflanzenviren. In Mitteleuropa verursachen einige hundert von ihnen Pflanzenkrankheiten, die erhebliche Schäden anrichten können. Die Symptome reichen von harmlosen, lokal begrenzten Farbveränderungen bis zur völligen Vernichtung der Wirtspflanze.

Wichtig ist zu wissen, dass Viren nicht aktiv in die Pflanze eindringen können, sondern durch Blattläuse, Zikaden, Wanzen, Milben und andere Pflanzensauger übertragen werden. So trägt z. B. die Grüne Pfirsichblattlaus rund 100 Pflanzenviren von Pflanze zu Pflanze. Blattläuse sind die wichtigsten Überträger von Viruskrankheiten an Pflanzen, aber nicht die einzigen. Viren hängen an Pollen, Samen, Pilzen, Knollen und Zwiebeln. Sie verstecken sich in Unkräutern und Zwischenwirten oder lassen ihre Dauerformen mit den Wind über größere Strecken tragen. Der Gärtner verschleppt sie in gesunde Gartenecken, denn die Viren hängen an seinen Händen, an den Gartengeräten und in verseuchter Erde. Auch durch Pfropfen gelangen Viren in eine gesunde Pflanze.

In der Wirtspflanze breitet sich das Virus von Zelle zu Zelle aus; entsprechend erscheinen die Symptome. Sobald das Virus die Leitbündel erreicht hat, wandert es an die Wurzel und in die Sprossspitze und besiedelt die gesamte Pflanze.

Virusinfektionen sind nicht heilbar. Man kann lediglich den Schaden begrenzen, also infizierte Pflanzenteile entfernen und die Ausbreitung verhindern. Bei massiven Symptomen muss die Pflanze vernichtet werden. Kranke Pflanzen gehören nicht auf den Kompost, sondern in den Restmüll.

Virosen

Vorbeugen und Gegenmaßnahmen:
- Robuste, resistente Sorten wählen.
- Nur gesunde Samen, Zwiebeln und Pflanzen kaufen; neue Pflanzen zunächst auf Symptome beobachten.
- Vorsicht Nachbarpflanzen: Mosaikviren, die Blattgemüse befallen, überdauern in Unkräutern aus der Familie der Kreuzblütler.
- Auf Gartenhygiene achten, gegebenenfalls die Hände und Geräte desinfizieren.
- Blattläuse abwehren, die Pflanzen nach dem Blattlausflug und -befall beobachten und befallene Pflanzenteile rasch entfernen.
- Kranke und abgestorbene Pflanzen sowie Erntereste entfernen, nicht auf den Komposthaufen geben.
- Pflanzen mit geeigneten Mitteln stärken.

Viruskrankheiten an Knospe und Stängel

Blütenvergrünung, Verzwergung, Missbildung

Schadbild: Wachstumsänderungen/-störungen wie Zwergwuchs, missgebildete Blätter, verkürzte Stängel, kleine Blüten; Blütenvergrünung wie grüne, teils verkrüppelte Blüten und laubartige, kleine Blütenblätter.
Übertragung: Durch Blattläuse.

Erreger: Mykoplasmen und Viren.
Wirtspflanzen: Zier- und Nutzpflanzen, besonders Dahlien, Lilien, Chrysanthemen sowie Beerenobst.
Beispiele: Verzwergung der Erdbeeren, scheckige Verzwergung bei Möhren, Petersilien, Chrysanthemenstrauch.

Besenwuchs (Triebsucht), Hexenbesen

Schadbild: Verstärkter Austrieb der Seitenknospen, dadurch besenartiges Aussehen; einzelne Triebe oder die gesamte Pflanze ist befallen.
Übertragung: Durch Pfropfung oder Zikaden.
Erreger: Phytoplasmen/Mykoplasmen.
Wirtspflanzen: Apfel, Rhododendron.

Vorbeugen und Gegenmaßnahmen: Gesunde Jung-pflanzen, junge Bäume möglichst entfernen; kranke Teile herausschneiden.

Viruskrankheiten an Blatt und Wurzel

Mosaik- und Ringfleckenkrankheiten

Schadbild: Blattverfärbungen, mosaikartig angeordnete Flecken in mind. 3 Farbabstufungen von hell- bis dunkel-grün, gelb oder weißlich; eckige Formen bei zweikeimblätt-rigen Pflanzen, Streifen bei einkeimblättrigen Pflanzen; scharfe Grenzen zwischen gesundem / krankem Gewebe.
Übertragung: Durch Pflanzensaftsauger, vor allem die Mehlige Kohlblattlaus und die Grüne Pfirsichblattlaus; bereits die Samen können infiziert sein.
Erreger: Verschiedene Mosaikviren.

Wirtspflanzen: Weit verbreitet, Zier- und Nutzpflanzen.
Besonderes: Die Symptome breiten sich von der Infek-tionsstelle ausgehend über das Blatt und die Nachbar-blätter aus und ergreifen erst später die gesamte Pflanze.
Arten: Salatmosaik (*Lactula*-Virus) an Salat, Sommer-astern, Tagetes, Zinnien, einigen Unkäutern; Blumenkohl-mosaik an Blattgemüse; Bohnenmosaik, Tomatenmosaik und an Obstbäumen Kirschen-Ringflecken, Apfelmosaik, Himbeermosaik, Pflaumen-Bandmosaik.

Gurkenmosaik

Schadbild: Blätter mit Mosaik (siehe oben), Früchte mit gelbgrünen Flecken und warzenartigen Wucherungen.
Übertragung: Durch Pflanzensaftsauger (Blattläuse).
Erreger: *Cucumis*-Virus.
Wirtspflanzen: Gurkenpflanzen sowie zahlreiche Zier-pflanzen und Unkräuter, mehr als 200 Wirtspflanzen, u. a. Sommeraster und Veilchen.

Tomaten-Fadenblättrigkeit

Schadbild: Blattverformungen, fadenförmige Blätter, Zwergwuchs.
Übertragung: Durch infiziertes Saatgut und Blattläuse.
Erreger: Mischinfektion von Gurken- und TM-Virus.
Wirtspflanze: Tomate.
Besonderes: Tomaten nicht neben Gurken pflanzen.

Ringfleckenkrankheiten

Schadbild: Blattverfärbungen, helle Ringe, Band- und Linienmuster auf den Blättern; scharfe Grenzen zwischen gesundem und krankem Gewebe.
Übertragung: Durch Pflanzensaftsauger, vor allem die Mehlige Kohlblattlaus und die Grüne Pfirsichblattlaus; zum Teil sind bereits die Samen infiziert.
Erreger: Verschiedene Ringfleckenviren.
Wirtspflanzen: Zier- und Nutzpflanzen.

Viruskrankheiten an Blüte und Frucht

Buntstreifigkeit

Schadbild: Weiße oder gelbliche Streifen auf dunklen Blütenblättern.
Übertragung: Durch Blattläuse und infizierte Knollen.
Erreger: Buntstreifigkeits-Virus.
Wirtspflanzen: Tulpen, Gladiolen, Narzissen, Lilien und andere Zwiebelpflanzen.
Besonderes: Zur Zeit des Tulpenwahns um 1637 in Holland galt die bunt gestreifte Tulpe als ganz besondere Kostbarkeit. Niemand wusste, woher die schönen Streifen kamen, aber jeder wollte sie haben, zu nahezu jedem Preis. Tatsächlich ist die Buntstreifigkeit ein von Viren verursachtes Symptom. Ähnlich erging es englischen Gärtnern mehr als 200 Jahre später. Sie begehrten alle eine buntblättrige Schönmalve. Heute werden die Blätter mancher Zierpflanzen mit Hilfe des Tabakmosaik-Virus verschönert.
Beispiele: Buntstreifigkeit der Tulpen, Weißstreifigkeit der Gladiolen.

Mosaik- und Ringfleckenkrankheiten, Gurkenmosaik

siehe Seite 56

Scharka-Krankheit

Schadbild: Blätter mit hell- bis olivgrünen verwaschenen Flecken und Ringen; Früchte von Narben übersät (Pockenkrankheit), zum Teil tiefe Risse, braun verfärbt, Fruchtfleisch zäh, zersetzt und gummiartig, schmeckt sauer; Pfirsich und Aprikosen mit braunen Ringen.
Übertragung: Durch Blattläuse, Zikaden und andere Blattsauger; auch durch Pfropfung auf infizierte Stämme oder durch infiziertes Schnittwerkzeug möglich.
Erreger: Scharka-Virus.
Wirtspflanzen: Kernobst.
Besonderes: Aufgrund der hohen Ansteckungsgefahr meldepflichtig.

Steinfrüchtigkeit der Birne

Schadbild: Verhärtete Birnenfrüchte sowie Früchte mit Beulen und Vertiefungen.
Übertragung: Durch infizierte Unterlagen beim Veredeln.
Erreger: Steinfrüchtigkeits-Virus.
Wirtspflanze: Birne.
Besonderes: Ähnliche Symptome können durch Bormangel und Wanzen hervorgerufen werden; ähnlich ist die Rauschaligkeit am Apfel.

Bakterien

Bakterien treten in Form von Kugeln oder Stäbchen auf, sind gerade oder gekrümmt, mit oder ohne Stiel und Schwanz und vor allem eines: allgegenwärtig. Die Vermehrung erfolgt durch Teilung und Sporen.

Nur wenige Bakterien haben sich auf den Befall höherer Pflanzen spezialisiert. Sie alle können auch an toten Pflanzenresten im Boden leben. Die Bakterien dringen aktiv über Wunden, kleinste Risse in den Blättern oder über die Spaltöffnungen in das Pflanzengewebe ein. Eine feuchte Oberfläche der Pflanze erleichtert das Eindringen. Einige Bakterien bleiben an der Infektionsstelle, andere erobern über die Leitsysteme die ganze Pflanze.

Als eines von mehreren Symptomen treten Verfärbungen und Fleckenbildungen an den Pflanzenblättern auf, die auf Bakteriengifte zurückgehen. In den Leitsystemen unterbinden Bakterien bei einer Massenvermehrung den Wassertransport – die Pflanze welkt. Zur Fäulnis kommt es, wenn die Bakterien die Zellwände der Pflanzenzellen auflösen. Bakterien können auch die Bildung von Gallen und Tumoren auslösen.

Die Übertragung erfolgt als Schmierinfektion durch Tier und Mensch. Bakterien hängen an Gartengeräten und infiziertem Saat- und Pflanzgut und lassen sich mit Wind und Wasser transportieren. Die meisten Bakterien können sehr lange an Pflanzenresten im Boden überdauern.

Für die Bakterienkrankheiten gibt es kaum wirksame Gegenmittel, eine Heilung ist selten möglich. Im Vordergrund stehen wie bei den Viruskrankheiten die Vorbeugung und Schadensbegrenzung.

Bakteriosen

Vorbeugen und Gegenmaßnahmen:
- Auf widerstandsfähige Sorten ausweichen, nur reines Saatgut verwenden.
- Fruchtfolgen und Pflanzenhygiene beachten, einwandfreie Anzuchterde verwenden, Schnittwerkzeuge desinfizieren.
- Kreuzblütler unter den Unkräutern entfernen.
- Bei Bäumen: verdächtige oder befallene Teile und Rindenpartien großzügig herausschneiden. In jedem Fall beachten: kranke Pflanzen sofort entfernen und vernichten.
- Mindestens einen 3-jährigen Fruchtwechsel einhalten.

Bakterienkrankheiten an Blatt und Wurzel

Bakterienbrand / Rindenbrand

Schadbild: Die hellgrünen Flecken auf den Blättern färben sich rasch braun; schwarze Flecken auf den Früchten; an der Rinde eingesunkene, nekrotische Flecken mit Gummifluss; im Frühsommer können Teile der Äste absterben.
Übertragung: Die Infektion erfolgt im Herbst über die Blattnarbe oder durch Risse und Wunden in der Rinde.
Erreger: Bakterium (*Pseudomonas mors prunorum*).
Wirtspflanze: Steinobst wie Kirsche, Pflaume, Pfirsich.

Vorbeugen und Gegenmaßnahmen: Befallene Stellen großzügig ausschneiden.

Blattfleckenkrankheit, bakterielle, an Kohl

Schadbild: Zunächst kleine, helle, runde oder eckige Flecken, mit oder ohne lichten Rand; die Flecken färben sich zunehmend dunkel, vergrößern sich und fließen zusammen; das Blatt vergilbt und fällt ab.
Übertragung: Häufig ist das Saatgut infiziert, rasche Ausbreitung bei kühlem, regnerischem Wetter.
Erreger: Bakterium (*Pseudomonas maculicola*).
Wirtspflanzen: Kohlarten, Kreuzblütler.
Besonderes: Die Flecken erscheinen an allen Blättern.

Vorbeugen und Gegenmaßnahmen: Kreuzblütler-Unkräuter entfernen.

Feuerbrand

Schadbild: Plötzliches Absterben einzelner Fruchtbüschel, Zweige und Äste; Blätter und Früchte scheinen verbrannt, bleiben aber am Baum hängen; junge Triebe hakenartig abgekrümmt; bei Feuchtigkeit bildet sich Bakterienschleim.
Übertragung: Durch Insekten, vor allem Bienen, sowie durch Regen und Wind; die höchste Infektionsgefahr liegt in der Blütezeit; rasche Ausbreitung der Symptome, der Baum kann innerhalb weniger Monate absterben.
Erreger: Bakterium (*Erwinia amylovora*).
Wirtspflanzen: Kernobstbäume und Ziergehölze, vor allem Mispel, Eberesche, Feuerdorn, Weiß- und Rotdorn.
Besonderes: Meldepflichtige Krankheit; Feuerbrand kann leicht mit anderen Erkrankungen verwechselt werden.

Vorbeugen und Gegenmaßnahmen: Infektionsstellen großzügig abschneiden, Schnittwerkzeuge desinfizieren.

Blattfleckenkrankheit, eckige

Schadbild: Glasige, braun bis schwarz werdende Flecken; Blattadern begrenzen die Flecken, so dass sie eckig wirken; schließlich fließen die Flecken zusammen und trocknen ein; Früchte mit rundlichen, dunkelgrün bis bräunlichen Flecken, häufig mit weißem Zentrum (Bakterienschleim); junge Früchte verkrüppeln.

Übertragung: Das Bakterium überdauert auf Samen und Pflanzenrückständen.
Erreger: Bakterium (*Pseudomonas lachrymans*).
Wirtspflanzen: Gurken, Melonen, Zucchini.

Fettfleckenkrankheit

Schadbild: Kleine hellgelbe Flecken, verfärben sich dunkel, bleiben aber von einem grüngelblichen Rand umgeben; später vergrößern sie sich und gehen ineinander über – das Blatt vergilbt und stirbt ab; auf den Hülsen bilden sich durchsichtige, glasige (Fett-)Flecken, auf denen sich weißer Bakterienschleim bilden kann.
Übertragung: Samen und Boden sind infiziert; durch die Verbreitung mit Wind und Regen greift die Infektion rasch auf Nachbarpflanzen über; häufig in warmen, nassen Jahren.
Erreger: Bakt. (*Pseudomonas phaseolicola*)
Wirtspflanzen: Busch- und Feuerbohne.
Besonderes: Infizierte Samen erkennt man an matt graubraunen Stellen.

Tomatenwelke, bakterielle

Schadbild: Einzelne Blätter verbräunen und faulen, die Pflanze stirbt ab.
Übertragung: Durch befallene Samen, über Verletzungen, infizierte Erde.
Erreger: Bakterium (*Corynebacterium michiganense*).
Wirtspflanze: Tomate.

Vorbeugen und Gegenmaßnahmen: Saubere Anzuchterde und gesundes Saatgut verwenden, kranke Pflanzen vernichten, 3 Jahre Anbaupause.

Schwarzadrigkeit, Adernschwärze

Schadbild: Verschieden große gelbe, pergamentartige Flecken an den Blättern, darin schwarz gefärbte Blattadern; Stängel mit braun verfärbten Leitbündeln.
Übertragung: Verbreitung durch Insekten und Schnecken.
Erreger: Bakterium (*Xanthomonas campestris*)
Wirtspflanzen: Kohlgemüse, Rübe, Rettich, Radieschen.

Bakterienkrankheiten an Blüte und Frucht

Blattfleckenkrankheit, eckige, an Gurken

siehe oben

Feuerbrand an Kernobstbäumen und Ziergehölzen

siehe Seite 58

Fettfleckenkrankheit an Bohnen

siehe oben

Bakterienkrankheiten an Knospe und Stängel

Bakterienbrand an Steinobst

siehe Seite 58

Schwarzadrigkeit, Adernschwärze an Kohl

siehe oben

Pilze

Echter Mehltau
(Seite 63)

Monilia-Spitzendürre
(Seite 69)

Rosenrost
(Seite 67)

Falscher Mehltau
(Seite 62)

Grauschimmel
(Seite 72)

Kohlhernie
(Seite 64)

Pilze haben nur wenige Merkmale mit Pflanzen gemein und noch weniger mit Tieren; sie bilden eine eigene Organismengruppe. Die meisten Pilze ernähren sich von abgestorbenen Pflanzen und toten Tieren. Erst durch ihre Arbeit, die Zersetzung und Mineralisierung der abgebauten Substanz, schließt sich der ökologische Kreislauf. Relativ viele Pilze bevorzugen lebende Pflanzen – ausschließlich oder gelegentlich. Diese Pilze verursachen mannigfache Schadbilder und zahlreiche Krankheiten. Und tatsächlich werden die meisten Pflanzenkrankheiten durch Pilze hervorgerufen.

Zum Vergleich: Die Medizin kennt etwa 50 Pilzarten, die beim Menschen Krankheiten verursachen. Aber mehr als 10.000 Pilzarten attackieren unsere Pflanzen. Die Vielfalt und Ausprägung dieser Krankheiten ist enorm und hängt vom jeweiligen Pilz, von der Pflanze und den Umweltbedingungen ab.

Der Pilzkörper heißt in der Fachsprache Thallus und besteht aus sehr dünnen Fäden, den Hyphen. Diese Hyphen verzweigen sich vielfach, breiten sich auf oder in ihrem Wirt aus und verbinden sich zu einem mehr oder weniger festen Pilzge-

Ein Pilz (*Phytophthora infestans*) verursachte die katastrophale Hungersnot 1845 bis 1848 in Irland, die Millionen Iren zur Auswanderung nach Nordamerika und Australien zwang. Der Pilz machte sich in der Kartoffel breit, dem Grundnahrungsmittel der bäuerlichen Bevölkerung, was die »Kartoffelcholera« zur Folge hatte, das heißt die Vernichtung der kompletten Ernte.

flecht oder Myzel. Hyphen übernehmen unterschiedliche Aufgaben, etwa Nährstoffversorgung, Verankerung in der Pflanze, Sporenbildung und Verpaarung. Das Myzel nimmt eine charakteristische Form an, sie reicht vom lockeren Schimmelrasen bis zum Ständerpilz.

Die Fachleute teilen die rund 300.000 bekannten Pilze nach ihrem Feinbau und ihrer Fortpflanzung in mehrere Klassen ein: Schleimpilze, Algenpilze, niedere Pilze, Schlauchpilze, Ständerpilze und so genannte *Fungi imperfecti*, spezielle Schimmelpilze. Für den Gärtner wesentlich wichtiger ist die Unterscheidung nach der Lebensweise sowie den von den Pilzen verursachten Krankheiten und Symptomen.

Die Pilze verbreiten sich in ihrer Dauerform passiv durch Wind, Wasser, Tiere oder Gartengeräte. Bodenpilze und einige niedere Pilze bewegen sich mit Hilfe von Geißeln vorwärts. Sie suchen ihre Wirtspflanze aktiv auf und schlüpfen durch die Wurzel. Bei den höher entwickelten Pilzen dringen die Pilzfäden (Hyphen) über Wunden und Spaltöffnungen in das Pflanzeninnere ein und setzen sich dort fest. Einige wenige können die Blattoberfläche direkt durchdringen, z. B. die Rostpilze oder der Echte Mehltau. Manche bleiben nur mit dem Pilzfaden im Innern, der Rest liegt als Belag an der Oberfläche (Echter Mehltau), andere leben ganz im Pflanzengewebe (Falscher Mehltau).

Die Überwinterung erfolgt als Pilzgeflecht im Boden an Pflanzenrückständen, in oder an Samenkörnern, als Dauersporen oder als Wintersporen in einem Zwischenwirt; z. B. überwintert der Birnengitterrostpilz auf Wachholder-Arten.

Pilzkrankheiten an Blatt und Wurzel

Apfelschorf

siehe Seite 71

Blattfleckenkrankheiten

Schadbild: Zunächst vereinzelte Flecken auf den Blättern, die sich mehr oder weniger schnell ausbreiten; in unterschiedlichen Farben (gelblich, braun, grau, rötlich, schwarz), Formen und Größen; im Zentrum des Flecks liegt das schwarze Sporenlager; die Flecken treten zunächst vereinzelt auf und erfassen mehr oder weniger schnell die ganze Pflanze.
Übertragung: Die allgegenwärtigen Pilze werden mit Wind und Regen verschleppt, hängen am Saatgut, in der Erde.
Erreger: Verschiedene Blattflecken-Pilze, wie *Alternaria*, *Didymella*, *Cercospora*, *Septoria*, *Lophodermium* u. a.
Wirtspflanzen: Alle.
Besonderes: Schwächeparasiten an vorgeschädigten Pflanzen.

Vorbeugen und Gegenmaßnahmen: Pflanzen stärken.

Septoria-Blattfleckenkrankheit an Sellerie

Schadbild: Auf Blättern und Stängeln unterschiedlich große, braungraue Flecken mit schwarzen Punkten; die Flecken können das ganze Blatt einnehmen; ältere Blätter sterben zuerst ab.
Übertragung: Durch Samen und Regen; Infektion bei regnerischem Wetter, Symptome entwickeln sich meist später.
Erreger: Pilz (*Septoria apii*).
Wirtspflanzen: Sellerie, Tomaten, Chrysanthemen.

Vorbeugen und Gegenmaßnahmen:
Erkrankte Blätter entfernen.

Blattfleckenkrankheiten an Erdbeere – Weißflecken- und Rotfleckenkrankheit

Schadbild: Bei beiden Infektionen runde rotviolette bis braune Flecken, bei der Weißfleckenkrankheit mit einem weißen Kern; die Flecken vergrößern sich und verschmelzen miteinander, totes Gewebe verfärbt sich grau.
Übertragung: Durch Regen.
Erreger: Weißfleckenpilz (*Mycosphaerella fragaria*), Rotfleckenpilz (*Diplocarpon earliana*), überwintern auf Blättern.
Wirtspflanze: Erdbeere.

Vorbeugen und Gegenmaßnahmen: Resistente Sorten auswählen, befallenes Laub nach der Ernte abmähen, neue Austriebe sind meist nicht befallen.

Blattfallkrankheit an Strauchbeere (Stachel- und Johannisbeere)

Schadbild: Unregelmäßig geformte, von dunklen Höfen umgebene Flecken auf den Blättern; die Blätter vergilben und fallen noch im Frühjahr von der Triebbasis ausgehend ab.
Übertragung: Durch den Wind, häufig in feuchten Jahren.
Erreger: Pilz (*Drepanopeziza ribis*), überwintert auf abgefallenen Blättern.
Wirtspflanzen: Rote und Weiße Johannisbeere, Stachelbeere.

Vorbeugen und Gegenmaßnahmen: Resistente Sorten wählen, infiziertes Falllaub vernichten.

Brennfleckenkrankheiten (Anthracnosen)

Schadbild: Dunkelfarbige Punkte, Flecken oder eingesunkene Stellen an Blättern, Stängel oder Früchten; die Flecken fließen zusammen, Gewebe stirbt ab; unreife Früchte mit korkiger Oberfläche; Zweig- oder Aststerben.
Übertragung: Durch infiziertes Pflanzenmaterial.

Erreger: Verschiedene Brennfleckenpilze.
Wirtspflanze: Zahlreich, z. B. Strauchbeeren.
Art: Brennfleckenkrankheit an Bohne, siehe Seite 71.

Vorbeugen und Gegenmaßnahmen: Gesundes Pflanzgut verwenden, befallene Rutenspitzen schneiden.

Falscher Mehltau

Schadbild: Nicht abwaschbares, weißlich bis hellbraunes Geflecht (Pilzrasen) auf der Blattunterseite, auf der Blattoberseite gelbe bis rötliche, von Blattadern begrenzte Flecken, die von einer gelblichen Zone umgeben sind; befallene Blätter verbräunen und sterben ab. Der Pilz dringt vollständig in das Blatt ein – es kommen nur die Sporenträger aus den Spaltöffnungen auf der Blattunterseite heraus.
Übertragung: Die Verbreitung erfolgt mit dem Wind, der Erreger keimt nur bei ausreichender Feuchtigkeit, dann rasche Verbreitung.
Erreger: Falsche Mehltaupilze (aus der Gruppe der Oomycetes), das Pilzgeflecht befindet sich im Blattinnern, nur die Sporenträger ragen heraus, bewegliche Sporen überwintern auf Blattresten.
Wirtspflanzen: Nahezu alle Pflanzen.

Besonderes: Echte und Falsche Mehltaupilze gehören biologisch völlig verschiedenen Pilzgruppen an; siehe Seite 62 / 63.
Häufige Arten: Falscher Mehltau an Gurke (*Pseudoperonospora cubensis*), Salat (*Peronospora valerianellae*, *Bremia lactuacae*): grauvioletter Pilzrasen auf der Blattunterseite, auf der Blattoberseite helle, leicht aufgewölbte Blattflecken, Blätter brüchig; Spinat (*Peronospora spinaciae*), Kohl (*Peronospora brassicae*), Zwiebel (*Peronospora schleideni*): länglich-ovale blassgraue Verfärbungen an den Triebspitzen; violettgrauer Pilzbelag; Weinrebe (*Plasmopara viticola*) u. a.

Vorbeugen und Gegenmaßnahmen:
• Resistente Sorten wählen.
• Beete gut durchlüften und die Pflanzen trocken halten.
• Beim ersten Auftreten geeignete Fungizide einsetzen.
• Kranke Pflanzen entfernen.
• Die Fruchtfolgen einhalten.

Echter Mehltau

Schadbild: Mehlartiger weißer Belag (Pilzgeflecht) auf der Blattoberfläche, an Stängeln, Blüten und Früchten; der Belag verfärbt sich grau bis schmutzigbraun und ist abwischbar – im Gegensatz zum Falschen Mehltau; verlangsamtes Wachstum der Pflanze bis zum Absterben einzelner Teile.
Übertragung: Sporenverbreitung durch den Wind; Infektion nach dem Austrieb.
Erreger: Echte Mehltaupilze (*Erysiphales*); die Pilze keimen auf der Blattoberfläche aus, nur Saugfortsätze dringen in das Blattinnere; Überwinterung in Knospen und Trieben; auf die Wirtspflanze spezialisierte Arten.
Besonderes: Wahrscheinlich die meistverbreitete und häufigste Krankheit, tritt als »Schönwetterpilz« vor allem in trockenwarmem Sommer auf.
Wirtspflanzen: Nahezu alle Pflanzen.
Arten: Echter Mehltau an Erdbeere (*Sphaerotheca humuli*), Weinrebe (*Uncinula necator*), Erbse (unregelmäßige schwarze oder braune Sprenkelung an Hülsen), Gurke (*Sphaerotheca fuliginea*) u.a.

Vorbeugen und Gegenmaßnahmen:
• Generell robuste bzw. resistente Sorten wählen.
• Für gute Durchlüftung des Standorts sorgen.
• Bei trockenem Standort gut wässern.
• Befallene Triebe herausschneiden.
• Vorbeugend lecithinhaltige Pflanzenschutzmittel einsetzen.
• Bei Befall Schwefelpräparate oder Fungizide verwenden.

Apfelmehltau

Schadbild: Runzelige, schlanke Kospen, die erst spät austreiben, weißer, mehliger Belag auf den Triebspitzen und Blättern, Blätter an den Rändern eingerollt.
Übertragung: Verbreitung mit dem Wind.
Erreger: Apfelmehltaupilz (*Podosphaera leucotricha*), Überwinterung in Knospen.
Wirtspflanze: Apfel.
Besonderes: Vor allem in trockenen, warmen Lagen.

Amerikanischer Stachelbeermehltau

Schadbild: Zunächst filzig-weißer Belag auf den Blättern, Triebspitzen und Früchten; der Belag verfärbt sich braun, wird ledrig, im Sommer mit kleinen schwarzen Fruchtkörpern; junge Triebe korkenzieherartig verdreht, Früchte platzen.
Übertragung: Verbreitung mit Wind und Regen, der Pilz infiziert die Knospen.
Erreger: Pilz (*Sphaerotheca mors uvae*), Überwinterung in Triebspitzen und im Boden.
Wirtspflanzen: Stachelbeere, Schwarze Johannisbeere.

Vorbeugen und Gegenmaßnahmen: Hohe Stammbäumchen werden weniger befallen; befallene Triebe im Winter entfernen.

Echter Mehltau an Rosen

Schadbild: Zunächst weißliche Flächen, später weißgrauer Pilzbelag auf den jungen Blättern, die Blätter bleiben zurück, sind verdreht oder gekräuselt; ältere Blätter mit weißen Mustern, im Pilzrasen sind kleine schwarze kugelige Fruchtkörper sichtbar.
Übertragung: Verbreitung mit dem Wind, der Befall kann auf junge Triebe und Blüten übergreifen.
Erreger: Echter Mehltaupilz (*Sphaerotheco pannosa*); der Pilz überwintert in Trieben und Knospen.
Wirtspflanzen: Rosen.
Besonderes: Gefährdet sind vor allem Pflanzen in feuchtwarmen, flachgründigen Lagen bei starken Temperaturschwankungen.

Vorbeugen und Gegenmaßnahmen:
Nur mäßig mit Stickstoff düngen und die Pflanze zur besseren Durchlüftung regelmäßig auslichten.

Fusarium-Welke

Fusarium-Welke an Astern, Asterwelke

Schadbild: Einzelne Triebe oder die ganze Pflanze welkt, der Stängelgrund vergilbt und fault, darauf rosa Punkte; fleckig violett bis braune Verfärbung des Stängels.
Übertragung: Durch Wind und Wasser; hohe Temperaturen und saurer Boden begünstigen die Infektion.
Erreger: Bodenpilz (*Fusarium oxysporum*), der Pilz verfärbt den Stängel von unten nach oben.
Wirtspflanze: Aster.

Vorbeugen und Gegenmaßnahmen: Resistente Sorten wählen, Anbaufläche wechseln.

Fusarium-Welke an Zierpflanzen

Schadbild: Zwiebelpflanzen: das Laub vergilbt, an der Laubbasis ist Pilzmyzel, Zwiebeln mit Gummifluss, faulen leicht; Gladiolen treiben nur mäßig; vergilbtes Laub, Blattgrund und Wurzeln neigen zu Fäulnis; fleckige Knollen.
Übertragung: Verbreitung mit dem Wind oder Wasser.
Erreger: Bodenpilze, *Fusarium*-Pilze.
Wirtspflanzen: Zwiebelpflanzen wie Tulpen, Gladiolen.

Vorbeugen und Gegenmaßnahmen: Welkende Pflanzen mitsamt Erde entfernen, Anbaupause von 4 bis 5 Jahren einhalten, Anbauflächen wechseln.

Fusarium-Welke an Erbse

Schadbild: Die Blätter sind nach unten eingerollt, schmutziggrün verfärbt und vergilben; spröde Stängel und Blattstiele; bei warmem Wetter welken die Pflanzen in kürzester Zeit; Hülsen werden nur spärlich oder gar nicht gebildet, wachsende Hülsen bleiben leer.
Übertragung: Die Pilze überdauern im Boden, die Krankheit tritt nesterweise auf und breitet sich rasch aus.
Erreger: *Fusarium*-Pilz.
Wirtspflanzen: Erbse; verwandte Formen an Kohlarten, Kartoffeln, Tomate, Bohnen und Spargel sowie an Zierpflanzen, etwa Astern.
Besonderes: Die in einigen Regionen bekannte St.-Johannis-Krankheit ist eine Fusarium-Welke, deren Symptome um den Johannistag herum sichtbar werden.

Vorbeugen und Gegenmaßnahmen: Weit gestellte Fruchtwechsel, 5 Jahre zwischen 2 Erbsenkulturen auf demselben Beet, kein Saatgut aus kranken Beständen nehmen, resistente Sorten wählen.

Hexenringe

Schadbild: Innerhalb eines Ringes vergilben und sterben die Gräser ab, Unkraut breitet sich aus.
Übertragung: Mit dem Wind, ein dichtes Geflecht aus Pilzfäden breitet sich im Boden ringförmig aus.
Erreger: Häufiger Verursacher ist der Nelkenschwindling (*Marasmius oreades*), ein 5 bis 7 cm hoher, gelblich bis ockerbrauner Pilz mit bis zu 5 cm breitem Hut; bei feuchter Witterung wachsen die Pilze heraus; der Ring kann bis zu 3 m Durchmesser haben.
Wirtspflanzen: Zierrasen.

Vorbeugen und Gegenmaßnahmen: Befallene Stellen zuletzt mähen, Mäher sorgfältig reinigen.

Kiefernschütte, Nadelschütte

Schadbild: Sich rasch vergrößernde, bräunliche Flecken auf Nadeln, Nadeln werden völlig braun und fallen ab; auf ihnen liegen braunschwarze, höckerige Aufstülpungen (Sporenlager).
Übertragung: Die Infekt. geht von befallenen Nadeln aus.
Erreger: Pilz (*Lophodermium pinastri*).
Wirtspflanzen: Nadelbäume (Kiefer, Fichte, Tanne, Lärche).
Besonderes: Junge Bäume häufiger befallen; nasse Witterung begünstigt die Ausbreitung. Nadelfall kann auch auf Witterung oder Standortfaktoren zurückgehen.

Vorbeugen und Gegenmaßnahmen: Abgestorbene Nadeln absammeln und entfernen.

Kohlhernie

Schadbild: Knotige Verdickungen und Anschwellungen der Wurzeln, Kümmerwuchs und Welke.

Übertragung: Frei bewegliche, mit einer Geißel ausgestattete Sporen suchen aktiv die Wurzeln der Wirtspflanze auf.

Erreger: Schleimpilz (*Plasmodiophora brassicae*); seine Dauersporen können im Boden bis zu 20 Jahre überdauern, zum Keimen brauchen sie Wärme, Feuchtigkeit und ein leicht saures Milieu.

Wirtspflanzen: Alle Kohlarten, Kreuzblütler und Goldlack.

Besonderes: Das Schadbild ähnelt sehr dem Befall mit dem Kohlgallenrüssler.

Vorbeugen und Gegenmaßnahmen: Der pH-Wert sollte 7 betragen, ggf. den Boden kalken; resistente Sorten nehmen und eine weit gestellte Fruchtfolge einhalten, Kreuzblütler-Unkraut fern halten.

Rhizomfäule, Rote Wurzelfäule an Erdbeere

Schadbild: Die Pflanze kümmert und welkt, zerstörtes Rhizom bzw. zerstörte Wurzel.

Übertragung: Durch frei bewegliche Sporen im Boden, der Pilz überwintert in Pflanzenrückständen; Hauptinfektionszeit für die Rhizomfäule ist der Sommer, für die Rote Wurzelfäule der Herbst.

Erreger: Rhizomfäule (*Phytophthora cactorum*), Rote Wurzelfäule (*Phytophthora fragariae*).

Wirtspflanze: Erdbeere.

Besonderes: Die Erreger können mehrere Jahre im Boden überdauern; an der Beere verursacht der Pilz die Lederfäule, das heißt, die roten Erdbeeren verblassen und verbräunen, werden ledrig bis gummiartig und schmecken bitter; an den Früchten an Kernobst verursacht dieser Pilz die Kragenfäule (dunkle Faulstellen an der Veredlungsstelle); Kümmerwuchs, Welken und Fäulnis können zahlreiche Ursachen haben (Pilze, Schädlingsbefall, Viren, Standort).

Vorbeugen und Gegenmaßnahmen: Erdbeeren an einen geeigneten Standort pflanzen; befallene Pflanzen vernichten (nicht auf den Kompost).

Kräuselkrankheit an Pfirsich

Schadbild: Junge Blätter kräuseln sich, verkrümmte Triebe, Auftreten in Nestern; Blätter verdickt, blasig aufgetrieben, gelblich oder rötlich verfärbt, fallen vorzeitig ab; bei starkem Befall Spitzendürre; die Früchte bleiben klein oder fallen vorzeitig ab; bei Pflaume und Zwetsche bilden sich auf der Frucht zunächst weiße Blasen, dann vergrößert sie sich um ein Vielfaches.

Übertragung: Verbreitung durch den Wind, begünstigt durch Feuchtigkeit; die Infektion erfolgt vor dem Knospenschwellen, ältere Blätter werden nicht befallen.

Erreger: *Taphrina*-Pilz (*Taphrina deformans*); der Pilz überwintert auf der Rinde oder unter Knospenschuppen.

Wirtspflanzen: Pfirsich, seltener Pflaume und Zwetsche.

Vorbeugen und Gegenmaßnahmen: Junge und angegriffene Bäume sind empfindlicher; befallene Blätter entfernen und vernichten, kranke Triebe zurückschneiden.

Kraut- und Knollenfäule an Kartoffel, Kraut- und Braunfäule an Tomate

Schadbild: Bei Kartoffeln bekommen die Blätter braunschwarze Flecken an den Spitzen und am Rand, der Stängelgrund wird braun, die Symptome breiten sich schnell aus (Krautfäule); Knollen mit braunen, leicht eingesunkenen Flecken, später braunes, faules Inneres (Braunfäule der Knollen). Tomaten bekommen graugrüne Flecken auf den Blättern, die später braun bis schwarz werden; die Stängel verdunkeln sich und knicken um; die Früchte haben schmutzigbraune Flecken, verfärbtes und verhärtetes, später faules Fruchtfleisch.

Übertragung: Die Infektion geht von Kartoffeln aus; Wind und Regen verbreiten den Erreger, im Boden entstehen bewegliche Sporen, die aktiv in die Knollen einwandern; in trockenen Jahren kommt es kaum zur Infektion.

Erreger: *Phytophthora*-Pilz (*Phytophthora infestans*), die Pilze überwintern in den Knollen (siehe Seite 61).

Wirtspflanzen: Kartoffel, Tomate.

Vorbeugen und Gegenmaßnahmen: Sonniger, trockener Standort, Feuchtigkeit vermeiden (von unten gießen), Tomaten und Kartoffeln nicht zusammen pflanzen; bei drohender Infektion zur Vorbeugung möglicherweise erkrankte Pflanzen nach der Ernte vernichten, faulende Knollen auslesen.

Rettichschwärze

Schadbild: Verkrümmte, missgestaltete, aufgerissene Rettiche; blauschwarze Verfärbungen; am krautigen Teil keine Symptome.
Übertragung: Die Infektion erfolgt vom Boden aus durch bewegliche Sporen
Erreger: Pilz (*Aphanomyces raphani*).
Wirtspflanzen: Rettich, Radieschen.

Vorbeugen und Gegenmaßnahmen: Weiße Rettichsorten sind deutlich anfälliger, kranke Rettiche umgehend vernichten, Fruchtwechsel.

Salatfäule

Schadbild: Welken und Fäulen der Salatpflanze, weißes Pilzgeflecht.
Übertragung: Durch den Boden, Wind, Wasser.
Erreger: Verschiedene Welkepilze: Grauschimmel (*Botrytis cinerea*), Sklerotiniafäule (*Sclerotinia* spec.), Schwarzfäule (*Rhizoctonia solani*).
Wirtspflanzen: Salat, Endivie, Sellerie u. a.

Vorbeugen und Gegenmaßnahmen: Fruchtwechsel beachten, ein schnelles Wachstum fördern, möglichst weite Pflanzabstände einhalten, befallene Pflanzen vernichten.

Schneeschimmel

Schadbild: Grauweiße, braungelbe bis rosa Nester auf dem Zierrasen.
Übertragung: Verbreitung mit Wind und Regen.
Erreger: Ursache sind *Fusarium*-Pilze; das Pilzgeflecht (*Fusarium nivale*) bedeckt die Gräser nach der Schneeschmelze (Name) und die betroffenen Gräser faulen am Blattgrund ab.
Wirtspflanzen: Rasen.
Besonderes: Viel Laub und eine verdichtete Schneedecke fördern den Pilz.

Vorbeugen und Gegenmaßnahmen: Keine Herbstdüngung des Rasens, bei Schnee die Rasenfläche nicht betreten; gegebenenfalls vorbeugend geeignete Fungizide ausbringen.

Rosterkankungen

Birnengitterrost

Schadbild: Die Birne (Sommerwirt) bekommt zunächst auf der Blattoberseite kleine hell-orangegelbliche Flecken, die Flecken werden größer und fließen zusammen; später bilden sich auf Blattunterseite rote, höckerähnliche Pusteln mit faserigem, an ein Gitter erinnerndes Häubchen. Am Wacholder (Winterwirt) entstehen keulenartige Verdickungen an den älteren Zweigen, sie werden im Frühjahr goldgelb, quellen bei feuchtem Wetter auf und bilden hellbraune Zäpfchen.
Übertragung: Durch den Wind; der Sporenschleim in den Zäpfchen der Wacholder trocknet ein und wird vom Wind verbreitet; die Sporen keimen auf feuchten Birnbaumblättern aus.
Erreger: Wirtswechselnder Rostpilz (*Gymnosporangium sabinae*).
Wirtspflanzen: Winterwirte sind einige Zierwacholderarten und Sadebaum, Sommerwirt ist die Birne.

Vorbeugen und Gegenmaßnahmen: Birne und Wacholder nicht in der Nachbarschaft pflanzen; am Wacholder die schleimig verdickten Stellen herausschneiden und vernichten; ein schwacher Befall der Birne (1 bis 3 Rostflecken pro Blatt) bleibt ohne Auswirkungen.

Bohnenrost

Schadbild: Gelbe Flecken auf der Blattoberseite, auf der Blattunterseite zunächst braune, später schwarze Pilzpusteln; Flecken auch auf Stängel und Hülsen.
Übertragung: Durch Wind und Regen.
Erreger: Rostpilz (*Uromyces appendiculatus*), der Pilz überwintert auf Ernterückständen und bildet unterschiedliche Sporenformen aus.
Wirtspflanzen: Bohnen.

Vorbeugen und Gegenmaßnahmen: Robuste Sorte wählen, weite Pflanzabstände, infizierte Pflanzenteile vernichten, Bohnenstäbe desinfizieren.

Johannisbeerrost, Säulchenrost

Schadbild: Bei der Johannisbeere (Sommerwirt) erscheinen ab Juli auf der Blattoberseite helle Flecken, auf der Blattunterseite kleine gelbe Flecken mit winzigen ockergelben Pusteln, vorzeitiger Blattfall möglich. Bei der Kiefer (Winterwirt) zeigen sich spindelförmig aufgeraute Triebe, mit organgefarbenen, blasigen Pusteln darauf.
Übertragung: Durch Wind und Regenspritzer, die Infektion im Frühjahr geht von Kiefern aus.
Erreger: Wirtswechselnder Rostpilz (*Cronartium ribicola*), Sommersporen auf Johannis- und Stachelbeeren, Wintersporen verbleiben zwei Winter auf Kiefertrieben (Blasenrost), die allmählich absterben.
Wirtspflanzen: Sommerwirte: Schwarze Johannisbeere, selten auch an Stachelbeere, Winterwirt: Weymouthskiefer.

Vorbeugen und Gegenmaßnahmen: Johannisbeeren nicht in der Nähe von Kiefern pflanzen.

Pflaumenrost, Zwetschenrost

Schadbild: Auf der Blattoberseite kleine gelbe Flecken; auf der Blattunterseite kleine braune, abwischbare Pilzpusteln; ein vorzeitiges Abfallen der Blätter ist möglich.
Übertragung: Durch Wind und Regentropfen, Infektion der Obstbaumblätter im Frühjahr.
Erreger: Wirtswechselnder Rostpilz (*Tranzschelia prunispinosae*), der Pilz überwintert als Myzel an den Wurzeln verschiedener Anemonenarten; im Frühjahr keimt er aus und infiziert Zwetschen und Pflaumen; 2-jähriger Entwicklungszyklus; Hauptschaden im Juli und August.
Wirtspflanzen: Pflaume, seltener an Pfirsich oder Aprikose; Zwischenwirte sind einige Anemonenarten.

Vorbeugen und Gegenmaßnahmen: Resistente Sorten wählen, Falllaub entfernen und Zwischenwirte beseitigen; weitere Maßnahmen wie Fungizide sind nur bei sehr starkem Befall nötig.

Wacholderrost

siehe Winterwirt des Birnengitterrost-Pilzes

Rosenrost

Schadbild: Auf der Blattoberseite kleine gelblich rötliche Flecken, auf der Blattunterseite stecknadelkopfgroße, gelborange stäubende Pusteln; die Pusteln werden später braun bis schwarz; vorzeitiger Laubfall möglich, nur spärliche Blüten.
Übertragung: Sporenübertragung durch Wind und Regen, eine längere Feuchtigkeit begünstigt die Infektion.
Erreger: Rostpilz (*Phragmidium mucronatum*); der Pilz überwintert auf Falllaub und befällt vorzugsweise Pflanzen auf trockenen, warmen Standorten.
Wirtspflanzen: Rosen.

Vorbeugen und Gegenmaßnahmen: Robuste Sorten wählen, Feuchtigkeit vermeiden; abgefallene und kranke Blätter entfernen, befallene Triebe schneiden, bei entsprechender Wetterlage Fungizide einsetzen.

Zierstauden, Rostpilze daran

Schadbild: Auf der Blattoberseite helle, gelbe, oft eingesunkene Flecken; auf der Blattunterseite runde, rost- oder beigefarbene, oft warzenähnliche Pusteln (Sporenlager); die Flecken und Pusteln breiten sich aus, befallene Blätter können absterben.
Übertragung: Verbreitung durch den Wind und mit Regentropfen (Spritzwasser).
Erreger: Rostpilze.
Wirtspflanzen: Malve (Malvenrost), Geranie/Pelargonie (Pelargonienrost), Chrysanthemen (Chrysanthemenrost), Fuchsie (Fuchsienrost).
Besonderes: Übermäßige Stickstoffdüngung begünstigt die Infektion.

Vorbeugen und Gegenmaßnahmen: Pflanzen trocken halten, nicht zu dicht pflanzen; erkrankte Blätter entfernen sowie nach der Blüte auch die Triebe vernichten; bei sichtbaren Rostpusteln Fungizide.

Sprühfleckenkrankheit

Schadbild: Rundliche, rotviolett bis braune Flecken auf der Blattunterseite, überwiegend längs der Mittelrippe angeordnet; die Flecken können zusammenfließen und werden bei Feuchtigkeit schleimig; beim Antrocknen sehen sie aus wie Sprühflecken.
Übertragung: Durch Wind und Regen.
Erreger: Pilz (*Blumeriella jaapii*); der Pilz überwintert auf den vorzeitig abgefallenen Blättern.
Wirtspflanzen: Kirsche, seltener Zwetsche, Aprikose.
Besonderes: Anhaltender Regen fördert den Befall.

Vorbeugen und Gegenmaßnahmen: Abgefallenes Laub entfernen.

Sternrußtau

Schadbild: Auf der Blattoberfläche kleine, kreisrunde graue bis braunschwarze Flecken mit sternförmig ausgezacktem Rand (Name); zunächst vereinzelt, nehmen rasch zu und werden größer; Blätter vergilben und fallen ab.
Übertragung: Die Infektion geht von Falllaub und Schnittgut aus; kühlnasse Witterung begünstigt die Infektion, häufig in verregneten Sommern.
Erreger: Rußtaupilz (*Diplocarpon rasae*); Überwinterung in abgefallenem Laub und in Trieben.
Wirtspflanzen: Rosen.

Vorbeugen und Gegenmaßnahmen: Robuste Sorten wählen, die Pflanzen müssen rasch abtrocknen können, abgefallenes Laub entfernen, Blattläuse abwehren.

Zwiebelfäulen

Schadbild: Zwiebelgrundfäule: Wurzel und Zwiebelbasis faulen; Trockenfäule: zahlreiche kleine dunkelbraune Flecken fließen zusammen; Zwiebelhalsfäule: grauer Schimmelrasen am Hals von Lagerzwiebeln.
Übertragung: Je nach Erreger unterschiedlich.
Erreger: Verschiedene Schadpilze und Bakterien.
Wirtspflanzen: Zwiebel- und Knollenpflanzen.

Vorbeugen und Gegenmaßnahmen: Nur gesunde Zwiebeln lagern, auf ausreichende Luftzufuhr achten, befallene Zwiebeln vernichten.

Schrotschusskrankheit

Schadbild: Ab Mai erscheinen kleine, runde, rotbraune Flecken auf den Blättern; die Flecken trocknen ein, das kranke Gewebe stirbt ab und fällt heraus, so dass Löcher entstehen; an der Blattunterseite sind Sommersporen erkennbar; vorzeitiger Blattfall; an Trieben leichter Gummifluss; befallene Früchte mit rot umrandeten, eingesunkenen Flecken verkrüppeln (Fruchtmumien).
Übertragung: Durch Wind und Regen. Die Infektion geht vom abgefallenen Laub aus.
Erreger: Pilze (*Wilsonomyces carpophilus*, früher *Cladosporium carpophilum*); die Pilze überwintern an Fruchtmumien, Falllaub und befallenen Zweigen.
Wirtspflanzen: Steinobst, vor allem Kirsche.
Besonderes: Ähnliche Löcher können auch durch eine Bakterieninfektion ausgelöst werden.

Vorbeugen und Gegenmaßnahmen: Abgefallene Blätter entfernen, befallene Triebe zurückschneiden, Fungizide vor der Blüte (nur bei wiederholtem Auftreten).

Verticillium-Welke, Welkekrankheit (Tracheomykose)

Schadbild: Die jüngsten Blätter und Triebspitzen erschlaffen, vergilben, verwelken, sterben ab; in den älteren Blättern bilden sich zwischen den Adern Chlorosen und Nekrosen, die Adern verfärben sich grau bis braun; Welke und Absterbeerscheinungen, die ganze Pflanze sieht vertrocknet aus.
Übertragung: Die Pilze überdauern jahrelang an Pflanzen, Samen oder an Pflanzenresten.
Erreger: *Verticillium*-Pilze dringen in die Leitungsbahnen der Pflanze ein und lösen deren Randbereiche auf, so dass sich die Gefäße verengen und der Nährstoff- und Wassertransport behindert wird – die Schäden sind irreparabel.
Wirtspflanzen: Über 200 Pflanzenarten, Zierpflanzen, Bäume und Sträucher, Obst, Gemüse, Unkräuter.
Besonderes: Symptome können auf einen Teil der Pflanze beschränkt sein; auch Nachbarpflanzen sind befallen.

Vorbeugen und Gegenmaßnahmen: Nur vorbeugende Maßnahmen möglich; Fruchtfolge beachten, befallsfreie Flächen auswählen; infizierte Pflanzen mit der Wurzeln entfernen, der Erreger hält sich jahrelang im Boden.

Pilzkrankheiten an Knospe und Stängel

Knospenbräune an Rhododendron (Knospenfäule, -sterben)

Schadbild: Die Blütenknospen treiben im Frühjahr nicht aus und verbräunen; auf den Knospen liegen kleine, dunkle Sporenlager.
Übertragung: Durch die Rhododendron-Zikaden bei der Eiablage im Juli und August.
Erreger: Pilz (*Pycnostysanus azaleae*).
Wirtspflanze: Rhododendron.
Besonderes: Die Symptome ähneln einem Frostschaden (dieser ist aber ohne Pilzbelag); die Krankheit breitet sich in den letzten Jahren stark aus.

Vorbeugen und Gegenmaßnahmen: befallene Knospen ausbrechen, Rhododendronzikaden mit Gelbtafeln ködern (siehe Seite 128).

Obstbaumkrebs

Schadbild: Eingesunkene, abgestorbene Rindenbereiche mit aufgesprungener Oberfläche, später wulstartige Missbildungen; im Winter rote, im Sommer weiße Sporenpusteln in Rindenrissen; Spitzendürre.
Übertragung: Die Infektion erfolgt ganzjährig über frische Wunden und Blattnarben.
Erreger: Nectria-Pilz (*Nectria galligena*), häufig in regenreichen Jahren; infizierte Wunden überwachsen.
Wirtspflanzen: Apfel, Birne, Steinobst.
Besonderes: Symptome ähnlich wie Blutlauskrebs.

Vorbeugen und Gegenmaßnahmen: Wunden sorgfältig versorgen und Verletzungen der Rinde vermeiden, infizierte Bereiche großzügig ausschneiden; bei starkem Befall den Ast etwa 15 cm unterhalb der Wunde absägen.

Monilia-Spitzendürre

Schadbild: Vorzeitige Welke; Blütenbüschel und Triebspitzen hängen herab, welken und sterben ab; dunkle Verfärbungen, später graue Pilzstellen.
Übertragung: Durch Wind, Regen und Insekten.
Erreger: Monilia-Pilze; an Kirschen *Monilia fructigena*, an Kernobst *Monilia laxa*; weit verbreitet; überdauern in Fruchtmumien, auf alten Blütenständen oder im Holz; infiziertes, abgestorbenes Gewebe verstopft die Leitungsbahnen.

Wirtspflanzen: Steinfrüchte (Kirsche), Kernobst sowie Süß- und Zierkirsche, Mandelbäumchen.
Besonderes: Es handelt sich um den gleichen Pilz wie bei Monilia-Fruchtfäule

Vorbeugen und Gegenmaßnahmen: Erkrankte Triebe zurückschneiden; Fruchtmumien entfernen.

(Brombeer-)Rankenkrankheit, Rindenkrankheit

Schadbild: Rankenkrankheit: von den Spitzen zur Basis hin welken die Blätter und Blüten, im Sommer kleine grüne, später rot werdende Flecken am Rankengrund; die Ranken sterben ab. Rindenkrankheit: länglich-ovale, silbrig bis hellbraune Flecken mit dunklem Rand, die Flecken dehnen sich rasch aus.
Übertragung: Durch Infektion über Schnittwunden.
Erreger: Verschiedene Pilze (*Rhabdospora ramealis*, *Gnomonia rubi*), überdauern auf abgestorbenem Wirt.
Wirtspflanzen: Brombeere, Himbeere.

Vorbeugen und Gegenmaßnahmen: Befallene Pflanzen ausschneiden und vernichten.

Himbeersterben

Schadbild: Die Tragruten treiben nicht mehr aus oder sterben plötzlich ab, graubraune Verfärbungen an der Basis der Jungruten, faulende Wurzeln.
Übertragung: Der Pilz überdauert jahrelang im Boden.
Erreger: Bodenpilze (*Phytophthora* spec.).
Wirtspflanze: Himbeere.
Besonderes: Häufiger auf schweren Böden mit Staunässe.

Vorbeugen und Gegenmaßnahmen: Pflanzen mit Wurzeln vernichten.

Rindenfleckenkrankheit

Schadbild: Rötliche bis bräunliche Verfärbungen an vorjährigen, noch grünen Trieben und Stämmen, Rinde kann aufreißen.
Übertragung: Die Infektion wird begünstigt durch Feuchtigkeit, Frost und Verletzungen.
Erreger: Verschiedene Pilze: *Phomopsis*-Rindenbrand, *Gnomonia*-Rindenbrand; auch bakterielle Rindenflecken (*Coniothyrium wernsdorffiae*).
Wirtspflanzen: Rose, Ziergehölze.

Vorbeugen und Gegenmaßnahmen: Keine Düngung im Spätjahr; gefährdete Pflanzen mit Winterschutz versehen; befallene Teile zurückschneiden bzw. bei Stämmen ausschneiden, kupferhaltige Präparate.

Rotpustelkrankheit an Ziergehölzen

Schadbild: Die Rinde von Trieben, Ästen und Stämmen verfärbt sich, einzelne Äste sterben ab; auf der abgestorbenen Rinde entstehen rötlich bis beige, stecknadelkopfgroße Pusteln.
Übertragung: Über Wind und Wasser; Infektion über Wunden, vor allem an geschwächtem Gehölz.
Erreger: Pilz (*Nectria cinnabarina*).
Wirtspflanzen: Laubgehölze wie Ahorn, Linde, Ulme, Obststräucher.

Vorbeugen und Gegenmaßnahmen: Befallene Pflanzenteile zurückschneiden und die Wunden sorgfältig behandeln, befallenes Holz entfernen.

Schwarzbeinigkeit, Keimlingskrankheit

Schadbild: Weiche, dunkle, eingeschnürte Stellen an der Stängelbasis, die Stängel trocknen rasch ein; Keimling fällt um und stirbt ab.
Übertragung: Durch frei bewegliche Sporen im Boden, vor allem bei hoher Luftfeuchtigkeit oder Staunässe.
Erreger: Verschiedene (Boden-)Pilzarten (z.B. *Rhizoctonia solani*).
Wirtspflanzen: Keimlinge von Zierpflanzen und Gemüse.

Vorbeugen und Gegenmaßnahmen: Nur gesunden Samen und frische Anzuchterde benutzen; ausreichende Pflanzabstände; für gute Durchlüftung sorgen; Fruchtwechsel einhalten.

Umfallkrankheit

Schadbild: Fahle und welkende Blätter; die unterirdischen Strunkteile sind schwarz verfärbt, modrig, faulig; die Wurzel stirbt allmählich ab, die Pflanze fällt um; am oberen Teil des Strunks kleine schwarze Sporenbehälter.
Übertragung: Durch Saatgut oder befallene Pflanzenrückstände.
Erreger: Pilz (*Phoma lingam*).
Wirtspflanzen: Kreuzblütler, Kohlarten.
Besonderes: Verbreitet in Küstengebieten.

Vorbeugen und Gegenmaßnahmen: Für gute Boden- und Wachstumsbedingungen sorgen, Fruchtfolgen beachten.

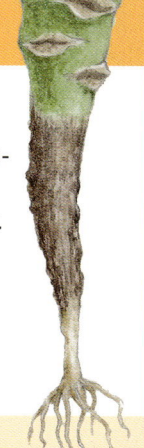

Rutenkrankheit, Rutensterben an Himbeere

Schadbild: Auf den Ruten und Knospen rotbraune bis violette Flecken, die unteren Rutenteile hell verfärbt; das befallene Gewebe reißt auf und der Trieb trocknet ein; im übernächsten Jahr kein Austrieb bzw. die Ruten sterben nach kurzer Zeit ab.
Übertragung: Infektion während des ganzen Sommers durch Rindenrisse und Verletzungen; dabei wirken mehrere Schadursachen zusammen: Risse in der Rute durch ungünstige Witterung, Himbeerrutengallmücke erleichtert den Pilzen den Zutritt.
Erreger: Pilz (*Didymella applanata*), befällt als Schwächepilz nur bereits angegriffene Ruten; Überwinterung auf befallenen Ruten.
Wirtspflanze: Himbeere.

Vorbeugen und Gegenmaßnahmen: Gute Standortbedingungen, infizierte Ruten nach der Ernte tief abschneiden und vernichten, bei wiederholtem Auftreten den Standort wechseln.

Pilzkrankheiten an Blüte und Frucht

Apfelschorf, Birnenschorf

Schadbild: Die Blätter zeigen rundliche, oliv-grüne, samtartige Flecken auf der Blattoberseite (Apfelschorf) bzw. auf der Blattunterseite (Birnenschorf); später braune Flecken mit Pilzrasen; die befallene Stellen trocknen aus, vorzeitiger Blattfall; Früchte mit unterschiedlich großen, braunschwarzen Stellen, die später verkorken.
Übertragung: Verbreitung durch Wind und Regen, Infektion ganzjährig, vor allem bei feuchtwarmer Witterung.
Erreger: *Venturia*-Pilz; Apfelschorfpilz (*Venturia inaequalis*), Birnenschorfpilz (*Venturia pirina*), überwintert in abgefallenen Blättern, gelegentlich auch am Holz.
Wirtspflanzen: Apfel, Birne, Kirsche, Pfirsich.

Vorbeugen und Gegenmaßnahmen: Resistente Sorten wählen, nach Regen für eine rasche Abtrocknung der Blätter sorgen (Standort); befallene Blätter entfernen, ggf. Fungizide zur Vorbeugung.

Bitterfäule

Schadbild: Runde, braune, eingesunkene Flecken auf der Kirsche; auf den Flecken ringförmige, weiße, rötliche oder schwarze Pilzpusteln; das Fleisch schmeckt bitter; im nächsten Jahr schlechter Blütenansatz.
Übertragung: Durch Wind und Regen, der Pilz dringt durch verletzte Stellen in die Früchte ein.
Erreger: Pilz (*Gloeosporium fructigenum*); Überwinterung in Fruchtmumien und an Trieben.
Wirtspflanze: Kirsche.

Vorbeugen und Gegenmaßnahmen: Befallene Kirschen vorzeitig pflücken, befallene Triebe schneiden.

Bohnenrost

siehe Seite 66

Echter Mehltau

siehe Seite 63

Brennfleckenkrankheit an Bohnen

Schadbild: Entlang den Blattrippen rundliche, braune, etwas eingesunkene Flecken unterschiedlicher Größe, vorzeitiger Blattfall; Flecken auch auf den Hülsen.
Übertragung: Durch Wind und Regen, die Infektion geht von Samen und Pflanzenrückständen im Boden aus.
Erreger: Brennfleckenpilz (*Colletotrichum lindemuthianum*).
Wirtspflanzen: Bohnen, Erbsen.

Vorbeugen und Gegenmaßnahmen: Gesundes Saatgut, resistente Züchtungen, großer Pflanzabstand, weit gestellte Fruchtfolgen; kranke Pflanzen vernichten.

Kräuselkrankheit beim Pfirsich

siehe Seite 65

Narren- oder Taschenkrankheit

Schadbild: Übermäßiges Wachstum einzelner Früchte, sie sind lang, flach und schotenförmig gekrümmt, darauf mehlig-weiße Pilzbeläge; später schrumpfen sie, verbräunen und trocknen ein.
Übertragung: Durch Wind und Regen, die Infektion erfolgt bei feuchtkühler Witterung während und kurz nach der Blüte.
Erreger: Pilz (*Taphrina pruni*); überwintert an Holz und Knospen sowie an den eingetrockneten Früchten.
Wirtspflanzen: Pflaumen, Zwetschen.
Besonderes: Häufiger bei feuchtkühlem Sommer.

Vorbeugen und Gegenmaßnahmen: Befallene Früchte entfernen.

Botrytis-Grauschimmel, allgemein

Schadbild: Früchte mit grauem Schimmelüberzug; zunächst faulende Stellen, später erscheint ein dichter Schimmel mit stäubenden Sporen.

Übertragung: Der Sporenstaub wird auf andere Pflanzen geweht; die Infektion beginnt häufig am Blütenblatt.

Erreger: Botrytis-Grauschimmelpilz (*Botrytis cinerea*); als Schwächeparasit befällt er verletzte oder verkümmerte Pflanzen und Früchte; zarte Pflanzen werden eher befallen als robuste Arten; feuchtwarmes Wetter begünstigt den Grauschimmel.

Wirtspflanze: Zahlreiche (wasserreiche) Obst- und Gemüsearten, vor allem Beerenobst, Tomaten (an den Früchten helle Ringe mit punktförmigem Zentrum, »Geisterflecken«), Salat (die Infektion breitet sich von den unteren, unter Lichtmangel leidenden Blättern aus), Weinrebe sowie Zierpflanzen.

Besonderes: Pilz kann auch auf dem Boden überstehen.

Vorbeugen und Gegenmaßnahmen: Frühreife Sorten wählen, lockere Pflanzabstände, Feuchtigkeit verringern, Verletzungen der Früchte vermeiden, abgestorbene Pflanzenteile entfernen, nur sparsam mit Stickstoff düngen.

Monilia-Fruchtfäule

Schadbild: Fruchtmumien; es gibt zwei unterschiedliche Schadbilder. Polsterschimmel: auf den Früchten große braune Faulstellen mit kreisförmig angeordneten gelb-grauen, pustelartigen Sporenlagern. Braunfäule: braunschwarz verfärbte, durchgefaulte Früchte, ohne Pilzrasen.

Übertragung: Der *Monilia*-Pilz dringt über die verletzte Fruchtschale ein; die Infektion beginnt mit kleinen braunen, fauligen Flecken und breitet sich rasch aus.

Erreger: *Monilia*-Pilze, an Steinfrüchten (Kirsche) (*Monilia fructigena*), an Kernobst (*Monilia laxa*); die Pilze überwintern in Fruchtmumien am Baum.

Wirtspflanzen: Stein- und Kernfrüchte, vor allem Kirsche, Pflaume, Aprikose, Pfirsich, Apfel.

Besonderes: Der gleiche Pilz verursacht die Monilia-Spitzendürre (siehe Seite 69).

Vorbeugen und Gegenmaßnahmen: Fruchtmumien entfernen, erkrankte Triebe zurückschneiden, Verletzungen der Früchte vermeiden, Früchte bei zu dichtem Behang ausdünnen.

Grauschimmel an Erdbeere

Schadbild: Braune Flecken an unreifen Früchten dehnen sich aus; später überzieht ein mausgraues Pilzmyzel die Flecken und hüllt die gesamte Frucht ein.

Übertragung: Durch Wind und Regen; die Infektion geht meist vom Kelchansatz aus, der Pilz kann an vertrockneten Blütenblättern eindringen; häufig bei feuchtschwüler, regenreicher Witterung zur Blütezeit; rasche Ausbreitung bei dichtem Wuchs der Pflanzen.

Erreger: *Botrytis*-Pilz (*Botrytis cinerea*).

Wirtspflanze: Erdbeere.

Vorbeugen und Gegenmaßnahmen: Einjährige Bestände sind weniger stark gefährdet; für schnelle Abtrocknung sorgen, ausreichende Pflanzabstände; Mulchfolie oder Stroh unter den Blättern und Früchten verhindert ein Aufliegen auf dem feuchten Boden; befallene Früchte entfernen.

Tulpenfeuer

Schadbild: Die Triebe kommen verkrüppelt und grau aus dem Boden, bläulich graue Flecken mit Schimmelbelägen; die Blüte bleibt stecken, ist verkrüppelt oder mit hellen bis bräunlichen Flecken übersät; auf den Zwiebeln kleine schwarze Dauerkörper; bei Infektion gesunder Pflanzen pockenartige schwarze Pünktchen an der Blüte.

Übertragung: Die Infektion geht von der infizierten Mutterzwiebel auf die Jungzwiebeln über; Verbreitung im Beet durch Wasser und Wind.

Erreger: Grauschimmelpilz (*Botrytis tulipae*); der Pilz hält sich jahrelang im Boden.

Wirtspflanzen: Tulpen.

Vorbeugen und Gegenmaßnahmen: Nur gesunde Zwiebeln ausbringen, welkes Laub absammeln, Pflanze vernichten.

Insekten

Raupe des
Großen Frostspanners
(Seite 99)

Rosengallwespe
(Seite 98)

Himbeerwurm
(Seite 100)

Kartoffelkäfer
(Seite 84)

Zwergzikade
(Seite 81)

Engerling
(Seite 93)

Insekten stellen den größten Anteil der tierischen Schädlinge dar. Ungefähr 80 Prozent dieser uns bekannten Tiere gehören zu dieser unglaublich großen Familie. Und dennoch nehmen die Biologen an, dass uns viele Verwandte dieser Tierklasse noch unbekannt sind, besonders Arten, die im tropischen Afrika und Asien leben.

Zum besseren Verständnis (und um nicht durcheinander zu geraten) wurden die Insekten in verschiedene Ordnungen, Unterordnungen und in zwei Unterklasse eingeteilt (siehe Seite 75). Diese Unterklassen haben als Unterscheidungskriterium, ob die Insekten Flügel haben oder flügellos sind. Sind sie vom Äußeren auch noch so unterschiedlich, allen Insekten gemein ist das harte

übrigens

Käfer stehen in der Weltordnung an Nummer 1. Sie sind nicht nur die größte Ordnung innerhalb der Insekten, sondern auch die artenreichste Gruppe im Tierreich. Ihre Zahl beläuft sich auf ca. 350.000 bis 400.000! Mit etwas Abstand folgen Schmetterlinge mit ca. 150.000 Arten.

Außenskelett aus Chitin. Ihr Körper gliedert sich in einen Kopf, den Brustbereich mit drei Bein- und zwei Flügelpaaren und den Hinterleib.

Als vollkommene Entwicklung bezeichnet man den Wachstumsprozess über Larve und Puppe bis hin zum ausgewachsenen Tier (z. B. bei Schmetterlingen und Fliegen), wobei sich nicht nur die einzelnen Stadien vom Aussehen her unterscheiden, sondern auch die Lebensbereiche und Ernährungsgewohnheiten. Unvollkommen hingegen ist, wenn die Larve dem erwachsenen Tier gleicht (z. B. Wanzen und Blattläuse).

Gemessen an der Gesamtzahl aller Insekten sind es eher wenige Arten, die tatsächlich als Schädlinge auftreten. In Mitteleuropa richten etwa 180 Insektenarten an Obst und 120 Arten an Gemüse Schäden an. Das Ausmaß des Schadens ist sehr unterschiedlich.

Die Schadbilder

Das Ausmaß von Fraßschäden kann vernachlässigbar sein und bis zum völligen Absterben reichen. Einige angefressene Blätter schaden der Pflanze kaum; bei einer zerstörten Triebspitze wächst die Pflanze dagegen nicht weiter, Blüte und Fruchtbildung bleiben aus. Wurzelschädlinge können ein Welken der Pflanze verursachen. (Im Gegensatz dazu fressen die Wühlmäuse die Wurzel völlig ab, so dass die Pflanze ihren Halt verliert und leicht herausgezogen werden kann.)

Bei Saugschäden kommt es fast immer zu Folgeschäden. Einzelne ausgesaugte Pflanzenzellen füllen sich mit Luft und es entstehen ein Silberglanz bzw. helle Sprenkelungen oder Flecken. Die meisten Blattsauger stechen mit ihren langen Stechborsten die Leitbündel an und hängen sich unmittelbar an den Saftstrom. Weil die Pflanzensäfte unter Druck stehen, fließen sie von alleine in den Mund des Parasiten. Mit ihrem Speichel verändern die Schädlinge das weitere Wachstum. Je nach Art der Pflanze und des Schädlings rollen sich die Blätter ein oder kräuseln sich – es

kommt zu Triebstauchungen und Früchte verkrüppeln. Stark betroffene Pflanzenteile können sogar absterben. Einige Schädlinge, vor allem Wanzen, Schildläuse sowie manche Blattläuse und Zikaden, saugen die Pflanzenzellen rund um die Einstichstelle aus. Noch wachsende Zellen sterben dabei ab; das zeigt sich später durch Risse in den Blättern, Verfärbungen und Verformungen, an reifenden Früchten durch eingesunkene Stellen, verkorkte oder farbige Flecken. In vielen Fällen kommt es zu schweren Wucherungen wie dem Blutlauskrebs.

Bei Minen und Gallen verschafft sich das Tier nicht nur Nahrung, sondern gleich ein Zuhause. Als Minen bezeichnet man die Fraßgänge innerhalb des Blattgewebes. Die Insekten und ihre Larven leben und essen hier in geschützter Abgeschiedenheit. Gallen entstehen dann, wenn der Eindringling eine zeitlich und örtlich begrenzte Wachstumsperiode der Pflanze auslöst.

Die Verletzungen und Beschädigungen bieten Krankheitserregern einen leichten Zugang zur Pflanze. Auf dem Honigtau der Blattläuse siedeln sich gerne Schwärzepilze an. Nematodenbefall begünstigt Welke- und Fäulniskrankheiten; der Monilia-Fäulepilz befällt vor allem solche Kirschen, die zuvor von Vögeln angepickt wurden. Blutläuse verhindern das Ausreifen von Zweigholz, so dass diese Teile im Winter leichter erfrieren. Die Pflanze steht während des Schädlingsbefalls unter Stress; Stress wiederum macht, wie bereits gesagt, die Pflanze generell anfälliger.

Systematik der Insekten

Zum besseren Verständnis werden die Insekten in zwei Unterklassen sowie in verschiedene Ordnungen und Familien eingeteilt. Die beiden Unterklassen haben als Unterscheidungskriterium, ob die Insekten Flügel haben bzw. sie zurückbildeten (Pterygota) oder ob sie flügellos sind (Apterygota). Die geflügelten Insekten gruppiert man nochmals in hemimetabole und holometabole Insekten.

Systematik der Insekten

Klasse: **Myriapoda**
    Unterklasse: **Hundertfüßer (Chilopoda)** — Steinkriecher, Erdläufer
    Unterklasse: **Tausendfüßer (Diplopoda)** — Tausendfüßer, Saftkugler

Klasse: **Insecta**
    Unterklasse: **Urinsekten (Apterygota, flügellose Insekten)**
      Ordnung: **Springschwänze (Collembola)**

Systematik	Beispiele
Klasse: **Myriapoda**	
Unterklasse: **Hundertfüßer (Chilopoda)**	Steinkriecher, Erdläufer
Unterklasse: **Tausendfüßer (Diplopoda)**	Tausendfüßer, Saftkugler
Klasse: **Insecta**	
Unterklasse: **Urinsekten (Apterygota, flügellose Insekten)**	
Ordnung: **Springschwänze (Collembola)**	
Unterklasse: **Pterygota (geflügelte Insekten)**	
1. Gruppe: **Hemimetabole Insekten**	
Ordnung: **Ohrwürmer (Dermaptera)**	
Ordnung: **Langfühlerschrecke (Ensifera)**	Maulwurfsgrille
Ordnung: **Fransenflügler, Blasenfüße (Thysanoptera)**	Erbsenblasenfuß
Ordnung: **Gleichflügler (Homoptera)**	
Unterordnung: **Pflanzenläuse (Sternorrhyncha)**	
Familie: **Blattflöhe (Psyllidae)**	Apfel- und Birnenblattsauger, Blattfloh
Familie: **Blattläuse (Aphidiidae)**	Blasenlaus (Blutlaus), Bohnenblattlaus, Pfirsichblattlaus, Sitkafichtenlaus, Tannenlaus (Grüne Fichtengallenlaus)
Familie: **Mottenschildläuse (Aleyrodidae)**	Weiße Fliege
Familie: **Schildläuse (Coccidae)**	Kommaschildlaus, Napfschildlaus, Woll- oder Schmierlaus
Unterordnung: **Zikaden (Cicadina)**	Rosenzikade, Schaumzikade
Ordnung: **Wanzen (Heteroptera)**	Blattwanze
2. Gruppe: **Holometabole Insekten**	
Ordnung: **Käfer (Coleoptera)**	
Familie: **Aaskäfer (Silphidae)**	Rübenaaskäfer
Familie: **Blattkäfer (Chrysomelidae)**	Blattkäfer (Engerling), Erdflöhe, Hähnchen, Schildkäfer, Kartoffelkäfer, Kohlerdfloh, Lilienhähnchen
Familie: **Blatthornkäfer (Scarabaeidae)**	Gartenlaub-, Juni-, Mai-, Rosenkäfer
Familie: **Blütenfresser (Byturidae)**	Himbeerkäfer
Familie: **Glanzkäfer (Nitidulidae)**	Rapsglanzkäfer
Familie: **Laufkäfer (Carabidae)**	Getreidelaufkäfer
Familie: **Rüsselkäfer (Curculionidae)**	Apfelblütenstecher, Dickmaulrüssler, Erbsenblattrandkäfer, Erdbeer- oder Himbeerblütenstecher, Haselnussbohrer, Kohlgallenrüssler
Familie: **Samenkäfer (Bruchidae)**	Erbsenkäfer
Familie: **Schnellkäfer (Elateridae)**	Saatschnellkäfer (Drahtwurm)
Ordnung: **Hautflügler (Hymenoptera)**	
Unterordnung: **Pflanzenwespen (Symphyta)**	Schwarze Kirschblattwespe, Stachelbeerblattwespe, Sägewespe (Apfelsägewespe, Pflaumensägewespe)
Unterordnung: **Taillenwespen (Apocrita)**	
Familie: **Ameisen (Formicoidea)**	
Familie: **Bienen (Apoidea)**	Blattschneiderbiene
Familie: **Gallwespen (Cynipidae)**	(Rosen-)Blattrollwespe, Deutsche Wespe, (Rosen-)Gallwespe, Gemeine Wespe, Rosentriebbohrer
Ordnung: **Schmetterlinge (Lepidoptera)**	
Familie: **Eulen (Noctuidae)**	Eulenfalter (Erdraupe), Kohleule, Raupe (*Mamestra brassicae*)
Familie: **Gespinstmotten (Yponomeutidae)**	
Familie: **Glasflügler (Sesiidae)**	Hornissenglasflügler
Familie: **Glucken (Lasiocampidae)**	Ringelspinner
Familie: **Miniermotten (Gracillariidae)**	Obstbaumminiermotte (*Lyonetia clerkella*)
Familie: **Motten oder Schaben (Plutellidae)**	Gespinstmotte (Yponomeutidae), Kohlmotte oder -schabe (*Plutella xylostella*), Lauch- oder Zwiebelmotte (*Acrolepia assectella*)
Familie: **Spanner (Geometridae)**	Kleiner Frostspanner
Familie: **Weißlinge (Pieridae)**	Großer Kohlweißling, Kleiner Kohlweißling
Familie: **Wickler (Tortricidae)**	Apfelwickler, Erbsenwickler
Familie: **Wollspinner (Lymantriidae)**	Goldafter
Familie: **Zünsler (Pyralidae)**	Maiszünsler
Ordnung: **Zweiflügler (Diptera)**	
Unterordnung: **Fliegen (Brachycera)**	Kirschfruchtfliege, Minierfliege
Unterordnung: **Mücken (Nematocera)**	
Familie: **Haarmücken (Bibionidae)**	Märzfliege (*Bibio marci*)
Familie: **Schnaken (Tipulidae)**	Wiesenschnake (*Tipula paludosa*)
Familie: **Gallmücken (Cecidomyiidae)**	

Bestimmungsschlüssel Insekten (ohne Larven)

1	a	Tier mit 6 Beinen (3 Beinpaare)	siehe 2, Insekt
	b	Tier mit 8 Beinen (4 Beinpaare)	Spinne (S. 124), Weberknecht (S. 124), Milbe (S. 107)
	c	Tier mit mehr als 8 Beinen	Assel (S. 120), Hundertfüßer (S. 120), Tausendfüßer (S. 106)
	d	Larve, Raupe, Made	siehe Bestimmungstabelle Insektenarven (unten)
2	a	Tier ohne Flügel oder mit unscheinbaren Flügeln bzw. Flügelresten	siehe 3
	b	Tier mit klar erkennbaren Flügeln	siehe 4
3	a	Sprungapparat an der Bauchseite, Tiere sind kleiner als 1 cm und »hüpfen«	Springschwanz (S. 78)
	b	Greifzange am Hinterende; stark verkürzte, derbe Vorderflügel	Ohrwurm (S. 99, 123)
	c	Kleinste, sesshafte Tiere, unter Schilden verborgen	Schildläuse (S. 131)
4	a	Tier mit nur 2 Flügeln (1 Flügelpaar) oder mit stark verkürzten oder zu Flügeldecken umgebildeten Vorderflügeln (Käfer, Ohrwürmer)	siehe 5
	b	Tier mit 4 Flügeln (Vorder- und Hinterflügel)	siehe 7
5	a	Vorderflügel stark verkürzt, Greifzangen am Hinderende	Ohrwurm (S. 123)
	b	Vorderflügel sind zu harten, derben Flügeldecken umgebildet	Käfer (S. 84)
	c	Vorderflügel sind häutig; keine Hinterflügel, stattdessen kleine Schwingkölbchen; Stech- oder Saugrüssel; große Komplexaugen	siehe 6, Zweiflügler (Fliegen und Mücken) (S. 79)
6	a	Schlanker Körper mit langen Beinen, fadenförmige Fühler mit mindestens 6 Gliedern	Mücken (Stech- und Gallmücken, Tipulidae) (S. 79)
	b	Gedrungener Körper mit kürzeren Beinen, keulenförmige Fühler mit 3 Gliedern; zum Teil sehr kleine Fliegen	Fliege (Minierfliegen, Wurzel-, Kohl- und Zwiebelfliegen) (S. 94)
7	a	Vorder- und Hinterflügel sind gleichartig gebaut, können aber unterschiedlich groß sein	siehe 8
	b	Vorder- und Hinterflügel unterscheiden sich in der Struktur, Form und Größe	siehe 10
8	a	Kleine Insekten mit häutigen Flügeln und schnabelartigem Stech- und Saugapparat	Blattläuse (S. 82)
	b	Bis 3 mm kleine Insekten mit weißen Flügeln; Körper und Flügel sind mit weißem Wachsstaub bedeckt	Mottenschildläuse (S. 80)
	c	Bis 2 mm große Tiere mit schmalen, mit feinen Fransen besetzten Flügeln; Haftblasen an den Füßen	Fransenflügler/Blasenfüße/Thripse (S. 80)
	d	Häutige Vorder- und Hinterflügel, Körper ist meist gelbschwarz	siehe 9, Hautflügler (S. 78)
	e	Mit Schuppen bedeckte Flügel, Vorder- und Hinterflügel können sich in Größe, Form und Farbe unterscheiden; lange Antennen; langer, eingerollter Saugrüssel	Schmetterling (S. 79)
9	a	Hinterleib ohne Einschnürung (Wespentaille)	Blatt- und Sägewespen (S. 87)
	b	Hinterleib mit einer Einschnürung (Wespentaille)	Gallwespen (S. 98), Ameisen (S. 91), Wespen (S. 100), Bienen
10	a	Vorderflügel sind im ersten Drittel derb, der Rest ist häutig; flacher Körper mit breitem Rückenschild; Stech-Saug-Rüssel	Blattwanzen (S. 81)
	b	Vorderflügel sind lederartig und liegen in Ruhestellung dachartig über dem Hinterleib; Sprungbeine vorhanden	Zikaden (S. 81)
	c	Wie Zikade, 3 bis 4 mm klein, aber ohne Sprungbeine	Blattflöhe/Blattsauger/Springläuse (S. 95)
	d	Vorderflügel sind zu harten Flügeldecken umgebildet, die häutigen Hinterflügel liegen darunter verborgen, Antennen	Käfer (S. 84)

Bestimmungstabelle Insektenlarven

Kopf mit deutlich ausgeprägter Kopfkapsel	
> ohne Beine	Rüsselkäfer (S. 93), Samenkäfer, Haarmücken (S. 92), Halmwespen
> mit 3 Beinpaaren an der Brust	die meisten Käfer, z. B. Schnellkäfer (Drahtwurm) (S. 93), Mai-, Juni-, Gartenlaubkäfer (Engerlinge) (S. 93)
> mit 3 Beinpaaren an der Brust und 2 bis 8 Paar Bauchfüße	
> 2 Paar Bauchfüße	Spanner (Spannerraupen) (S. 99)
> 5 Paar Bauchfüße	Schmetterlinge außer Spannern (Raupen) (S. 103)
> 6 bis 8 Paar Bauchfüße	Blattwespen (Afterraupen) (S. 87)
Kopf mit unvollständig chitinisierter Kopfkapsel	
> keine Brustbeine und keine Bauchfüße	Schnaken (Tipulidae) (S. 94)
Kopf ohne Kopfkapsel, keine Brustbeine und keine Bauchfüße	
> mit Mundhacken	Fliegen (Maden) (S. 79)
> ohne Mundhaken, mit Brustanhängen	Gallmücken (S. 121)

Überblick über die (Schad-)Insekten

1. Hemimetabole Insekten

Ohrwürmer (Dermoptera)

Dämmerungsaktive, meist dunkle Arten mit abgeflachtem Körper und auffälligen Zangen am Hinterende; ca. 1.300 Arten. Die Vorderflügel sind kurze Decken, unter denen sich die häutigen Hinterflügel verbergen.

Langfühlerschrecken (Ensifera)

Zu dieser Ordnung gehören ca. 8.100 Arten, die durch lange Fühler und sehr kräftige Sprungbeine auffallen.

Fransenflügler oder Blasenfüße (Thysanoptera)

Winzige, bis 2 mm lange Insekten. Ihren Namen erhielten sie von ihren schmalen, am Rand fransenartig behaarten Flügeln (Fransenflügler) bzw. von den großen Haftblasen an den Beinen (Blasenfüße). Alle Mitglieder der ca. 4.700 Arten haben stechend-saugende Mundwerkzeuge.

Wanzen (Heteroptera)

Die bis zu 2 cm großen Tiere mit stechend-saugenden Mundwerkzeugen sind bis auf wenige bunte Arten meist schlicht gefärbt. Sie haben einen abgeflachten Rücken, hinter dem Kopf sitzt ein großes, breites Rückenschild und ein kleineres, dreieckiges Schildchen. Die derben Vorderflügel sind gegliedert in einen festen und einen kleineren durchsichtigen Teil, die Hinterflügel sind häutig. Wanzen leben eher versteckt und besitzen zumeist Duft- und Stinkdrüsen, die ein Abwehrsekret produzieren. In Mitteleuropa gibt es rund 1.000 Wanzenarten in allen Lebensräumen.

Blattwanzen

Unter dem Namen Blattwanzen werden die Wanzen zusammengefasst, die sich ausschließlich von Pflanzen ernähren und diese durch ihr Saugen schädigen. Auffällig ist ihr penetranter Gestank. In Mitteleuropa sind dies vor allem Tiere aus der Familie der Weichwanzen (Miridae) und der Schild- oder Stinkwanzen (Pentatomidae).

Gleichflügler (Homoptera)

Hier verbergen sich zwei Ordnungen: die Pflanzensauger mit ca. 7.700 Arten und die Zikaden mit rund 28.000 Arten.

Zikaden (Cicadina)

Von den ca. 35.000 Zikadenarten leben nur rund 480 Arten in unseren Breiten. Die kleinen Tiere haben schmale Flügel, die in Ruhestellung dachförmig zusammengefaltet sind; die Beine sind als Sprungbeine ausgebildet. Aufgeschreckte Zikaden springen davon. Zikaden können mit Hilfe ihres Trommelorgans helle, laute Töne erzeugen.

Pflanzenläuse (Sternorrhyncha)

• Blattläuse (Aphidiidae)
Sie ernähren sich ausschließlich von Pflanzensäften, den sie als »Honigtau« wieder abgeben können. Erwachsene Blattläuse besitzen durchsichtige Flügel. Etwa 800 einheimische Arten.
• Schildläuse (Coccidae)
Männchen und Weibchen unterscheiden sich erheblich voneinander: Die Männchen sind 1 bis 2 mm lang, gelblich und besitzen Flügel; die Weibchen saugen sich dauerhaft fest und bilden durch Wachsabscheidungen schützende Schilde über sich und ihre Eier. Häufiger Schädling an Zimmerpflanzen.
• Mottenschildläuse (Aleyrodidae)
Es handelt sich um Millimeter kleine Insekten mit weißen Flügeln; Körper und Flügel sind mit weißem Wachsstaub bedeckt.
• Blattflöhe (Psyllidae)
Die 3 bis 4 mm kleinen, meist grünlichen Tiere haben Flügel. Da sie an Zwergzikaden erinnern, werden sie auch Springläuse genannt und wegen der großen Mengen Honigtau-Ausscheidungen auch Blattsauger; etwa 90 Arten.

2. Holometabole Insekten

Käfer (Coleoptera)

Käfer stellen mit ca. 350.000 Arten die größte Ordnung im Tierreich dar; dennoch sind sie alle ziemlich einheitlich gebaut. Ihre Vorderflügel sind zu harten Flügeldecken umgewandelt, die über den häutigen Hinterflügeln, den eigentlichen Flugorganen, liegen. Käfer und Larven haben beißend-kauende Mundwerkzeuge und verursachen charakteristische Fraßschäden. Die Entwicklung zum Käfer geht meist langsam vonstatten; sie dauert gut 1 Jahr, bei vielen Arten wesentlich länger und kann bis zu 6 Larvenstadien durchlaufen.

Laufkäfer (Carabidae)
Meist räuberisch lebende Käfer mit kräftigen Laufbeinen. Nur wenige Pflanzenschädlinge.

Aaskäfer (Silphidae)
Die meisten Larven dieser Käfer leben von Dung, Aas oder faulenden Pflanzen, einige wenige auch von lebenden Pflanzen.

Schnellkäfer (Elateridae)
Es sind bis 1,5 cm große, länglich-schmale, dunkle Käfer mit langen Fühlern, die sich mit Hilfe eines besonderen Mechanismus aus der Rückenlage hochschnellen können. Ihre pflanzenfressenden Larven nennt man Drahtwürmer.

Blütenfresser (Byturidae)
Die Käfer leben auf Blüten von Rosengewächsen, die Larve entwickelt sich beim Himbeerkäfer in Himbeerfrüchten (Himbeerwurm).

Glanzkäfer (Nitidulidae)
Diese Ordnung enthält sowohl nützliche als auch pflanzenschädliche Arten.

Blatthornkäfer (Scarabaeidae)
Gemeinsames Merkmal dieser meist großen Käfer sind die gefächerten Fühler. Ihre Entwicklung dauert oft mehrere Jahre. Bei einigen Arten sind Larven (Engerlinge) und Käfer gefürchtete Schädlinge, z. B. der Maikäfer.

Blattkäfer (Chrysomelidae)
Sie stellen nach den Rüsselkäfern die größte Familie innerhalb der Käfer und umfassen mehrere Untergruppen: die flachen Schildkäfer (Cassidinae); die einheitlich aussehenden dunklen, mit Sprungbeinen ausgestatteten Erdflöhe (Halticinae); die meist recht hübschen Blattkäfer im engeren Sinne (Chrysomelidae) mit ihrem ovalem, stark gewölbtem Körper (z. B. Kartoffelkäfer) und die bunt glänzenden Hähnchen (Criocerinae). Pflanzenschädlich sind Larven oder Käfer oder beide.

Samenkäfer (Bruchidae)
Ihre Larven fressen die Samen von Bohnen, Erbsen und anderen Leguminosen; sie gelten als Vorratsschädlinge.

Rüsselkäfer (Curculionidae)
Es ist mit weltweit 40.000 Arten die größte Käferfamilie (vor den Blattkäfern). Die meisten Käfer bleiben unter 1 cm Größe, besitzen eine länglich-ovale Form und einen rüsselartig verlängerten Vorderkopf. Die Fühler sind meist deutlich gekniet. Sowohl die Larven als auch die oftmals flugunfähigen Käfer ernähren sich von Pflanzen.

Hautflügler (Hymenoptera)

Hautflügler besitzen zwei Paar häutige Flügel mit einer deutlich sichtbaren Aderung. Die insgesamt mehr als 100.000 Arten teilt man in zwei Großgruppen.

Pflanzenwespen (Symphyta)
Sie besitzen keine Wespentaille; zu ihnen gehören die Blattwespen einschließlich der Sägewespen und die Halmwespen. Die Larven der Blattwespen sind Afterraupen.

Taillenwespen (Apocrita)
Sie haben im Hinterleib eine Einschnürung, die so genannte Wespentaille. Zu ihnen gehören Gallwespen, Ameisen, Faltenwespen und Bienen sowie viele nützliche Formen. Die Larven der meisten anderen Hautflügler ähneln dagegen Maden.

Schmetterlinge (Lepidoptera)

Schmetterlinge haben vier große, meist mit Schuppen bedeckte Flügel, lange, vielgliedrige Fühler und einen aufrollbaren Saugrüssel. Pflanzenschädlich sind ihre Raupen. Die Familien sind nicht immer leicht zu unterscheiden: Miniermotten, Schaben, Glasflügler, Gespinstmotten, Wickler, Zünsler, Glucken, Spanner, Eulen, Wollspinner und Weißlinge.

Zweiflügler (Diptera)

Die Zweiflügler sehen sich alle sehr ähnlich. Sie sind überwiegend grau, graubraun oder rostfarben und unauffällig. Das vordere Flügelpaar besteht aus durchsichtigen Hautflügeln, das hintere Paar ist zu kleinen Anhängen zurückgebildet, den so genannten Schwingkölbchen. Alle besitzen einen Stech- oder Saugrüssel. Es gibt zwei Unterordnungen.

Mücken (Nematocera)

Zierlich gebaute, langbeinige Zweiflügler; mit den Familien der Schnaken, Haar- und Gallmücken.

Fliegen (Brachycera)

Gedrungener Körperbau; u.a. Familien der Minier-, Frucht-, Halm- und Echten Fliegen.

Unterscheidungskriterien Mücke – Fliege		
	Mücken (Nematocera)	**Fliegen** (Brachycera)
Körper	schlank	gedrungen
Beine	lang	kürzer
Fühler	fadenf., 6 oder mehr Glieder	keulenförmig, 3 Glieder
Puppen	Mumienpuppe	Tönnchenpuppe
Beispiele	Stech- und Gallmücken	Kirschfruchtfliege, Wurzelfliegen

Insektenschädlinge an Blatt und Wurzel

Springschwanz (Collembola)

Schadbild: Fraßschäden an Keimlingen.
Ursachen: Springschwanz, im Boden lebende Insektenlarven.
Erkennungsmerkmale: Bis zu 6 mm kleiner, flügelloser, weichlicher Bodenbewohner mit einer Sprunggabel am Hinterleib; meist in großer Anzahl vorkommend; hüpfen lebhaft.
Wirtspflanzen: Rüben und andere.
Biologie: Lichtscheuer Bodenbewohner, ernährt sich von Pflanzenresten, Pilzen, Algen und anderen organischen Stoffen; Humusbildner; schlecht verrotteter Mist, Stroh oder eingearbeitete Zwischenfrüchte ziehen ihn an – er gehört eher zu den Nützlingen.

Vorbeugen und Gegenmaßnahmen: In geringer Zahl schaden sie nicht; Staunässe begünstigt ihr Auftreten, daher Pflanze trockener halten.

Saugschädlinge an Blättern

Pflanzensauger, Blattflöhe (Psyllidae), Apfel- und Birnenblattsauger (Springlaus)

siehe Seite 95

Pflanzensauger, Blattläuse (Aphididae)

siehe Seite 82

Fransenflügler, Blasenfüße, **Thripse**, »Gewitterfliegen« (Thysanoptera-Arten)

Schadbild: Zunächst gelb gesprenkelte Blätter, die einen silbrigen Schimmer bekommen; dunkle Korkflecken an den Blattunterseiten; Blätter und Blüten verformen sich und welken; Kotflecken neben den Saugstellen (typisch für Blasenfüße); Virenüberträger.
Ursache: Saugschäden durch Thripse.
Erkennungsmerkmale: 1 bis 2 mm kleines, schmales Insekt, schwarzer oder gelber Körper, mit langen, fransenartig behaarten schwarzweißen Flügeln, die meist zusammengelegt sind; an den Füßen ausstülpbare Haftblasen; im Jugendstadien cremegelb, als Larven durchscheinend weiß.
Biologie: Pflanzensaftsauger an Blättern und Blüten; es gibt mehrere ähnlich aussehende Larvenstadien; Thripse können an feuchtschwülen Tagen in großen Mengen auftreten (Gewitterfliegen).

Wirtspflanzen: Zahlreiche Pflanzen, vorwiegend in Blüten und Blütenständen von Korbblütlern, aber auch an Zwiebelgewächsen; häufig an Kübel- und Zimmerpflanzen.
Arten: Gladiolenblasenfuß, Zwiebelblasenfuß u. a.

Vorbeugen und Gegenmaßnahmen: Frühe oder relativ späte Aussaaten umgehen den Befall. Da sich Thripse gerne bei trockener und warmer Witterung vermehren, sollte der Boden durch Hacken und Mulchen feucht gehalten werden. Kaum nennenswerte Schäden im Garten, daher weitere Maßnahmen nicht nötig; Kübel- und Zimmerpflanzen mit einem feuchten Tuch abwischen; Klebefallen, biologische Bekämpfung mit Florfliegenlarven, Raubmilben und Marienkäfer. Gegenpflanzen sind Weinraute, Bohnenkraut und Ysop.

Pflanzensauger, **Mottenschildlaus, Weiße Fliege** (Aleyrodidae, *Trialeurodes vaporariorum*)

Schadbild: Gelbliche Saugflecken auf den von Honigtau verklebten Blättern, Schwärzepilze.
Ursache: Einstichstellen der Weißen Fliege.
Erkennungsmerkmale: 1 bis 3 mm kleine aktive Insekten mit weißen Flügeln; Körper und Flügel sind mit weißem Wachsstaub bedeckt, was wie gepudert wirkt; meist auf der Blattunterseite zu finden; die Tiere fliegen bei Störungen auf. Häufiger Schädling an Zimmerpflanzen und im Gewächshaus (Weiße Fliege).
Biologie: Nicht winterhart; das Weibchen legt auf der Blattunterseite bis zu 400 Eier ab; Gelege ringförmig angeordnet; bis zu zehn Generationen im Laufe eines Jahres.
Wirtspflanzen: Balkon- und Zimmerpflanzen, Anemone, Rhododendron.
Besonderes: Diese Insekten sind nicht winterhart.

Larve

Vorbeugen und Gegenmaßnahmen: Ringelblumen wirken abwehrend; für Zimmerpflanzen hat sich die Schlupfwespe (*Encarsia formosa*) sehr bewährt; mit Gelbtafeln abfangen; Rapsöl, Kaliseife; die Wachsausscheidungen schützen das Tier vor Benetzung und Insektiziden.

Mottenschildläuse
auf der Blattunterseite

Pflanzensauger, Blattläuse, Sitkafichtenlaus (*Liosomaphis abietina*)

Schadbild: Die Nadeln verfärben sich weißlich gelbgrün, dann bräunlich und fallen schließlich ab. Es wird an allen Jahrgängen gesaugt, außer an dem im Mai frisch ausgetriebenen Nadeln. Grund: Der Stickstoffanteil der frischen Nadeln ist so gering, dass er als Nahrungsgrundlage für die Läuse höchst unattraktiv ist. Folge ist, dass die Läusepopulation zu diesem Zeitpunkt eher zusammenbricht.
Ursache: Saugschäden der Fichtenlaus.
Erkennungsmerkmale: 1,5 bis 2 mm kleine grünliche Laus mit roten, hervorstehenden Augen.
Biologie: Überwinterung im Eistadium, die Larven schlüpfen im zeitigen Frühjahr.
Wirtspflanzen: Sitkafichte, Blaufichte, Douglasie und Zierformen.

Vorbeugen und Gegenmaßnahmen: Im Februar/März sollte der Bestand ganz besonders kontrolliert werden: dazu nimmt man eine weißes Blatt Papier, klopft auf die Äste im inneren, unteren Bereich des Baumes auf der sonnenabgewandten Seite und zählt die Läuse; ab etwa 5 Tieren sollte unbedingt eine Bekämpfung erfolgen, da es sonst zu einer Massenvermehrung kommt; Ernährungsstörungen begünstigen ihr Auftreten, Abwehr Blattläuse; jüngere Bäume erholen sich wieder vom Schaden.

Pflanzensauger, Schildläuse, Napfschildlaus (*Eulecanium corni*)

Schadbild: Saugschäden auf der Blattunterseite, Blätter können schwarz werden (Rußtaupilze); Schaden ist kaum von Bedeutung; häufig an Zimmerpflanzen, im Garten eher die Kommaschildlaus (siehe Seite 97).

Ursache: Saugtätigkeit der Napfschildläuse.

Erkennungsmerkmale: Halbkugeliges braunes Schild mit etwa 1 mm Durchmesser an Blättern, Stängeln und Trieben; die festsitzenden Schilde lassen sich abheben, dabei wird die Laus zerstört.

Wirtspflanzen: Kübel- und Zimmerpflanzen, Obst- und Ziergehölze, hauptsächlich Pflaumen und Zwetschen.

Biologie: Die Pflanzensaftsauger sitzen gut geschützt unter ihrem Schild (Wachspanzer); die Männchen bewegen sich frei mit Fühlern, Flügeln und Beinen; die stets flügellosen Weibchen saugen sich dauerhaft an der Rinde fest; Überwinterung als Ei oder Larve.

Arten: Gemeine Napfschildlaus, San-José-Schildlaus (rote Flecken auf Obstfrüchten, in der Mitte das 1,5 mm große Schild der Laus; gefährlicher Schädling im Obstbau), Oleanderschildlaus, Lorbeerschildlaus, Kohlmottenschildlaus.

Vorbeugen und Gegenmaßnahmen: Schilde mit einem stumpfen Gegenstand abreiben, Wachsreste und Rußtau mit lauwarmem Seifenwasser abwaschen.

Wanzen, Blattwanzen (*Helopeltis schoutedeni* aus der Familie der Miridae)

Schadbild: Gelbe, später braune Saugstellen an Blättern, Trieben und Knospen; in den Blättern können unterschiedlich große Löcher entstehen; Blätter und Triebe verkrümmen und kräuseln sich; befallene Blüten öffnen sich ungleichmäßig.

Ursache: Saugschäden durch Blattwanze.

Erkennungsmerkmale: Bis 2 cm große Tiere mit abgeflachtem Rücken, hinter dem Kopf sitzen ein großes, breites Rückenschild und ein kleineres, dreieckiges Schildchen; Vorderflügel im vorderen Teil ledrig fest, dahinter durchsichtig, Hinterflügel häutig; meist schlichte Färbung, einige bunte Arten.

Wirtspflanzen: Zahlreiche Zier- und Gemüsepflanzen, Obst, gerne an Dahlien und Rhododendren.

Biologie: Sehr lebhafte Tiere, eine Generation pro Jahr; Überwinterung je nach Art als Ei, Larve oder Wanze; Virenüberträger.

Arten: Apfelwanze, Blindwanze, Baumwanze (Pentatomidae).

Besonderes: In Mitteleuropa gibt es rund 1.000 Wanzenarten in allen Lebensräumen. Die auffällige schwarzrote, gesellig lebende Feuerwanze (Pyrrhocoridae) richtet keinen Schaden an. Sie leben gerne unter Malven und ernähren sich von herabgefallenen Samen.

Vorbeugen und Gegenmaßnahmen: Wanzen lassen sich am frühen Morgen einsammeln, wenn sie noch von der Kälte erstarrt sind; weitere Maßnahmen sind selten nötig.

Zikaden, Zwergzikade (Cicadellidae, syn. Jassidae)

Schadbild: Auf der Blattunterseite kleine weiße Saugflecken; auf der Blattoberseite gesprenkelt wirkende Aufhellungen; Triebe und Knospen verkrüppeln.

Ursache: Saugschäden durch Zikaden.

Erkennungsmerkmale: Etwa 3 mm lang, gelblich grün; sie sitzen auf der Blattunterseite; die schmalen Flügel sind in Ruhestellung dachförmig zusammengefaltet; die Tiere springen bei Störungen auf (Sprungbeine).

Biologie: Die Eiablage erfolgt in die Rinde junger Triebe; die Eier überwintern und ab Mai schlüpfen die Larven; mehrere Generationen im Jahr.

Wirtspflanzen: Zahlreiche Gehölze, Rosen.

Arten: Zahlreiche Arten wie die Rosenzikade oder die Rhododendronzikade (grüne, längliche Tiere mit 2 roten Streifen auf den Vorderflügeln – sie übertragen den Erreger der Knospenbräune).

Vorbeugen und Gegenmaßnahmen: Siehe Blattläuse.

Blattläuse

Weltweit kennt man um die 1.500 Blattlaus-Arten, davon sind ca. 850 Arten in Mitteleuropa heimisch, die sich an so gut wie allen Zier- und Nutzpflanzen gütlich tun. Blattläuse sind kleine grüne Insekten mit einem langen Saugrüssel, zumeist langen Antennen und langen, dünnen Beinen. Ihre Ausscheidung, Honigtau, bleibt als klebriger Belag auf Blättern und zieht Ameisen rudelweise an; es gibt sogar Ameisen, die sich richtige Blattlauskolonien halten. Bei solchen Formen müssen immer auch die Ameisen abgewehrt werden, die die Blattläuse regelrecht anziehen.

Dass man diese Tierchen im Garten hat, erkennt man an den Saugschäden, die sie hauptsächlich an den Blattunterseiten, aber auch an jungen Trieben und Blüten anrichten. Die Folge davon sind verklebte Blätter, verkrümmte Triebe und Blüten, die nicht aufgehen wollen. Unter für sie günstigen Bedingungen können sie sich zwischen März und Juni massenhaft vermehren. Da Blattläuse die bedeutendsten Virenüberträger sind, siedeln sich – als wäre des Schadens nicht schon genug – zu allem Überfluss gerne noch Pilze (allen voran Rußtaupilze) an der Pflanze an.

Da die Lebensweise je nach Blattlausart sehr unterschiedlich ist – manche überwintern als Ei, andere als Larve oder erwachsenes Tier, bei einigen gibt es Jungfrauen, die sich fortpflanzen, bei anderen Männchen und Weibchen, einige legen Eier, zahlreiche Arten sind lebendgebärend, manche Arten wechseln zum Winter hin die Wirtspflanze –, sehen sie auch sehr unterschiedlich aus (siehe Einzelbeschreibungen, Seite 82) und ist eine Bekämpfung saisonabhängig.

Blattlausabwehr –
bewährte und zweifelhafte Techniken

Vorbeugende Maßnahmen
- Große Pflanzabstände und lichte Obstbaumkronen erschweren die Ausbreitung der Läuse.
- Winter- und Sommerwirte nicht zusammen pflanzen.
- Natürliche Feinde fördern: Marienkäfer, Gallmücke, Florfliege und Schlupfwespe.
- Gefährdete Pflanzen in windoffene Lagen pflanzen.
- Blattläuse mögen kein Bohnenkraut, Lavendel, Salbei, Thymian, Ysop und Borretsch.
- Vorsicht: Kapuzinerkresse zieht Blattläuse an, unter Obstbäumen gerade deswegen pflanzen.
- Pflanzen regelmäßig kontrollieren, dabei die Blattunterseite nicht vergessen.

Schutz- und Gegenmaßnahmen
bei leichtem bis mittelschwerem Befall
- Blattläuse von Hand abstreifen, abbürsten oder mit einem kräftigen lauwarmen Wasserstrahl aus dem Gartenschlauch abspritzen.
- Kleinere Topfpflanzen kopfüber in einen Eimer mit lauwarmem Wasser tauchen; Behandlung alle 2 bis 3 Tage wiederholen, bis alle Läuse verschwunden sind.
- Einige Spritzer Spülmittel ins Wasser zugeben, evtl. auch etwas Lavendelöl.
- 150 bis 300 Gramm Schmierseife (reine Kaliseife ohne Zusätze, aus der Apotheke oder Drogerie) in einem Eimer heißen Wasser auflösen, abkühlen lassen und die Brühe auf die Blattläuse spritzen.
- Ölpräparate wie Paraffinöl oder Rapsöl ersticken die Blattläuse.
- Brennnesselauszug aus 1 kg frischen Brennnesselblättern in 10 Liter Wasser für ca. 24 Stunden ziehen lassen und unverdünnt spritzen.
- Wurmfarnauszug aus 1 kg frischen Blättern in 5 Liter Wasser ca. 1 Stunde kochen, danach mit 5 Liter Wasser verdünnen und spritzen.
- Aggressive Lösungen wie Schmierseifenlösung plus Brennspiritus. Vorsicht: Für Pflanzen mit zarten Blättern ist diese Brühe zu stark, vernichtet auch viele Nützlinge.
- Stark befallene Triebspitzen ausbrechen.
- In geschlossenen Räumen empfiehlt sich die biologische Abwehr durch Gallmücken oder Florfliegen.
- Achtung: Algenkalkstaub oder Gesteinsmehle, fein über die Blätter gestreut, soll Schädlinge abwehren, wirken aber sehr unspezifisch und möglicherweise auch gegen Nützlinge.

Häufige Blattlaus-Arten

	lat. Name	Merkmale
Apfellaus, Grüne	*Aphis pomi*	Winzig klein und grünlich; an Blättern und jungen Trieben des Apfelbaums, seltener an Weißdorn, Mispel und anderen; Ameisenbesuch.
Apfelblattlaus, Mehlige	*Dysaphis plantaginea*	Graubraun, wachsartig gepudert; Blätter kräuseln sich, Blüten welken, Triebe verkümmern; Haupt- und Winterwirt Apfel, Sommerwirt Wegerich, Kerbel.
Erbsenblattlaus, Grüne	*Acyrthosiphon pisum*	Mit 3 bis 6 mm recht groß, graugrün oder leicht rötlich; Überwinterung als Ei an Klee und Luzerne, Sommerwirt sind Erbsen; Schäden an Blättern und Fruchthülsen, Triebe gestaucht.
Kirschblattlaus	*Myzus cerasi, Myzus pruniavium*	Glänzend schwarze Blattlaus, an den Blattunterseiten: eingerollte Blätter, gestauchte Triebe; starke Honigtauabsonderung, Haupt- und Winterwirt ist Kirsche, Nebenwirte sind einige Unkräuter; Ameisenbesuch.
Kohlblattlaus, Mehlige	*Brevicoryne brassicae*	Grauweiß gepudert, dichte Kolonien auf Ober- und Unterseite der Kohlblätter; Überwinterung als Ei an Kohlstrünken.
Rosenblattlaus	*Macrosiphum rosae* u. a.	4 mm klein, grün, rot oder gelb, leicht gepudert; Knospen welken, Blätter verkleben, junge Triebe kräuseln sich; Hauptwirt Rose, Nebenwirte Baldrian, Artischocke, Kernobst, Erdbeeren; kein Ameisenbesuch.
Salatwurzellaus	*Pemphigus bursarius*	Gelblich cremefarben, von einer wolligen Masse umgeben; die Wurzelsauger verursachen Wachstumsstockungen und rasches Welken; Überwinterung in Blattstielgallen bestimmter Schwarzpappelarten.
Zwetschenblattlaus, Grüne	*Phorodon humuli*	Gekräuselte, verdorrte Blätter; Wirtswechsel von Zwetschen und Pflaumen zu Kräutern und Zierpflanzen (Aster, Kornblume).
Zwetschenblattlaus, Mehlige	*Hyalopterus pruni*	Mehlig aussehende grüne Blattlaus auf der Blattunterseite, bildet große Kolonien; Haupt- und Winterwirt Zwetsche, Pflaume, Sommerwirt sind Schilfgräser.

Schutz- und Gegenmaßnahmen bei massivem Befall

- Pflanzenschutzmittel auf natürlicher Basis; Pyrethrum tötet Blattläuse, aber auch Nützlinge; Neem führt dazu, dass die Blattläuse keine Nahrung mehr aufnehmen können und verhungern; Rapsöl legt sich wie ein dünner Film auf die Schädlinge und erstickt sie.
- Pflanzenschutzstäbchen oder Granulate in den Wurzelballen stecken bzw. in die Erde einarbeiten. Die Pflanze nimmt die Wirkstoffe von den Wurzeln auf und leitet sie nach oben.
- Achtung: Tabakbrühe stinkt und ist giftig für Tier, Pflanze und Mensch.

Die häufigsten Blattlausarten

Bohnenblattlaus, Schwarze (*Aphis fabae*)

Schadbild: Typische Saugschäden.
Erkennungsmerkmale: Kleiner schwarzer Körper.
Biologie und Wirtspflanzen: Wirtswechsel, überwintert als Ei in dichten Gelegen an Pfaffenhütchen, Schneeball, Falschem Jasmin; Sommerwirte sind Bohnen, Tomaten, Kräuter und Dahlien, zahlreiche Zierpflanzen und Gehölze.
Beonderheiten: Eine der häufigsten Arten und gefürchteter Virusüberträger.

Pfirsichblattlaus, Grüne (*Myzus persicae*)

Schadbild: Typische Saugschäden.

Erkennungsmerkmale: Matt oliv- bis gelblich grüne, 1 bis 3 mm große Blattlaus.

Biologie und Wirtspflanzen: Wirtswechsel, mit über 400 Arten Sommerwirte, z.B. Kartoffel, Salat, Kohl, Bohne. Im Frühjahr werden die jungen Blätter von Pfirsichbäumen besucht; wechselt im Sommer auf Gemüse und Zierpflanzen, um im Herbst wieder an die Pfirsichbäume zurückzukehren (hier auch Überwinterung im Eistadium); kein Ameisenbesuch.

Besonderheiten: Sie ist das verbreitetste Schadinsekt im Garten und überträgt durch die Wirtswechsel zahlreiche Viren.

Schaden der Johannisbeerblattlaus

Fraßschädlinge an Blättern

Käfer, Blattkäfer, Erdflöhe (Halticinae)

Schadbild: Die Käfer fressen an der Blattoberfläche (Fensterfraß), Blätter erscheinen siebartig durchlöchert; im Frühjahr auch Fraßschäden an Samen und Keimblättern; Wurzelschäden durch Larven fallen eher gering aus.

Ursache: Fraßschäden durch Käfer.

Erkennungsmerkmale: Kleine, glänzend dunkle Blattkäfer mit metallischem Schimmer; der Kohlerdfloh hat 2 gelbbraune Längsstreifen auf den Deckflügeln; die Hinterbeine sind zu Sprungbeinen umgebildet, flohartiges Hüpfen.

Biologie: Erdflöhe sind bei trockenem, warmem Wetter aktiv; die Larvenentwicklung und Verpuppung erfolgt unter der Erde; Jungkäfer im Juli und August; eine Generation.

Wirtspflanzen: Kohl, Radieschen, Rettich und andere Kreuzblütler.

Arten: Zahlreiche Arten, Kohlerdfloh (*Phyllotreta undulata*).

Erdfloh

Kohlerdfloh

Vorbeugen und Gegenmaßnahmen: Frühe Aussaat und Pflanzung, Boden feucht halten, Mischkulturen.

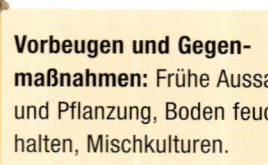

Käfer, Blattkäfer (Chrysomelidae)

Schadbild: Fraßschäden an Blättern.

Ursache: Käfer und Larve.

Erkennungsmerkmale: Meist hübsche Käfer mit metallisch glänzendem Körper, lebhaften Farben; verhältnismäßig kurz gebaut, mit stark gewölbtem Rücken.

Biologie: Alle Blattkäfer und ihre Larven sind Pflanzenfresser.

Wirtspflanzen: Abhängig von der Käferart, die meisten Käfer sind auf wenige Pflanzen spezialisiert.

Arten: Kartoffelkäfer, Seerosenblattkäfer (Käfer und Larven fressen dunkle Streifen in Seerosenblätter; Käfer auch an den Blüten).

Vorbeugen und Gegenmaßnahmen:
Käfer und Larven absammeln.

Kartoffelkäfer (*Leptinotarsa decemlineata*)

Larve

Schadbild: Zuerst Lochfraß an den Blättern, danach vom Rand ausgehend Skelettierfraß.

Ursache: Käfer und Larve.

Erkennungsmerkmale: Die Käfer haben einen ovalen, stark gewölbten, 6 bis 11 mm langen Körper und gelbglänzende Deckflügel mit schwarzen Längsstreifen; die dunkelrote Larve versteckt sich an den Blattunterseiten.

Biologie: Überwinterung als Käfer im Boden; im Frühjahr befällt der Käfer die Kartoffelpflanzen zum Reifungsfraß; orangegelbe Eier, Eiablage auf der Blattunterseite in Gelegen von 20 bis 30 Stück; pro Weibchen etwa 400 Eier; Larven schlüpfen nach 10 Tagen, nach weiteren 3 bis 4 Wochen Verpuppung im Boden, 1 bis 2 Generationen pro Jahr.

Wirtspflanzen: Kartoffel, ferner Tomate, Bilsenkraut, Tollkirsche.

Besonderes: Der Kartoffelkäfer wurde aus Amerika nach Europa eingeschleppt und ist nach den Zystennematoden der wichtigste Kartoffelschädling.

Vorbeugen und Gegenmaßnahmen: Absammeln.

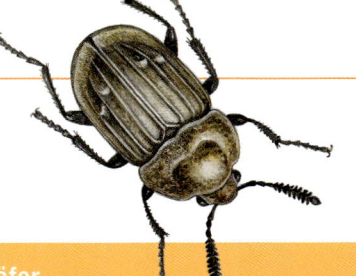

Käfer, Blatthornkäfer (Scarabaeidae)

Schadbild: Laubfraß der Käfer im Frühjahr, ganzjähriger Wurzelfraß der Larven (Engerlinge), kann zu Welke und Absterbeerscheinungen führen.
Ursache: Fraßschäden durch Larven und Käfer.
Erkennungsmerkmale: Generell große Käfer, oft dunkelbraun, behaart, gefächerte Fühler. Engerlinge; bodenlebende Insektenlarven, siehe Seite 39.
Wirtspflanzen: Die Käfer leben an Laubbäumen und Steinobst, die Engerlinge an Wurzeln.

Feld-Maikäfer (*Melolontha melolontha*)

Engerling

Biologie: Die bis zu 3 cm großen Maikäfer überwintern als Käfer oder als Larve im Boden; ihre Flugzeit liegt im April und Mai; nach Reifungsfraß an Laubbäumen wandern sie in Felder und Gärten ab; Eiablage 10 bis 30 cm tief in den Boden; die Larvenentwicklung verläuft über 3 Engerlingstadien und dauert 3 bis 5 Jahre.

Junikäfer (*Amphimallon solstitialis*)

Biologie: Die Junikäfer sind deutlich kleiner als Maikäfer und fliegen von Juni bis August; ihre Entwicklung verläuft ähnlich, sie sind aber in 2 Jahren fertige Käfer; Verpuppung im Frühjahr.
Wirtspflanzen: siehe oben, außerdem auch an Nadelbäume.

Gartenlaubkäfer (*Phyllopertha horticola*)

Biologie: Der etwa 1 cm große Gartenlaubkäfer benötigt 1 Jahr zur vollständigen Entwicklung; seine Flugzeit liegt zwischen Mai und Juni; Verpuppung im Frühjahr.
Wirtspflanzen: siehe oben, außerdem an Rosenblüten.

Vorbeugen und Gegenmaßnahmen: Engerlinge im Garten stammen oft vom Gartenlaubkäfer oder dem harmlosen Rosenkäfer; natürliche Feinde fördern; mechanische Vernichtung der Engerlinge durch Bodenfräse oder Mulchmesser; mittlerweile gibt es auch eine Nematodenart, die die Engerlinge des Gartenlaubkäfers befällt.

Käfer, Aaskäfer, Rübenaaskäfer (*Blitophaga opaca*)

Schadbild: Fraßschäden an den Blättern verschiedener Gemüsepflanzen.
Ursache: Blattrandfraß durch Käfer, Lochfraß durch Larve.
Erkennungsmerkmale: 9 bis 12 mm langer Käfer, bräunlich; die Larven sind asselförmig.
Biologie: Die Käfer überwintern; Eiablage im Mai/Juni in den Boden; den Hauptschaden verursachen die Larven, die sich nach 2 bis 3 Wochen verpuppen; ferner einige auf dem Boden lebende Aaskäferarten.
Wirtspflanzen: Rüben, Kohlrübe, Möhren, Kartoffeln.

Vorbeugen und Gegenmaßnahmen:
Larven absammeln, natürliche Feinde fördern.

Käfer, Blattkäfer, Lilienhähnchen (*Lilioceris lilii*)

Schadbild: Fensterfraß an Blättern, nur eine Blattseite ist abgefressen, die andere Seite bleibt erhalten, erst dann wird das Blatt ganz vernichtet.
Ursache: Fraßschaden durch die Larven und Käfer.
Erkennungsmerkmale: 6 bis 8 mm langer, hellroter, glänzender Käfer mit langen Fühlern, dunklem Kopf und dunklen Beinen; orangerote Larven sind von einer schwarzen Kotschicht bedeckt und ähneln kleinen Nacktschnecken.
Biologie: Flugzeit der Käfer von April bis Juni; Eiablage auf der Unterseite von Lilienblättern; nach einigen Tagen schlüpfen die Larven (ab Mai), die sich mit einer schleimigen, schützenden Kothülle umgeben; nach 3-monatiger Fraßzeit Verpuppung; bis zu 3 Generationen pro Jahr; Überwinterung als Käfer.
Wirtspflanzen: Lilien, Maiglöckchen, Kaiserkronen u.a.
Besonderes: Kommen nicht allzu häufig vor, eine Massenvermehrung ist dennoch möglich.
Arten: Getreidehähnchen, Spargelhähnchen (*Crioceris asparagi*)

Vorbeugen und Gegenmaßnahmen:
Natürliche Feinde fördern; Käfer und Larven absammeln; mehrmals mit Algen- oder Gesteinsmehl bestäuben, bei starkem Befall Schmierseife-Spiritus-Lösung.

Larve

Lilienhähnchen

Fraßschaden

Larve

Spargelhähnchen

Käfer, Blattkäfer, **Schildkäfer** (Cassida-Arten)

Schadbild: Lochfraß an Blättern, vorzugsweise an Jungpflanzen.
Ursache: Fraßschäden durch Käfer und Larven.
Erkennungsmerkmale: Körper schildartig geformt, Flügeldecken und Brustschild wirken wie eine schützende Schale; breite, flache Larven mit zahlreichen Dornen an den Körperseiten.
Biologie: 30 verschiedene Schildkäferarten; Larven bedecken sich mit Kotresten und alten Larvenhäuten; Eiablage auf den Futterpflanzen, der Käfer überwintert bis April oder Mai.
Wirtspflanzen: An zahlreichen Pflanzen, z. B. an Lippenblütlern, Korbblütlern und Rüben.
Arten: Nebliger Schildkäfer (*Cassida nobilis*), Grüner Schildkäfer (*Cassida viridis*).

Nebliger
Schildkäfer

Vorbeugen und Gegenmaßnahmen: Käfer und Larven absammeln.

Käfer, Laufkäfer, **Getreidelaufkäfer** (*Zabrus tenebroides*)

Schadbild: Bis auf die Blattrippen zerkaute, zerfaserte Blätter junger Gras- und Getreidepflanzen.
Ursache: Blattfraß durch die Larven (Kaufraß).
Erkennungsmerkmale: Länglicher Käfer mit ca. 1,5 cm langen, dunkelbraunen, kräftigen Laufbeinen.
Biologie: Laufkäfer (Carabidae) sind wendige, meist räuberisch lebende Tiere. Der nachtaktive Getreidelaufkäfer ist einer der wenigen Pflanzenfresser; er wandert von den Feldern in die Gärten ein und ernährt sich von unreifen Samen und Getreidekörnern; die Larven leben in selbst gegrabenen Höhlen und zerfressen die Blätter; eine Generation.
Wirtspflanzen: Getreide, Gras, Ödlandpflanzen.

Larve

Puppe

Vorbeugen und Gegenmaßnahmen: Meist nur geringer Schaden im Nutzgarten, natürliche Feinde fördern.

Käfer, Rüsselkäfer, **Dickmaulrüssler, Gefurchter** (*Otiorhynchus sulcatus*)

Schadbild: Charakteristischer Buchtenfraß, die Blätter sind U-förmig angefressen.
Ursache: Rüsselkäfer.
Erkennungsmerkmale: Schwarzer, etwa 8 bis 10 mm großer, länglich ovaler Käfer; die Flügeldecken sind mit gelben Haaren versehen und haben jeweils 5 tiefe Rillen; alle Rüsselkäfer haben einen rüsselartig verlängerten Kopf, an dem gekniete Fühler sitzen.
Biologie: Nachtaktiver, flugunfähiger, aber schnell laufender Käfer; lebt versteckt, lässt sich bei Gefahr fallen; die Überwinterung erfolgt als Larve im Erdkokon oder als Käfer, Verpuppung im Frühjahr, die ersten Käfer erscheinen ab Ende Mai; nach 4-wöchigem Reifungsfraß ab Juli bis September Eiablage in den Boden, pro Weibchen bis zu 1.000 Eier; die ab August schlüpfenden Larven überwintern; Rüsselkäfer werden 2 bis 3 Jahre alt; im Wintergarten sind Larven und Käfer ganzjährig aktiv.
Wirtspflanzen: Zahlreiche Pflanzen wie Zierpflanzen, Stauden, Ziersträucher, Beerenobst, Laub- und Nadelgehölze, Rhododendron, Rosen und Weinstöcke werden aufgesucht.
Besonderes: Im Wintergarten sind Larven und Käfer ganzjährig aktiv.

Vorbeugen und Gegenmaßnahmen: Die Käfer verursachen eher einen ästhetischen Schaden; Käfer in der Nacht absammeln; Tagesverstecke anbieten und einsammeln; sie suchen gerne Unterschlupf in einem mit feuchten Papiertüchern gefüllten Tontopf; eine biologische Bekämpfung der Larven und Puppen mit Nematoden ist möglich und sehr erfolgreich; das Verfahren ist ungefährlich für Pflanzen und andere Tiere; befallene Larven färben sich rotbraun.

Dickmaulrüsslerlarven

Fraßschädlinge an Wurzeln,
siehe Seite 93

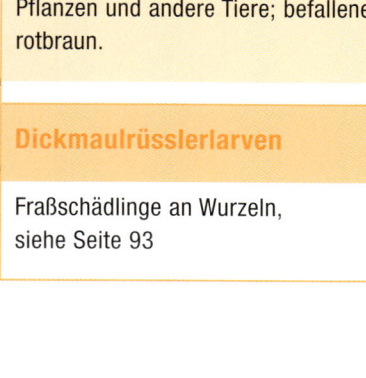

Käfer, Rüsselkäfer, Erbsenblattrandkäfer (*Sitona lineata*)

Schadbild: Halbkreisförmig ausgefressene Blattränder; Larven fressen an den Wurzeln, Kümmerwuchs.
Ursache: Fraßschäden durch Käfer (Blatt) und Larve (Wurzel).
Erkennungsmerkmale: Knapp 5 mm großer, gräulich brauner Rüsselkäfer, hell-dunkel gestreifte Flügeldecken; hervortretende Augen; die Larven sind braun und behaart.
Biologie: Käfer fliegen bei Schönwetter im Mai, Juni; Eiablage an Blättern und Stängel; Verpuppung im Boden.
Wirtspflanzen: Erbse, Ackerbohne, Saatwicke, Klee.

Fraßschaden

Vorbeugen und Gegenmaßnahmen: Der Schaden ist selten groß; Pflanzen optimal versorgen, damit sie rasch wachsen.

Hautflügler, Pflanzenwespen, Schwarze Kirschblattwespe (*Caliroa cerasi*)

Schadbild: Fensterfraß an den Blattoberseiten, nur die untere Gewebeschicht und Adern bleiben stehen.
Ursache: Fraßschäden der Larve.
Erkennungsmerkmale: Die bis zu 1 cm große, nacktschneckenähnliche schwarze Larve ist eigentlich gelbgrün, umgibt sich aber mit einer schwarzen, nach Tinte riechenden schleimigen Masse; erwachsenes Tier ohne Wespentaille, etwa 5 mm groß.
Biologie: Eiablage auf der Unterseite von Kirschblättern; Verpuppung in der Erde, 2 Generationen.
Wirtspflanze: Kirsche.
Arten: Schwarze Rosenblattwespe (*Caliroa aethiops*).

Vorbeugen und Gegenmaßnahmen: Larven absammeln.

Hautflügler, Pflanzenwespen, Stachelbeerblattwespe (*Pteronidea ribesii*)

Schadbild: Lochfraß, später auch Skelettierfraß der Blätter; bei starkem Befall ist ein vollständiges Entlauben möglich.
Ursache: Blattfraß der Larven.
Erkennungsmerkmale: Gelbschwarze Wespe ohne Wespentaille; die Larve ist gelblich grün mit schwarzen Punkten und bis 2 cm lang.
Biologie: Die Larven überwintern in einem Kokon im Boden; die Wespen erscheinen im Frühjahr, Eiablage auf die Blattunterseite perlschnurartig am Mittelnerv; Larven fressen von Mai bis August an der Blattoberseite; 2 bis 3 Generationen.
Wirtspflanzen: Stachel- und Johannisbeeren.

Larve

Vorbeugen und Gegenmaßnahmen: Larven absammeln.

Hautflügler, Taillenwespen, Bienen, Blattschneiderbiene (*Megachile centuncularis*)

Schadbild: Rautenförmige oder kreisförmige, gleichmäßig große Fraßstellen an Blatträndern; sie kleiden damit ihre Brutkammern aus.
Ursache: Blattschneiderbiene.
Erkennungsmerkmale: Bienen sind 9 bis 12 mm lang, rötlich gelbe Haare auf der unteren Körperseite; fliegen zwischen Juni und August.
Biologie: Die Blattschneiderbiene baut ihre Nester in Hohlräume und kleidet sie mit Rosenblattstücken aus; die Larve ernährt sich von Honigvorräten.
Wirtspflanzen: Rosen.

Vorbeugen und Gegenmaßnahmen: Blattschneiderbienen sind als Bestäuber nützlich; wenn die Pflanzen nicht stark geschädigt werden, ist eine Bekämpfung nicht erforderlich.

Brutnest

Schmetterlinge und ihre Raupen (Lepidoptera)

Schmetterlinge, Raupen an Kohlpflanzen

Vorbeugen:
- Kreuzblütler-Unkraut fern halten.
- Mischkulturen mit Tomaten und Sellerie anlegen.
- Zur Zeit der Eiablage die Pflanzen nach Eiern absuchen.
- Kohlgemüse mit engmaschigen Netzen abdecken.
- Bei Kohlmotten zusätzlich die Pflanzenreste entfernen. Vorsicht: Brennnesseljauche zieht den Kohlweißling an.

Gegenmaßnahmen:
- Eigelege und Raupen absammeln, noch bevor sie in die Köpfe eindringen können.
- Natürliche Feinde wie die Schlupfwespenlarven entwickeln sich im Innern der Kohlweißlingsraupen und bohren sich zur Verpuppung aus der Raupe heraus.
- Kohlpflanzen mit *Bacillus thuringiensis* behandeln: die Raupen nehmen die Bakterien mit der Nahrung auf, die sich im Darm vermehren und Giftstoffe bilden; die Raupen hören auf zu fressen und sterben später ab.

Schadbild des Großen Kohlweißlings

Kohleule (*Mamestra brassicae*)

Schadbild: Zunächst rundlicher Fensterfraß an den Blättern, die Blattoberhaut bleibt stehen, später von außen her Loch- und Skelettierfraß, kotverschmutzte Fraßgänge.
Ursache: Raupe der Kohleule.
Erkennungsmerkmale: Der Falter ist grau- bis hellbraun; Larven bis 4 cm groß, oben graubraun mit 3 helleren Rückenlinien und je 1 Längsstreifen an den Seiten.
Biologie: Die Jungraupen bewegen sich wie Spannerraupen; Überwinterung erfolgt als Puppe im Boden; 2 Generationen; Ende Mai erscheinen die ersten Falter, Eiablage an Kohlpflanzen oder andere Kreuzblütler; ein Weibchen legt rund 500 Eier; die 1. Raupengeneration erzeugt nur Fraßschäden; die Larven der 2. Generation im Sommer dringen in die Kohlköpfe ein und sind daher besonders schädlich.

Raupe

Kohlmotte oder Kohlschabe (*Plutella xylostella*)

Schadbild: Fensterfraß, die Blattoberhaut bleibt stehen.
Ursache: Kohlmottenraupen.
Erkennungsmerkmale: Kleiner, bräunlicher Falter; die 1 cm langen Raupen sind gelblich bis grün und unbehaart.
Biologie: Eiablage, Raupenentwicklung und Verpuppung auf Blattunterseite; 2 bis 3 Generationen.

Großer Kohlweißling (*Pieris brassicae*)

Schadbild: Skelettier- und Kahlfraß an den Blättern, Kotverschmutzung.
Ursache: Raupen des Kohlweißlings.
Erkennungsmerkmale: Behaarte, ca. 4 cm lange Raupe, graugelb mit schwarzen Flecken und gelben Längsstreifen; die Puppen sind grünlich und schwarz gesprenkelt; die Falter haben eine Spannweite von bis zu 6 cm und cremeweiße Flügel mit schwarzen Flecken.
Biologie: Die Raupen leben in Kolonien; Überwinterung als Puppe an Baumstämmen, Wänden oder Zäunen; die erste Faltergeneration schlüpft im Mai, legt ihre goldgelben Eier an Kreuzblütler ab; Raupen und Puppen verbleiben dort; erst die 2. Generation im Juli fliegt den Kohl an; Eiablage, Fraßschäden durch die Raupen im Sommer; im Herbst suchen die Raupen ihre Überwinterungsorte auf und verpuppen sich.

Kleiner Kohlweißling (*Pieris rapae*)

Schadbild: Lochfraß, Verschmutzung mit Kot.
Ursache: Raupenfraß.
Erkennungsmerkmale: Falter wird nur ca. 4,5 cm groß und ist deutlich kleiner als der Große Kohlweißling; die ca. 3 cm große Raupe ist mattgrün mit gelbgrünen Streifen und kleinen schwarzen Punkten.
Biologie: Raupen leben einzeln; Eier werden einzeln an die Wirtspflanze abgelegt; nach dem Fraß am Kohlkopf verpuppt sich die Raupe in der Wirtspflanze.

Raupe

Minierer und Gallbildner an Blättern

Schmetterling, Glucke, Ringelspinner (*Malacosoma neustria*)

Schadbild: Blattfraß.
Ursache: Raupen.
Erkennungsmerkmale: Nachtaktiver gelblicher Falter, Flügelspannweite bis 2 cm, gedrungener Körper; die Larven sind zunächst schwarz mit weißen Streifen, später rotbraun und dicht behaart.
Biologie: Das Weibchen legt seine Eier in dichten Ringen um dünne Zweige, hier überdauern sie von einem Sekretüberzug geschützt den Winter; Larven fressen zunächst gemeinsam unter Gespinsten, später gehen sie einzeln ans Laub.
Wirtspflanzen: Kern- und Steinobst, Himbeere, Eiche.

Vorbeugen und Gegenmaßnahmen: Eigelege entfernen, *Bacillus thuringiensis* gegen die Junglarven ausbringen.

Schmetterlinge, Motten und Schaben, Lauch- oder Zwiebelmotte (*Acrolepia assectella*)

Schadbild: Zunächst Fensterfraß an den Blättern, dann Minen; Herzblätter können absterben.
Ursache: Fraßschäden durch Raupen.
Erkennungsmerkmale: Graubrauner Falter mit weißen Flecken; die Raupe ist gelbgrün mit schwarzen Punkten und hellen Streifen und hat einen ockerfarbenen Kopf.
Biologie: Der Falter überwintert, Eiablage im April, Mai an die Blätter; erst die zweite Generation verursacht ab August größere Schäden.
Wirtspflanzen: Lauchgewächse und Zwiebeln.
Arten: Kohlmotte, Fliedermotte.

Vorbeugen und Gegenmaßnahmen: Mischkultur mit Möhren oder Sellerie hält die Motte ab, Raupen absammeln.

Schmetterlinge, Spanner, Kleiner Frostspanner

siehe Seite 99

Pflanzensauger, Blattlaus, Tannenläuse (Adelgidae)

Eine Familie, die in Europa mit ca. 20 Arten vertreten ist.

Fichtengallenläuse

Schadbild: Im Mai ananasförmige, kugelige bis ovale oder lang gestreckte, dunkelgrüne bzw. gelbliche Gallen.
Ursache: Durch die Saugtätigkeit der Fichtengallenlaus angeregte Gallenbildung.
Erkennungsmerkmale: Grüne Fichtengallenlaus: Gallen an der Triebbasis; Gelbe Fichtengallenlaus: große, dunkle Gallen, verholzen; Rote oder Kleine Fichtengallenlaus: helle, kleinere Gallen an der Triebspitze.
Biologie: Wirtswechsel zwischen Fichte und Lärche; die Fichtengalle (Ananasgalle) beherbergt ein Weibchen und in den Kammern Larven; die Larven entwickeln sich zu geflügelten Weibchen, Schlupfzeit Juli/August, und wechseln auf die Lärche; erst die zweite Generation kehrt zur Fichte zurück.
Wirtspflanzen: Erster Wirt ist immer die Fichte, danach wechseln die meisten Gallenläuse auf andere Nadelbäume, vor allem Lärchen.
Arten: Grüne Fichtengallenlaus (*Sacchiphantes viridis*), Rote Fichtengallenlaus (*Adelges laricis*), Gelbe Fichtengallenlaus (*Sacchiphantes abietis*), Sitkafichten-Gallenlaus oder Douglasienwolllaus (*Gilletteella cooleyi*) auch an Douglasie.

Vorbeugen und Gegenmaßnahmen: Gallen entfernen.

Ananasgalle

Gallwespen

siehe Seite 98

Schmetterlinge, Motten, Obstbaumminiermotte (*Lyonetia clerkella*)

Schadbild: Stark geschlängelte Gangminen in den Blättern, vorzeitiger Blattfall.
Ursache: Fraßgang der Raupen.
Erkennungsmerkmale: Weiße oder gelbraune Motte mit braunen Flecken auf den gefransten Flügeln, Spannweite ca. 1 cm; die grünen Raupen haben einen braunen Kopf; Verpuppung in einem weißen Kokon auf der Blattunterseite.
Biologie: Überwinterung als Falter an versteckten Stellen der Bäume; im Mai Eiablage auf der Unterseite der Blätter; Junglarven dringen sofort nach dem Schlüpfen in das Blatt ein und verlassen es erst zum Verpuppen; Verpuppung in einem feinen Gespinst (Puppenwiege) am Blatt; 2 bis 3 Generationen.
Wirtspflanzen: Apfel, Kirsche, seltener an Birke und anderen Laubgehölzen.
Besonderes: Die 2. Generation im Juni verursacht den größten Schaden; eine 3. Generation im Juli bzw. August und September möglich.
Arten: Miniermotten an Zier- und Nutzpflanzen, unter anderem an Nadelgehölzen. Die Kastanieminiermotte (*Cameraria ohridella*) breitet sich in den letzten Jahren vom Süden her über Mitteleuropa aus.

Vorbeugen und Gegenmaßnahmen: Nützlinge fördern, befallene Blätter entfernen.

Blatt mit Minen

Zweiflügler, Mücken, Gallmücken (Cecidomyiidae)

Schadbild: Gallbildungen an allen Pflanzenorganen außer den Wurzeln.
Ursache: Rund 400 Arten Gallmücken.
Erkennungsmerkmale: Unscheinbare, nur wenige mm kleine Mücken.
Biologie: Mit der Eiablage wird die Gallbildung ausgelöst, die Larven entwickeln sich geschützt und mit Nahrung versorgt in der Galle.
Wirtspflanzen: Abhängig von der Gallmückenart.
Häufige Arten:
Birnengallmücke: befällt den Fruchtknoten.
Buchengallmücke: kegelförmige Gallen auf der Blattoberseite.
Erbsengallmücke: wenige oder verkrüppelte Hülsen, gestauchte Triebe.
Kohldrehherzgallmücke: verdrehte, verkrümmte Herzblätter der Kohlgemüse (Drehherz), der Spross stirbt ab; Kohl mit mehreren Köpfen, da die Seitenknospen austreiben.
Wacholdergallmücke: kleine Gallen an den Triebspitzen, die aus drei Nadeln entstanden.
Weitere Arten: Johannisbeerblatt-Gallmücke, Kohlschotengallmücke.

Vorbeugen und Gegenmaßnahmen: Kohlpflanzen in Mischkultur anbauen, falls nötig vorbeugend mit Algenkalk bestreuen; befallene Früchte (Birnen, Erbsen) entfernen, mit Gallen besetzte Triebe abschneiden – meist ist der Schaden nur gering.

Zweiflügler, Fliegen, Familie der Minierfliegen (Agromyzidae, Liriomyza-Arten), Minierfliegen (*Phytomyza gymnostoma*)

Schadbild: Miniergänge in den Blättern.
Ursache: Fraßgänge der Fliegenmaden.
Erkennungsmerkmale: Schwarze, ca. 1 bis 5 mm kleine Fliegen; die Fraßgänge der Larven sind meist als helle Stellen an den befallenen Blättern sichtbar.
Biologie: Eiablage an die Blätter, die Larven bohren sich nach dem Schlüpfen in das Blatt und bilden Fraßgänge (Minen) zwischen den äußeren Blattschichten, die äußeren Blattschichten bleiben stehen.

Wirtspflanzen: zahlreiche Pflanzenarten.
Arten: Mehrere hundert Arten Minierfliegen, etwa Chysanthemen-Minierfliege, Nelkenfliege, Ilexminierfliege, Sellerie-Blattminierfliege, Lauchminierfliege.

Vorbeugen und Gegenmaßnahmen: Betroffene Blätter entfernen und vernichten; Vorsicht: Schlupfwespenweibchen legen ihre Eier in den von Minierfliegen befallenen Blättern ab; in der Minierfliegenlarve entwickelt sich dann die nützliche Schlupfwespe.

Sonstige Schädlinge an Blättern

Pflanzensauger, Schildläuse, Woll- oder Schmierläuse (Pseudococcidae)

Schadbild: Weißes, flaumiges Wachs und Wachswollgespinste in Blattachseln und ähnlichen Nischen.
Ursache: Wachsausscheidungen der Läuse.
Erkennungsmerkmale: 2 bis 3 mm lange, flügellose, grau- oder rosaweiße kleine Insekten mit langen weißen Wachsanhängen.
Biologie: Tritt häufiger als Schädling an Zimmerpflanzen auf; sehr schnelle Vermehrung.
Wirtspflanzen: Koniferen allgemein, Ziergehölze wie Ilex.

Vorbeugen und Gegenmaßnahmen:
Pflanzen nicht zu eng stellen und für gute Durchlüftung sorgen; befallene (Kübel-)Pflanzen isolieren; Eier und Junglarven mit in Alkohol getränktem Tuch abreiben; Schilde mit 2%iger Schmierseifenlösung abwischen (1 Esslöffel Schmierseife auf 1 Liter Wasser); Pflanzenschutzmittel mit natürlichen Substanzen Rapsöl, Neem, Pyrethrine; Blattlausmittel; Australischer Marienkäfer zur biologischen Abwehr.

Zikaden, Schaumzikaden (Cercopidae)

Schadbild: Geringe Saugschäden.
Ursache: Zikaden.
Erkennungsmerkmale:
Schaumnester in Blattachseln und an Stängeln, auch Kuckucksspeichel genannt; darin verborgen kleine gelbgrüne, an Pflanzen saugende Zikaden.
Biologie: Die Larven bilden die Schaumnester, indem sie ein Sekret absondern und es mit der Luft aus dem Hinterleib zu Schaum aufblasen.
Wirtspflanzen: Kräuter.

Vorbeugen und Gegenmaßnahmen: Bei geringem Befall nicht nötig, der Schaden ist vernachlässigbar.

Schaumnest

Hautflügler, Taillenwespen, Ameisen (Formicidea)

Schadbild: Nur bei massenhaftem Auftreten eine Plage, da sie Wege und Terrassen unterhöhlen können; Vorsicht, wenn die Ameisen Blattlauskolonien ziehen und sie vor Fressfeinden (z. B. Marienkäfer) verteidigen.
Ursache: Ameisenbauten, Blattlauszucht.
Erkennungsmerkmale: Die Wegameise (*Lasius niger*) und Gelbe Wiesenameise (*Lasius flavus*) sind typische Ameisen mit einer Einschnürung im Hinterleib.
Biologie: Ameisen sind Staaten bildende, zu den Hautflüglern gehörende Allesfresser; einige Arten schützen und pflegen Blattlauskolonien und melken als Gegenleistung den Honigtau, manche nehmen Blattläuse zum Überwintern mit in ihr Nest.

Vorbeugen und Gegenmaßnahmen: Ameisen lassen sich mit stark riechenden Kräuterjauchen aus Wermut oder Rainfarn oder dem Auslegen von Tomatenblättern, Lavendel und Farnkraut verjagen; ggf. Algenkalk stäuben; Nest mit kochendem Wasser ausgießen; Frischhefe mit Honig mischen und in Behälter aufstellen (Lockmittel); Leimringe an Obstbäumen verhindern das Hinaufklettern.

Hautflügler, Taillenwespen, (Rosen-)Blattrollwespe (*Blennocampa pusilla*)

Schadbild: Blätter sind röhrenförmig um die Mittelrippe eingerollt, hängen nach unten, vergilben und fallen ab.
Ursache: Einseitiger Fraß der Larven an der Blattunterseite führt zum Einrollen der Blätter.
Erkennungsmerkmale: In den eng eingerollten Blättern findet sich eine weiße oder grüne Wespenlarve; die etwa 4 mm großen Wespen sind schwarz.
Biologie: Eiablage an den Rändern der Rosenblätter.
Wirtspflanzen: Rosen.

Vorbeugen und Gegenmaßnahmen:
Gerollte Blätter entfernen.

Schadbild der Rosenblattrollwespe

Fraßschäden an Wurzeln

Zweiflügler, Mücke, Haarmücken (Bibionidae), Märzfliege (*Bibio marci*)

Schadbild: Angefressene Wurzeln, Keimlinge, Samen.
Ursache: Fraßschäden der Larven.
Erkennungsmerkmale: Knapp 1 cm lange, schwarze oder dunkelgraue, schmale, glänzende, plumpe Mücke, die einer Fliege ähnelt; sehr kurze Fühler; fliegt in Schwärmen über Grasflächen oder Büschen, dabei langsam pendelnd mit herabhängenden Beinen; graubraune, behaarte Larve ohne Beine.
Biologie: Überwinterung als Larve, Flugzeit März, April und Herbst; Eiablage an Kompost und verwesenden Pflanzenteilen, ca. 100 Eier pro Weibchen; die Larven fressen an Pflanzenwurzeln, die Fliegen leben von Nektar und Honigtau.
Wirtspflanzen: Zahlreich, auch faulende Teile.

Vorbeugen und Gegenmaßnahmen: Kompost verlockt die Weibchen zur Eiablage, deshalb Kompostgaben und Pflanzenrückstände gut einarbeiten; Larven mit flach eingegrabenen Kartoffelscheiben ködern und absammeln.

Schmetterlinge, Motten, Gespinstmotten (Yponomeutidae)

Schadbild: Blattfraß bis hin zum Kahlfraß; Blätter und Triebe sind mit einem dicken Gespinst überzogen, das den ganzen Baum bedecken kann, darin die Raupen.
Ursache: Gemeinschaftlicher Fraß der Raupen.
Erkennungsmerkmale: Die ca. 2 cm langen, wenig behaarten Raupen sind schmutziggelb bis grün mit einem dunklen Kopf; sie fressen gemeinsam in großen Gespinsten; die Falter haben schneeweiße, gefranste Vorderflügel, häufig mit schwarzen Punkten und grauen Hinterflügeln.
Biologie: Der Falter erscheint Juli, August, Eiablage auf dünnen Zweigen; im Herbst schlüpfen die Raupen und überwintern unter einer schützenden Sekretschicht; im späten Frühjahr bilden sie Gespinste; Verpuppung im Sommer in weißen Kokons; eine Generation.
Wirtspflanzen: Apfel, Weißdorn, Kirsche, Schlehe, Pfaffenhütchen u. a.
Arten: Apfelbaumgespinstmotte (*Yponomeuta malinellus*) an Apfel, Quitte, seltener Birne; Pflaumengespinstmotte (*Yponomeuta padellus*) an Pflaume, Zwetsche, Kirsche.
Besonderes: Faustdicke Gespinste in Obst- und einigen Laubbäumen dienen auch den Larven des Goldafters (*Euproctis chrysorrhoea*) als Winterquartier. Deren Gespinste sind mit eingezogenen, vertrockneten Blättern verstärkt. Im Frühjahr verlassen die Larven das Gespinst und fallen über die Blatt- und Blütenknospen her. Verpuppung im Juni zwischen zusammengesponnenen Blattresten oder im Boden; Anfang August erscheint der Falter und legt seine Eier auf der Blattunterseite ab.

Vorbeugen und Gegenmaßnahmen: Im Winter die schuppenartige Gelege entfernen; nach dem Austrieb Jungraupen absammeln; Gespinste entfernen; biologische Bekämpfung mit *Bacillus thuringiensis*, bevor die Gespinste die Tiere schützen.

Langfühlerschrecke, Maulswurfsgrille (*Gryllotalpa gryllotalpa*)

Schadbild: Fraßschäden an jungen Pflanzenwurzeln, Wühltätigkeit.
Ursache: Im Boden lebende Maulwurfsgrille.
Erkennungsmerkmale: 4 bis 5 cm langes, braunes Insekt, zu Grabschaufeln umgebildete Vorderfüße und robustem Halsschild; kurze Vorderflügel, Hinterflügel aufgerollt.
Biologie: Das Insekt lebt unterirdisch in selbst gegrabenen, flach unter der Oberfläche verlaufenden Gängen und ernährt sich von Pflanzen, Wurzeln, Bodeninsekten und Würmern; zur Paarung im Mai sind sie oberirdisch aktiv; im Juli Bau von taubeneiergroßen Nestern in 20 cm Tiefe; mehrere Nester pro Weibchen, Brutpflege.
Wirtspflanzen: Verschiedene Gemüse, Kartoffel, Wiesengräser; gerne in leichten, warmen, tiefgründigen Böden mit gleich bleibender Feuchtigkeit und im Rasen.
Besonderes: Dieses wundersame Tier ist vom Aussterben bedroht. Es steht unter Naturschutz!

Bodenlebende Insektenlarven

Schadbild: Fraßschäden an Wurzeln, teils auch an Sämlingen und Knollen, in der Folge Welkeerscheinungen, Kümmerwuchs und Absterben der Pflanze; im Rasen führt der Wurzelfraß zu vergilbten Nestern und Lücken.
Ursache: Insektenlarven.
Wirtspflanzen: Nahezu alle, einige Arten bevorzugen Rasenflächen.

Drahtwürmer

Larven der Saatschnellkäfer, siehe unten
Erkennungsmerkmale: Gelb oder orangebräunliche, 2 bis 3 cm lange Tiere im Boden; 3 Paar Stummelbeine am Vorderkörper (Käferlarve); Haut ist recht hart und drahtig.

Dickmaulrüsslerlarven

Larven des Dickmaulrüsslers, siehe Seite 86
Erkennungsmerkmale: Fette, weiße bis 12 mm lange, bauchwärts gekrümmte Larven mit brauner Kopfkapsel, ohne Beine; Körperoberfläche mit deutlichen Querrillen.
Besonderes: Dickmaulrüsslerlarven gefährden besonders Topf- und Kübelpflanzen.

Engerlinge

Larven der Blatthornkäfer, siehe Seite 85
Erkennungsmerkmale: Weißlich gelbe Engerlinge, C-förmig gekrümmt, bis zu 5 cm lang, mit deutlicher Kopfkapsel und 3 Beinpaaren am Vorderkörper.

Erdraupen

Raupen des Eulenfalters
Erkennungsmerkmale: Meist nackte bis wenig behaarte, dicke Raupen; 4 bis 6 cm lang, grau oder graubraun mit seitlichen Längsstreifen; 3 Paar Brustbeine, 4 Paar Bauchfüße, 1 Paar Nachschieber; rollen sich bei Berührung ein.
Biologie: Die Raupen fressen tagsüber im Bodenbereich, nachts kommen sie auch nach oben und nagen an Blättern; Larven überwintern im Boden.

Wiesenschnaken- und Haarmücken-Made

siehe Seite 94 (Wiesenschnake), Seite 92 (Haarmücke)

Vorbeugen und Gegenmaßnahmen:
Insektizide, die als Granulat oder Gießmittel in den Boden eingebracht werden, sind im Haus- und Kleingarten nicht mehr zugelassen. Es bleiben folgende Methoden:
- Häufige Bodenbearbeitung bringt Unruhe in den Boden und stört oder zerstört die Tiere.
- Rasenflächen gut pflegen und die Widerstandskraft der Gräser erhöhen.
- Sämlinge in Anzuchtschale schützen.
- Bodentiere mit Kartoffelscheiben, Möhren- oder Selleriestücken ködern; Köder 5 bis 10 cm tief im Boden vergraben und regelmäßig die Larven absammeln.
- Für die biologische Abwehr der Larven des Dickmaulrüsslers, Gartenlaubkäfers und der Erdraupen gibt es einige parasitäre Nematoden.

Käfer, Schnellkäfer (Elateridae), Saatschnellkäfer (*Agriotes lineatus*)

Schadbild: Fraßschäden der Larven an Wurzeln, Knollen und Rüben, teils Bohrfraß (Knollen durchlöchert, durchtunnelt); Welken und Absterben der Pflanze.
Erkennungsmerkmale: Tagaktiver, 1 bis 1,5 cm großer länglich-schmaler, meist dunkler Käfer mit langen Fühlern; er kann sich aus der Rückenlage mit einem besonderen Mechanismus hochschnellen und umdrehen – daher der Name. Larve (Drahtwurm), siehe bodenlebende Insektenlarven, siehe oben.

Biologie: Die Käfer überwintern in der Bodenstreu, die Larven im Boden; Saatschnellkäfer schlüpfen im Frühjahr, Eiablage Juni/Juni in den Boden, die Larvenentwicklung beträgt 3 bis 5 Jahre.
Wirtspflanzen: Allgemeinschädling; häufig in frisch umgebrochenen Wiesen, Grasböden und im Gemüsegarten, einige Schnellkäfer besuchen Blüten.

Vorbeugen und Gegenmaßnahmen: Larven ködern.

Wurzelfliegen

Schadbilder: Minierte Wurzeln, die zu Fäulnis, Kümmerwuchs, Fehlstellungen bis Welke führen. Bei der Möhren- und Zwiebelfliege vergilbt das Laub, die Maden hinterlassen rostbraune Fraßgänge, die zu Fäulnis führen können.
Erkennungsmerkmale: Alle Maden sind weiß bis gelblich; die Überwinterung erfolgt als Puppe im Boden.

Bohnenfliege (*Phorbia platura*)

Biologie: 4 bis 6 mm groß, mehrere Generationen.
Wirtspflanzen: Keimlinge von Bohnen, Erbsen, Gurken, Zwiebeln, Tomaten, Spargel.

Große Kohlfliege (*Delia floralis*)

Biologie: ca. 7 mm groß, eine Generation (Aug/Sep).
Wirtspflanzen: Kohl, Kohlarten, Rettich, Radieschen.

Kleine Kohlfliege (*Delia brassicae*)

Biologie: 5 bis 6 mm große Fliege, 3 Generationen, Schlupfzeiten April/Mai, Juli/August, September/Oktober.
Wirtspflanzen: Kohl, Kohlarten, Rettich, Radieschen.

Möhrenfliege (*Psila rosae*)

Biologie: 4 bis 5 mm groß, 2 bis 3 Generationen, Schlupfzeiten April bis Juli, Ende August und im Herbst.
Wirtspflanzen: Möhre, Pastinake, Sellerie, Petersilie u. a.

Zwiebelfliege (*Delia antiqua*)

Biologie: 6 bis 7 mm groß, 2 Generationen, Schlupfzeiten Mai/Juni und Juli/August.
Wirtspflanzen: Zwiebel, Schalotte, Lauch, Knoblauch.

Vorbeugen und Gegenmaßnahmen:
- Fliegen vertreibende Mischkulturen wie Möhre plus Schnittlauch und Schalotte oder stark riechende Kräuter anbauen.
- Weite Fruchtfolgen einhalten.
- Den Zeitpunkt der Eiablage umgehen durch frühe Saat und frühe Ernte.
- Setzlinge tief setzen und gut mit Erde anhäufeln.
- Die Beete nach der Ernte sorgfältig abräumen.
- Nützlinge wie Laufkäfer und Schlupfwespen fördern.
- Den Weibchen den Zugang zur Pflanze durch engmaschige Netze oder Vliese um oder über den Pflanzen verwehren: Kohlkragen und Filzringe schützen den Wurzelhals; tief fliegende Weibchen ausbremsen durch eine 60 cm hohe Umrandung um das Beet; während der Eiablage den Wurzelhals mit Schmierseifenwasser bespritzen – eine Bekämpfung der Fliege ist wenig erfolgreich bei langen Flugzeiten oder wenn sich die Generationen überschneiden.
- Befallene Pflanzen mit umgebender Erde entfernen und vernichten; nicht kompostieren.

Zweiflügler, Schnaken, Wiesenschnake oder Tipula (*Tipula paludosa*)

Schadbild: Rasen vergilbt nesterweise, Lücken.
Ursache: Wurzelfraß der Schnakenlarve.
Erkennungsmerkmale: 2,5 bis 3 cm großes Insekt mit sehr langen Beinen; Larven 4 cm lang, runzelig-ledrige Haut, ohne Füße, ohne deutlichen Kopf, Fortsätze am Hinterende (Teufelsfratze).
Biologie: Die Schnake fliegt von August bis September; die Weibchen legen ihre 300 glänzend schwarzen Eier mit Hilfe ihres Legestachels in den Rasen; Larven schlüpfen nach 2 bis 3 Wochen und überwintern bis April/Mai.

Wirtspflanzen: Wiesenpflanzen und Rasengräser.
Verwandte Arten: Kohlschnake, Herbstschnake.
Besonderes: Kalte Winter und häufige Wechsel zwischen Tau- und Frostwetter verringern den Befall. Das in Süddeutschland als Schnake bezeichnete Insekt ist eine Stechmücke, die Wiesenschnake kann nicht stechen.

Vorbeugen und Gegenmaßnahmen: Gute Rasenpflege; bei starkem Befall den Rasen über Nacht mit einer schwarzen Folie abdecken, Larven einsammeln.

Insektenschädlinge an Knospe und Stängel

Saugschädlinge an Knospen

Pflanzensauger, **Blattfloh**, **Apfelblattsauger** (*Psylla mali*), **Birnenblattsauger** (*Psylla piricula*)

Schadbild: Befallene Blatt- und Blütenknospen öffnen sich kaum, sind verklebt und fallen ab; eingerollte Blätter, gestauchte Triebe; oft treten auch Rußtaupilze auf.
Ursache: In Knospen hausende Springlauslarven, auch Blattsauger genannt.
Erkennungsmerkmale: Erwachsenes Tier ist grünlich und geflügelt und wird ca. 3,5 mm groß; die Larve ist winzig klein und flach, orangegelb, später hellgrün.
Biologie: Springläuse gehören zu den Blattflöhen, die reichlich Honigtau ausscheiden; Apfelblattsauger überwintern im Eistadium am Holz des Apfelbaums; die Larven schlüpfen, wenn die Knospen aufbrechen, und zwängen sich in Blatt- und Blütenknospen; nach mehreren Häutungen schlüpfen Mai, Juni die erwachsenen, geflügelten Blattflöhe und fliegen aus; kehren im Herbst zur Eiablage auf die Apfelbäume zurück; eine Generation; Birnenblattsauger überwintern als erwachsene Tiere am Baum.
Wirtspflanzen: Apfel bzw. Birne.
Besonderes: Blattflöhe sind als Schädling nur lokal von Bedeutung, etwa 90 Arten an Zier- und Nutzpflanzen.
Arten: Sommerapfelblattsauger; Blattflöhe an Lorbeer und Buchsbaum an den Blättern (Löffelblättrigkeit).

Vorbeugen und Gegenmaßnahmen: Eigelege entfernen, Triebe mit starken Schäden herausschneiden; Austriebsspritzung erfasst nur die am Baum überwinternden Tiere, Vorblütespritzung beim Auftreten der Larven.

Pflanzensauger, **Blattläuse**

siehe Sonderseite 82

Blasenfüße, **Thripse**

siehe Blätter Seite 100

Wanzen, **Blattwanzen**

siehe Blätter Seite 81

Fraßschädlinge an Knospen

Käfer, Glanzkäfer, (Raps-)Glanzkäfer (*Meligethes aeneus*)

Larve

Schadbild: Fraßschäden an Knospen und Blüten, Knospen vertrocknen und fallen ab.
Ursache: Pollen-, nektar- und knospenfressende Käfer und Larven.
Erkennungsmerkmale: Maximal 3 mm großer glänzender, grünlich bis schwarzer Käfer.
Biologie: Die Käfer wandern im Frühjahr von Rapsfeldern in benachbarte Gärten ein und fressen an den noch geschlossenen Knospen, um an die Pollen zu gelangen; später kehren sie zum Raps zurück; Eiablage erfolgt in die Rapsknospen.
Wirtspflanzen: Häufig an Blüten von gelben Kreuzblütlern, Raps, Rüben.

Vorbeugen und Gegenmaßnahmen: Nützlinge fördern.

Käfer, Blütenfresser, **Himbeerkäfer**

siehe Seite 99

Käfer, Rüsselkäfer, **Erdbeer- und Himbeerblütenstecher**

siehe Seite 97

Käfer, Rüsselkäfer, Apfelblütenstecher (*Anthonomus pomorum*)

Schadbild: Die Blütenknospen öffnen sich nicht, rotbraune, vertrocknete Blütenblätter; Blüteninneres von der Larve ausgefressen, seitliches Bohrloch an der Knospe, im Innern eine Larve; »Brenner«-Krankheit.
Ursache: Befall mit einer Blütenstecherlarve.
Erkennungsmerkmale: Graubrauner, 5 mm langer Rüsselkäfer mit geknieten Fühlern; die gelblich weiße Larve – Kaiwurm genannt.
Biologie: Überwinterung erfolgt als Käfer unter Borkenschuppen, in Rindenrissen und im Boden; ab März Reifungsfraß des Käfers, danach bohrt das Weibchen die noch geschlossenen Blütenknospen an und legt je 1 Ei in die Knospe; pro Weibchen bis zu 100 Eier; Larve zerfrisst das Blüteninnere und verlässt es 4 Wochen später als Jungkäfer; eine Generation.
Wirtspflanzen: Apfel, Birne.

Vorbeugen und Gegenmaßnahmen:
Im Hobbygarten nicht nötig.

Käfer, Rüsselkäfer, Haselnussbohrer (*Curculio nucum*)

Schadbild: Ausgehöhlte Haselnüsse, beschädigte Knospen und angefressene junge Triebe von Laubbäumen.
Ursache: Larvenfraß an Nuss, Käfer an Laub.
Erkennungsmerkmale: Gelbbrauner bis brauner, 6 bis 8 mm kurzer Käfer; dünner, langer Rüssel, gekniete Fühler.
Biologie: Das Weibchen bohrt mit seinem Rüssel Löcher in die Nuss (Mai, Juni) und legt ihre Eier hinein; die Larven höhlen die Nuss aus; mehrere Generationen im Jahr; das erwachsene Tier frisst Haselnuss-, aber auch Laubbaumblätter; Verpuppung und Überwinterung im Boden; mehrere Generationen im Jahr.
Wirtspflanzen: Haselsträucher, Käfer auch an Laubbäumen.

Vorbeugen und Gegenmaßnahmen:
Befallene Nüsse verfärben sich vorzeitig, rechtzeitig pflücken; Gegenmaßnahmen nur bei sehr starkem Befall erforderlich.

Saugschädlinge an Stängeln, Trieben, Ästen

Pflanzensauger, Blattläuse

siehe Seite 82

Pflanzensauger, Blattläuse, Familie der Blasenläuse (Pemphigidae), Blutlaus (*Eriosoma lanigerum*)

Schadbild: Wachswollartige, watteähnliche Ausscheidungen an Zweigen und Trieben sowie an Schnitt- und Stammwunden; Saugschäden und damit einhergehende Speichelabsonderungen der Blutläuse führen zum Aufplatzen der Rinde und können krebsartige Wucherungen auslösen (Blutlauskrebs).
Ursache: Saugschäden durch die Blutlaus.
Erkennungsmerkmale: Rotbraune, 2 mm große Laus, die beim Zerdrücken eine blutrote Flüssigkeit abgibt.
Biologie: Überwinterung der Larven an der Wurzel und in Rindenritzen; erste Kolonien an Schnitt- und Wundstellen ab Mai; bis zu 10 Generationen innerhalb einer Vegetationsperiode; Höhepunkt des Befalls im Frühjahr und im Herbst.
Wirtspflanzen: Apfel (speziell bei Boskop, Cox Orange und Elstar), ferner Birne, Felsenmispel (Cotoneaster), Weiß- und Rotdorn, Feuerdorn, Zierquitte.
Besonderes: Großer Obstbaumschädling, vor allem in windgeschützten, warmen Lagen.

Blutlauskrebs an Apfel

Vorbeugen und Gegenmaßnahmen:
Widerstandsfähige Apfelsorten wählen, Schnitt- und Wundflächen kontrollieren, Kolonien gründlich abbürsten, befallene Zweige entfernen; biologische Abwehr mit der Blutlauszehrwespe (*Aphelinus mali*) oder auch Ohrwürmern sehr erfolgreich und bewährt.

Wanzen, Blattwanzen an Stängeln

siehe Seite 81

Pflanzensauger, Schildläuse, Kommaschildlaus (*Lepidosaphes ulmi*)

Schadbild: Vermindertes Wachstum befallener Triebe, bei starkem Befall können Bäume geschwächt werden; missgebildete Früchte.
Ursache: Saugschäden.
Erkennungsmerkmale: Lang gestreckte Form des bräunlichen Schildes erinnert an ein Komma; die 2 bis 4 mm großen Weibchen sind weißlich gelb.
Biologie: Im Herbst Eiablage unter dem Schild; Junglarven schlüpfen im Mai bis Juni; eine Generation.
Wirtspflanzen: Zweige und Früchte von Apfel, Birne, Pfirsich.
Besonderes: Eine der verbreitetsten Schildläuse im Garten.

Vorbeugen und Gegenmaßnahmen: Abwehr am wirkungsvollsten im Mai, wenn die Larven schlüpfen; Äste und Zweige abbürsten.

Fraßschädlinge an Stängel

Käfer, Rüsselkäfer, Erdbeer- oder Himbeerblütenstecher (*Anthonomus rubi*)

Schadbild: Angenagte und abgeknickte, vertrocknete und abgebrochene Blütenstängel, in den Blütenknospen Larven.
Ursache: Der Käfer beißt den Stängel der Blütenknospen durch, Befall durch Larven.
Erkennungsmerkmale: 3 bis 4 mm großer schwarzer Rüsselkäfer; weiße Larve.
Biologie: die Überwinterung erfolgt als Käfer im Boden; Eiablage im April und Mai in die Blütenknospen; das Weibchen legt je 1 Ei in eine Knospe und nagt anschließend den Blütenstiel an; Verpuppung in den Knospen.
Wirtspflanzen: Erdbeere, Himbeere, Brombeere.
Besonderes: Blütenstecher werden erst bei 18 °C aktiv und sind daher eher in Süddeutschland verbreitet; der ähnliche Erdbeerstängelstecher (*Rhynchites germanicus*) frisst außerdem Stiele und Ranken ab, die Pflanze welkt, während sich in ihr die Larven entwickeln.

Vorbeugen: Boden bedecken, angestochene, welkende Blütenstände entfernen, bevor die Larven schlüpfen.

Minierer und Gallbildner an Stängel

Käfer, Rüsselkäfer, Kohlgallenrüssler (*Ceutorhynchus pleurostigma*)

Schadbild: Gallen am untersten Stängelteil, im Inneren Larven; ähnlich wie Kohlhernie (siehe Seite 64).
Ursache: Gallen bildender Rüsselkäfer, Larvenfraß.
Erkennungsmerkmale: Knapp 3 mm großer, schwärzlicher Rüsselkäfer.
Biologie: Eiablage Mai/Juni und August/September am untersten Stängelteil, um die Eier entstehen erbsengroße Gallen, die zu größeren Geschwülsten zusammenwachsen, in ihnen findet man eine bis zu 6 mm lange, gelbliche, fußlose Larve mit braunem Kopf; Verpuppung im Boden.
Wirtspflanzen: Kohlarten, Raps, Rüben, Radieschen.

Vorbeugen und Gegenmaßnahmen: Setzlinge anhäufeln, befallene Pflanzen entfernen, stark riechende Kräuter zwischen den Kohl pflanzen.

Hautflügler, Taillenwespen, Rosentriebbohrer: Aufwärtssteigender (*Blennocampa elongatula*) und Abwärtssteigender Rosentriebbohrer (*Ardis brunniventris*)

Schadbild: Verfärbte, welke, absterbende Triebe.
Ursache: Triebbohrerlarven fressen sich durch das Mark.
Erkennungsmerkmale: Das erwachsene Tier ist eine nur wenige mm kleine Blattwespe; die weiße Larve wird zwischen 1 bis 1,5 cm lang und sitzt im Mark der Rosentriebe (Röhrenwürmer). Abwärtssteigender Rosentriebbohrer: Bohrloch am Gangende. Aufwärtssteigender Rosentriebbohrer: Einstiegsloch mit Spuren von Holzmehl.
Biologie: Triebbohrer sind Larven von Blattwespen; Überwinterung als Puppe in der Erde, Wespen ab Mai.
Wirtspflanzen: Rosen.

Vorbeugen und Gegenmaßnahmen: Angebohrte Triebe abschneiden.

Larve

Hautflügler, Taillenwespen, (Rosen-)Gallwespen (*Diplolepis rosae*)

Schadbild: Rosenäpfel mit heranwachsenden Larven an Zweigen und Blättern.

Ursache: Befall mit Gallwespen.

Erkennungsmerkmale: Kleine Wespen; die Gallen sind rund, bemoost, grüngelb oder rötlich; bis 5 cm Ø (Schlafapfel, Rosenapfel).

Biologie: Die Wespenweibchen legen ihre Eier in die Knospe, die sich zu einem haarigen Ball (Galle) mit mehreren Kammern verwandelt; pro Kammer eine Larve; Überwinterung in der Galle.

Wirtspflanzen: Rosen, Laubgehölze, vor allem Eiche.

Besonderes: 9 von 10 Gallwespenarten legen ihre Eier an Eichenblättern ab, nur eine geht an Rose oder an eine andere Wirtspflanze.

Vorbeugen und Gegenmaßnahmen:
Keine, allenfalls Gallen im Winter herausschneiden.

Rosengalle

Gallen an Eichenblatt

Schmetterlinge, Zünsler, (Mais-)Zünsler (*Ostrinia nubilalis*)

Schadbild: Abgebrochene oder umgeknickte Blütenstände; ausgehöhltes Stängelmark.

Ursache: Fraßschäden durch die Larven im Stängelmark und in der Frucht; sie können einen beträchtlichen Schaden anrichten.

Erkennungsmerkmale: Klein, unscheinbar, nachtaktiv.

Biologie: Nachtaktiver Falter; die Raupe überwintert in einem Gespinst an der Stängelbasis; Juni bis Juli erscheint der Zünsler, Eigelege mit rund 50 Eiern auf der Blattunterseite; die Raupen fressen zunächst an den Blättern, dringen dann in den Stängel ein und fressen sich durch das Mark in die Wurzeln.

Wirtspflanzen: Mais, Hopfen, Bohne, Kartoffel, Tomate.

Besonderes: Biologische Bekämpfung des Maiszünslers mit *Bacillus thuringiensis* und einer eiparasitierenden Schlupfwespe gilt als bewährtes Beispiel für den Nützlingseinsatz.

Weitere Arten: Seerosenzünsler an den Schwimmblättern der Seerosen.

Larve

Vorbeugen und Gegenmaßnahmen:
Ernterückstände entfernen, tritt als Schädling nur südlich der Mainlinie auf.

Glasflügler (Sessiidae)

Schadbild: Unerwartetes Welken des befallenen Zweigs.

Ursache: Glasflüglerraupen zerfressen das Mark.

Erkennungsmerkmale: Kleine bis mittelgroße Falter mit schmalen, durchsichtigen Flügeln (Glasfelder); mit ihrem farbig gebänderten Hinterleib erinnern sie an Wespen; der Hornissenglasflügler (*Sesia apiformis*) erzeugt beim Fliegen sogar einen wespenähnlichen Brummton.

Biologie: Tagaktive, flinke Falter; Flugzeit Juni bis August; Eiablage am Holz, die Larven bohren sich ins Holz und fressen das Mark, an Obstbäumen bevorzugt an schadhaften Stellen unter der Rinde.

Wirtspflanzen: Strauchbeeren, Obstbäume, vor allem Apfel.

Arten: Johannisbeer-Glasflügler (*Synanthedon tipuliformis*), Himbeer-Glasflügler, Apfelbaum-Glasflügler.

Vorbeugen und Gegenmaßnahmen: Befallene Zweige herausschneiden.

Insektenschädlinge an Blüte und Frucht

Fraßschädlinge an Blüten

Ohrwurm (*Forficula auricularia*)

Schadbild: Unregelmäßiger Lochfraß in Blütenblättern und Obst.

Besonderes: Ohrwürmer sind eher Nützlinge denn Schädlinge und sollten geschützt werden, siehe auch Seite 123 (Nützlinge).

Zangenform
links: Weibchen
rechts: Männchen

Männchen

Schadbilder
des Ohrwurms

Käfer, Glanzkäfer, (Raps-)Glanzkäfer

siehe Seite 95

Käfer, Blatthornkäfer, Rosenkäfer (*Cetonia aurata*)

Schadbild: Angefressene Blütenblätter.

Ursache: Fraßschaden durch Rosenkäfer.

Erkennungsmerkmale: Metallisch grün schimmernder, fast 2 cm großer Käfer mit Fächerfühler; er fliegt, ohne die Deckflügel zu erheben; Larven sind harmlose Engerlinge.

Biologie: Die Larven der Rosenkäfer ernähren sich bevorzugt von abgestorbenen, faulenden Pflanzenteilen; sie halten sich gerne im Kompost auf und werden so in den Garten eingeschleppt und verbreitet.

Wirtspflanzen: Rosen, Weißdorn, Holunder, Kirsche, Pflaume.

Besonderes: Käfer ist geschützt.

Vorbeugen und Gegenmaßnahmen: Keine Schäden durch die Engerlinge; der Schaden durch die Käfer ist rein ästhetischer Natur.

Käfer, Blütenfresser, **Himbeerkäfer**

siehe Seite 95

Schmetterlinge, Spanner, Kleiner Frostspanner (*Operophtera brumata*)

Schadbild: Fraßschäden an Blüten, Blättern und Früchten bis hin zum Kahlfraß.

Ursache: Spannerraupen.

Erkennungsmerkmale: Die graubraunen Männchen haben wellig gezeichnete Vorder- und graue Hinterflügel mit etwa 2,5 cm Spannweite; die Flügel der nur 5 mm kleinen Weibchen sind zu kleinen Stummelflügeln zurückgebildet; die 25 mm langen Raupen sind hellgrün mit einer dunklen und mehreren weißen Längslinien; typisch spannerartige Fortbewegung, da ihm 3 Bauchbeinpaare fehlen (»Katzenbuckel«).

Biologie: Der nachtaktive Falter schlüpft im Herbst zur Zeit der ersten Nachtfröste, die Männchen fliegen bis Dezember; die Weibchen klettern Bäume, Pfähle oder Wände hoch, dort kommt es zur Begattung und Eiablage; die gefräßigen Raupen schlüpfen im Frühjahr und treten in Massen auf; zur Verpuppung im Juni lassen sie sich auf den Boden fallen; eine Generation.

Wirtspflanzen: Laubbäume und -sträucher, Obstbäume außer Pfirsich, Ziersträucher.

Besonderes: Verbreitung mit dem Wind; Massenvermehrung möglich.

Ähnliche Arten: Großer Frostspanner (*Erannis defoliaria*).

Vorbeugen und Gegenmaßnahmen: Leimringe im Herbst anbringen und die hochkletternden Weibchen abfangen; biol. Bekämpfung mit *Bacillus thuringiensis*.

Raupe

Raupe des
Großen Frostspanners

Saug- und Fraßschädlinge an Früchten

Fransenflügler, Erbsenblasenfuß (*Kakothrips robustus*)

Schadbild: Verkrüppelte Blüten welken und trocknen ein, auf den Hülsen silbrig glänzende oder braune Flecken.
Ursache: Saugschäden.
Erkennungsmerkmale: Ca. 1 cm lange Thripse, dunkelbraun bis schwarz.
Biologie: Überwinterung als Larve, Verpuppung und Eiablage im Juni; eine Generation; Larve und Blasenfuß treten als Schädlinge auf.
Wirtspflanzen: Blüten, Blätter, Hülsen von Erbsen, Ackerbohnen.
Verwandte Art: Zwiebelblasenfuß (*Thrips tabaci*).
Besonderes: Häufig in Norddeutschland, auf leichten Böden und bei hoher Luftfeuchtigkeit.

Vorbeugen und Gegenmaßnahmen: Frühe oder relativ späte Aussaaten umgehen den Befall.

Käfer, Samenkäfer, Erbsenkäfer (*Bruchus pisorum*)

Schadbild: Erbsen und Bohnen mit runden Löchern, im Innern Larven, Puppen oder Käfer.
Ursache: Fraßschäden durch Samenkäfer.
Erkennungsmerkmale: 4 bis 5 mm kleiner Käfer in Erbsen bzw. Bohnen.
Biologie: Käfer überwintert in den Samen; Eiablage auf jungen Schoten, die Larven dringen in die Schoten und in die Samen ein.
Wirtspflanzen: Erbsen.
Besonderes: Vorratsschädling, ähnlich ist der Bohnenkäfer an Bohnen.

Vorbeugen und Gegenmaßnahmen: Erbsen und Bohnen gleich nach der Ernte trocknen, enthülsen, verpacken und kühl lagern.

Käfer, Blütenfresser, Himbeerkäfer (*Byturus tomentosus*) und Himbeerwurm (Larve)

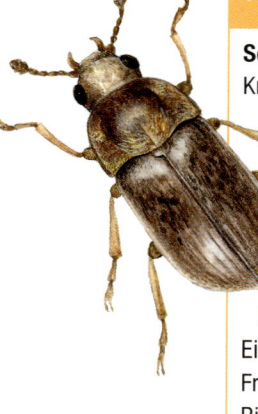

Schadbild: Fraßschäden durch den Käfer an Blüten, Knospen, Blättern und unreifen Früchten; fleckige, unansehliche Früchte durch Larvenfraß.
Ursache: Käfer an Knospen und grünen Pflanzenteilen, Larven an den Beeren.
Erkennungsmerkmale: Graubrauner, ovaler, 3 bis 5 mm großer Käfer, fliegt von April bis August; die Larven sind gelblich (Himbeerwurm).
Biologie: Überwinterung als Käfer im Boden; ab Mai Eiablage in die Himbeerblüten; die Larven leben von den Früchten; Verpuppung in länglichem Gespinst an der Rinde; nur eine Generation.
Wirtspflanzen: Himbeere, Brombeere.
Besonderes: Der Befall kann von Jahr zu Jahr stark wechseln.

Vorbeugen und Gegenmaßnahmen: Boden gut abdecken, mulchen; bei starkem Auftreten Käfer mehrmals abklopfen und auffangen; mit Weißtafeln ködern.

Hautflügler, Taillenwespe, Deutsche Wespe (*Paravespula germanica*), Gemeine Wespe (*Paravespula vulgaris*)

Schadbild: Angefressene Früchte, häufig Fäulnisbildung und Folgeinfektionen, schmerzhafter Stich.
Ursache: Wespenfraß.
Erkennungsmerkmale: Knapp 2 cm große Wespe, Körper gelbschwarz gebändert und tailliert.
Biologie: Sozial lebende Insekten; einige Arten legen Erdnester an, andere bauen kugelförmige Nester im Gebälk von Scheunen, Häusern oder in Zweigen; das Erdnest hat einen Durchmesser von bis zu 30 cm und beherbergt im Herbst rund 3000 Tiere; das Nest der Gemeinen Wespe ist etwas kleiner; nur die Königin überlebt den Winter.
Wirtspflanzen: Kirschen, Pflaumen, Birnen, Äpfel, Weintrauben u. a.

Vorbeugen und Gegenmaßnahmen: Im Frühjahr Nest bauende Königinnen abfangen; Arbeiterinnen durch mit angegorenem Fruchtsaft gefüllte Wespenfangflaschen weglocken; Nester sollten nur erfahrene Fachleute ausräumen und das sehr früh am Morgen, wenn die Wespen vollzählig versammelt und noch klamm sind.

Minierer an Früchten

Raupe

Schwarze und Gelbe Pflaumensägewespe (*Hoplocampa minuta, H. flava*)

Schadbild: Seitliches Einbohrloch in den noch grünen Früchten; das Fruchtfleisch ist zerstört, verkotet und riecht ranzig; geschädigte Früchte fallen ab.
Ursache: Minierfraß der Pflaumensägewespenlarve.
Erkennungsmerkmale: Ca. 5 mm große Blattwespe ohne Wespentaille; die Raupe ist weißlich.
Biologie: Vergleichbar der Apfelsägewespe; die Raupe bohrt sich seitlich in die Frucht ein und befällt 3 bis 4 Früchte; die ausgewachsene Raupe fällt mit der Frucht hinunter und verpuppt sich in der Erde.
Wirtspflanzen: Pflaume, Zwetsche, Mirabelle.

Vorbeugen und Gegenmaßnahmen: Früchte kontrollieren, abgefallene Früchte einsammeln.

Obstmade im Apfel

Hautflügler, Pflanzenwespe, Apfelsägewespe (*Hoplocampa testudinea*)

Schadbild: Bohrfraß am Apfel; die Miniergänge verlaufen im Bogen und verkorken, Ein- und Ausbohrloch; vorzeitiges Abfallen der Früchte.
Ursache: Befall mit Apfelsägewespenlarven.
Erkennungsmerkmale: Kleine, 6 mm lange Blattwespe ohne Wespentaille; die Raupe ist weißlich.
Biologie: Die Überwinterung erfolgt im Kokon im Boden; Eiablage während oder kurz nach der Apfelblüte, dazu bohrt das Wespenweibchen mit seinem sägeartigen Legebohrer eine Tasche in den Blütenkelch und legt je ein Ei hinein, etwa 20 Eier pro Weibchen; kurze Flugzeit der Wespe (1 bis 3 Wochen); eine Generation; eine Larve kann 4 bis 5 Äpfel zerstören.
Wirtspflanze: Apfel.
Ähnliche Art: Birnensägewespe.

Vorbeugen und Gegenmaßnahmen: Die Taschen färben sich braun und sind gut erkennbar, ebenso das Einbohrloch; madige Früchte entfernen; Abwehr ist problematisch, da die Maden in der Frucht nicht zu erreichen sind.

Schmetterlinge, Wickler, Apfelwickler (*Cydia pomonella*)

Schadbild: Bohrfraß an den Früchten, braune Kotkrümel am Bohrloch, Früchte können vorzeitig abfallen.
Ursache: Fraßgänge der Apfelwicklerraupe, auch Apfelwurm oder Obstmade genannt.
Erkennungsmerkmale: Vorderflügel des Falters sind gräulich mit dunklen Wellenlinien und kupfernem Fleck, die Hinterflügel sind hellgrau und die Flügelspannweite beträgt bis zu 2 cm; die ca. 2 cm lange Raupe ist blassrosa mit dunklen Warzen und einem dunklen Kopf.
Biologie: Die Raupe überwintert in einem festen Gespinst zwischen den Borkenschuppen oder in anderen Verstecken; die Falter fliegen ab Mai, Eiablage im Juni an die Blätter oder Früchte; die Raupen bohren sich in die Früchte ein; Verpuppung an der Rinde des Baumstamms; 1 bis 2 Generationen, die 2. Generation im August.

Wirtspflanzen: Apfel, seltener auch an Birne, Quitte, Weißdorn.

Vorbeugen und Gegenmaßnahmen: Überwinternde Larven suchen und abkratzen, im Juni Verpuppungsplätze anbieten (Wellpappengürtel am Stamm) und Raupen abfangen; Lockgeruch der Äpfel mit Rainfarn- oder Wermuttee überdecken; Fallobst auflesen; Nützlinge fördern; biologische Bekämpfung mit Schlupfwespen und Apfelwicklergranulose-Virus möglich.

Raupe

Schmetterlinge, Wickler, Erbsenwickler (*Laspeyresia nigricana*)

Schadbild: Angefressener Samen, Bohrloch in der Hülse.
Ursache: Raupen des Erbsenwicklers.
Erkennungsmerkmale: Die Falter sind grau bis hellbraun; bis zu 2 weiße Raupen pro Erbsenhülse.
Biologie: Nachtaktiver Falter; die Raupe überwintert in einem Kokon am Boden, Verpuppung im April oder Mai, die Falter erscheinen ab Ende Mai, Eiablage an den Kelch- und Blütenblättern der Erbse; die Larven bohren sich in die jungen Hülsen ein und fressen die Samen, nach 3 Wochen verlassen sie die Hülse durch ein Bohrloch und fallen zu Boden.
Wirtspflanzen: Erbse, Bohne.

Vorbeugen und Gegenmaßnahmen: Früh oder sehr spät blühende Sorten wählen; die Abwehr wird erschwert durch die lange Flugzeit der Wickler.

Weitere Wickler-Arten

Fruchtschalenwickler (*Adoxophyes reticulana*)

Die sehr versteckt lebenden Raupen schaben in die Fruchtschale vieler Kern- und Steinobstarten unregelmäßige Mulden, in die sich Fäulnispilze einnisten.

Pflaumenwickler (*Laspeyresia funebrana*)

Die karminroten Raupen zerfressen die Pflaumenfrüchte, häufig steckt ein Gummitropfen am Einbohrloch.

Traubenwickler (*Clysia ambiguella* und *Polychrosis botrana*)

Die eher trägen Raupen der 1. Generation (Heuwurm) spinnen Blüten und Fruchtstände zusammen; Verpuppung im Juli an den Blättern; die 2. Generation im Juli und August frisst an den Beeren (Sauerwurm); Überwinterung als Puppe in Rindenritzen.

Zweiflügler, Fliegen, Kirschfruchtfliege (*Rhagoletis cerasi*)

Schadbild: Glanzlose Kirschen mit weichen, bräunlichen, eingesunkenen Stellen; Fruchtfleisch angefressen (Miniergänge); Ausbohrloch nahe dem Stielansatz.
Ursache: Bohrfraß der Fliegenmade.
Erkennungsmerkmale: Die ca. 5 mm kleine Fliege hat einen glänzend schwarzen Körper, große grüne Augen, durchsichtige Flügel, gelbliche Beine und einen gelben Schild am Rücken; die 4 mm lange Made ist weißlich, ohne Kopf und Fuß; gelbe Puppe.
Biologie: Nektar saugende Fliege; die Überwinterung erfolgt als Puppe im Boden; ab Mitte Mai bis Juni erscheint die Fliege; das Weibchen legt die Eier einzeln auf die halbreifen, sich gerade gelb färbenden Früchte (mind. 16 °C Lufttemperatur, wenig Regen); pro Weibchen 100 bis 250 winzige weiße Eier; die Maden bohren sich in die Kirsche ein; nach 3 Wochen verlassen sie die reife Kirsche, lassen sich auf den Boden fallen und verpuppen sich; eine Generation pro Jahr.

Wirtspflanzen: Süßkirschen, seltener Sauerkirschen sowie Vogel-, Trauben- und Heckenkirsche, Schneeball.
Besonderes: Die wärmeliebende Fliege bildet vor allem in Süddeutschland ein größeres Problem.

Vorbeugen und Gegenmaßnahmen:
- Frühe Sorten wählen; besonders gefährdet sind Mittel- und Spätsorten.
- Madige Früchte abernten, herabfallende Früchte entfernen, Früchte frühzeitig pflücken.
- Das Mulchen der Baumscheibe im Frühjahr verlangsamt die Bodenerwärmung und verzögert den Schlupf der Fliege; Boden mit engmaschigen Netzen oder Vliese bedecken, um die schlüpfenden Fliegen abzufangen.
- Zur Zeit der Eiablage: Spritzungen mit Wermuttee hält die Fliegen ab; Fliegenweibchen mit insektenleimbestrichenen Gelbfallen abfangen; gegen befallene Kirschen (kleine weiße Maden in der Kirsche) lässt sich nichts ausrichten.

Schmetterlinge und ihre Raupen (Lepidoptera)

Sosehr sie unser Auge erfreuen und wir mit Freude die unterschiedlich bunten und gemusterten Schmetterlinge im Sommer bewundern, gehören sie doch zu den besonderen Feinden des Gärtners. Denn ihre nimmersatten Larven, bei Schmetterlingen Raupen genannt, halten sich als Pflanzenfresser schadlos. Einige Arten verursachen im Obst- und Gemüsebau zum Teil erhebliche Ertragsverluste und auch im Hobbygarten sind sie nicht zu unterschätzen.

Schmetterlinge besitzen vier große Flügel, die in aller Regel mit Schuppen bedeckt sind, und sie haben lange vielgliedrige Antennen. Der Falter ernährt sich zumeist von Nektar, den er mit seinem langen Saugrüssel aus der Blüte holt. Damit der Nachwuchs einen einfachen Start ins Leben hat, legen die Schmetterlingsweibchen ihre 100 bis 300 Eier direkt an Knospen, Blätter, Pflanzenstängel oder die Baumrinde der Futterpflanze ab. Die sich daraus entwickelnden Raupen haben eigentlich nur noch eines zu tun: fressen, fressen und wachsen. Die meisten Raupen vertilgen nur ganz bestimmte Pflanzenarten – die aber restlos. Einige fressen die grünen Teile, andere gehen an das Stängelmark oder die Wurzel oder sie minieren sich durch die Früchte.

Schmetterlingsraupen erkennt man sicher an der Anzahl ihrer Beine. Mit Ausnahme der Spannerraupen besitzen alle 16 Beine, drei Paar an der Brust, vier Paar am Bauch und ein Paar ganz hinten. Weil die Raupenhaut nicht mit wächst, müssen sie sich vier- bis fünfmal häuten. Dann, wenn sie dick und satt sind, verpuppen sich die Tiere –

oft noch an der Wirtspflanze, aber auch in der Erde oder an Hauswänden. Einige bilden hierfür einen Kokon aus Seide, andere belassen es bei einer festen Puppenhaut, um sich dann in einen Schmetterling zu verwandeln.

Der größte Schmetterling ist mit 30 cm Flügelspannweite der exotische Atlasfalter, die kleinste Zwergmotte erreicht gerade 3 mm. Ihre Lebensdauer ist höchst unterschiedlich: So lebt der männliche Frostspanner als Falter nur wenige Stunden, der Zitronenfalter dagegen wird fast ein Jahr alt. Das Raupenstadium reicht von 20 bis 40 Tagen bis zu 2 Jahren; als Puppe überdauern manche Arten sogar bis zu 17 Jahre.

Mumienpuppe eines Schmetterlings; Unter der festen Hülle erkennt man schemenhaft die Körperteile.

Schmetterlinge und Schmetterlingsraupen

Vorbeugen und Gegenmaßnahmen:

- Leimringe im Herbst anbringen.
- Flügellose Weibchen abfangen.
- Biologische Bekämpfung mit *Bacillus thuringiensis*.
- Raupen bei leichtem Befall absammeln.'
  Vorsicht: Haarige Raupen nicht anfassen, sie können allergische Reaktionen auslösen.
- Befallene Zweige herausschneiden, besonders bei Gespinsten.
- Schlupfwespen einsetzen (aus dem Fachhandel).
- Kreuzblütler-Unkraut fern halten.
- Mischkulturen anlegen, z. B. bei Kohlpflanzen mit Tomaten und Sellerie.
- Zur Zeit der Eiablage Pflanzen nach Eigelegen und Raupen absuchen und absammeln.
- Eventuell Pflanzen mit engmaschigen Netzen abdecken.
- Bei Kohlmotten auch die Pflanzenreste entfernen; Vorsicht: Brennnesseljauche zieht Kohlweißlinge an.
- Natürliche Feinde: Schlupfwespenlarven entwickeln sich im Innern der Kohlweißlingsraupen und bohren sich zur Verpuppung aus der Raupe heraus; Kohlpflanzen mit *Bacillus thuringiensis* behandeln: die Raupen nehmen die Bakterien mit der Nahrung auf, die sich im Darm vermehren und Giftstoffe bilden; die Raupen hören auf zu fressen und sterben später ab.

Sonstige tierische Schädlinge

Große Wegschnecke
(Seite 108)

Blattälchen
(Seite 105)

Gemeine Spinnmilbe
(Seite 107)

Amsel
(Seite 114)

Wühlmaus
(Seite 111)

Rübenzystenälchen
(Seite 105)

Nicht nur die immense Zahl an Insekten macht dem Gärtner und seinen Pflanzen zu schaffen, auch zahlreiche andere kleine bis größere Tierchen treiben ihr Unwesen im Garten. Diese werden eingeteilt in wirbellose Tiere und Wirbeltiere.

Wirbellose Tiere

Pflanzenschädlinge unter den wirbellosen Tieren kommen aus den Gruppen der Nematoden oder Älchen, Schnecken, Milben und Tausendfüßer. Auch Insekten gehören zu den Wirbellosen.

Nematoden oder Älchen

Es sind sehr kleine, bis 1,5 mm lange, einfach gebaute, weißliche Würmer, die sich schlängelnd fortbewegen (daher der Name Älchen). Viele der 15.000 Arten leben frei im Boden und ernähren sich räuberisch (siehe Nützlinge, Seite 120) oder von Pilzen und Bakterien. Andere schädigen die Pflanzen als Sauger oder parasitieren als Minierer und Gallbildner. Älchenschäden treten meist in Nestern auf. In ihren Ruhestadien oder als Zyste können Nematoden mehrere Jahre im Boden oder in der Pflanze überdauern.

Älchen

Vorbeugen und Gegenmaßnahmen:
Älchenbefall vorbeugen:
- Resistente Sorten auswählen, nur gesundes Pflanzenmaterial verwenden.
- Fruchtfolgen einhalten.
- Ausreichende Pflanzabstände einhalten, das verhindert einen Befall der Nachbarpflanzen.
- Gartenhygiene: Vorsicht bei der Bodenbearbeitung, damit keine befallene Erde verschleppt wird.

Älchen eingrenzen:
- Wirtspflanzen entfernen (häufig Kreuzblütler) und Feindpflanzen anbauen (Tagetes gegen wandernde Wurzelnematoden, Zwiebel gegen Rübenzystenälchen)

Älchen abwehren:
- Zur Abwehr der Älchen im Hobbygarten gibt es keine chemischen Pflanzenschutzmittel; es bleibt nur, befallene Pflanzenteile zu entfernen und zu vernichten, den Boden mindestens 2 Jahre lang frei von Unkraut zu halten.

Blattälchen (Aphelenchoides-Arten)

Schadbild: Glasige, gelbbraune, später braunschwarz werdende Flecken auf den Blättern; bei starkem Befall und Nässe werden die Blätter schwarz und sterben ab.
Ursache: In den Flecken leben die Älchen.
Erkennungsmerkmale: 1 mm lange, weiße Tierchen; zum Nachweis das Blatt zerschneiden und mit etwas Wasser überdecken, Fadenwürmer schlängeln sich dann heraus.
Biologie: Die frei im Boden lebenden Älchen schwimmen an feucht-nassen Pflanzenstängeln hoch zu den Blättern und dringen durch die Spaltöffnungen in das Pflanzeninnere ein; die Blattadern begrenzen die Ausbreitung der Älchen im Blatt.
Wirtspflanzen: Zahlreiche Zier- und Nutzpflanzen, u. a. Anemone, Chrysantheme, Erdbeere (Erdbeerälchen).
Arten: Erdbeerälchen.

Vorbeugen und Gegenmaßnahmen:
Befallene Blätter entfernen, Pflanze trocken halten, ausreichende Pflanzabstände einhalten.

Wurzelälchen

Wurzelgallenälchen (*Meloidogyne*-Arten)

Schadbild: Schwellungen an den Wurzeln, Bildung von Nebenwurzeln (Wurzelbart); Wachstumshemmungen, plötzliche Welken; der gesamte Pflanzenbestand kann erkranken.
Ursache: Durch Älchen angeregte Gallbildungen.
Erkennungsmerkmale: Larven entwickeln sich in den Gallen.
Biologie: Die frei lebenden Älchen bohren sich in die Wurzeln und veranlassen die Gallbildung; Form und Größe der Gallen hängen von der Art des Erregers und der Wirtspflanze ab; in den Gallen entwickeln sich die Larven.
Wirtspflanzen: 350 Wirtspflanzen, darunter Möhre, Gurke, Salat.

Zystenälchen (*Heterodera*- und *Globodera*-Arten)

Schadbild: Stark verzweigte Wurzeln (Bärtigkeit) mit gelblich weißen Zysten; gehemmtes Wachstum, die Pflanze wird gelb und stirbt ab.
Ursache: Zysten sind zu Eipaketen umgebildete Weibchen.
Erkennungsmerkmale: Die winzigen, ca. 0,5 mm kleinen Männchen sind wurmähnlich, die Weibchen bilden stecknadelkopfgroße Zysten.
Biologie: Wurzelälchen blockieren die Aufnahme von Wasser und Nährstoffen; die Weibchen hängen mit ihrem Mundstachel fest in der Wurzelzelle, während ihr Hinterleib durch die Eibildung anschwillt, bis er die Wurzel sprengt und in der Erde hängt; danach stirbt das Weibchen und ihr Hinterleib wird zur Eier und Larven schützenden Zyste.
Wirtspflanzen: Kartoffeln, Tomaten, Rüben, Raps, Kohl u. a.
Ähnliche Arten: Kartoffelälchen an Kartoffeln, Tomaten; Rübenzystenälchen; wandernde Wurzelälchen (*Pratylenchus*-Arten).

Rübenzystenälchen

Stängelälchen oder Stockälchen (*Ditylenchus dipsaci* u. a.)

Schadbild: Stängel an der Basis verdickt, verdreht und gespalten; Triebe beim Austrieb verkürzt, allgemein gehemmter Wuchs (Stockkrankheit); die jüngsten Blätter gekräuselt, verkrüppelt, schmal; spärliche oder ausbleibende Blüte.

Ursache: Ansammlung von Stängelälchen an der Stängelbasis.

Erkennungsmerkmale: Kleinste Würmchen mit schlängelnder Fortbewegung.

Biologie: Überwintern im Boden und dringen im Frühjahr durch die Spaltöffnung in die Pflanze ein; leben zwischen den Zellen der Blätter und Stängel oder in Knollen und Zwiebeln; ein Weibchen legt bis zu 500 Eier; ältere Larven verlassen den Wirt und suchen neue Pflanzen auf.

Wirtspflanzen: Stauden, Zwiebelpflanzen, Getreide, Unkräuter.

Arten: Phlox-Stängelälchen.

Vorbeugen und Gegenmaßnahmen: Hygienemaßnahmen beachten; ausreichende Pflanzabstände einhalten.

Gallmilben (Eriophyidae)

Johannisbeergallmilbe (*Cecidophyopsis ribis*)

Schadbild: Greifen Blütenknopsen an; blasig aufgetriebene, später verbräunende Blütenknospen (Rundknospen).

Ursache: Gallen der Johannisbeergallmilbe.

Erkennungsmerkmale: Winzige, weiße Milben leben in den verformten Knospen.

Biologie: Überwintern zu Tausenden in den Knospen; ab März, April verlassen sie die Knospen, Eiablage im Sommer.

Wirtspflanze: Schwarze Johannisbeere.

Ähnliche Arten: Die Birnenpockenmilbe (*Eriophyes pyri*) ruft hellgrüne bis rötliche, später schwarz werdende Blattpocken an der Unterseite von Birnbaumblättern hervor; die Rebenpockenmilbe (*Eriophyes vitis*) greift Hausreben an.

Vorbeugen und Gegenmaßnahmen: Vergrößerte Knospen entfernen; bei starkem Befall Triebe herausschneiden.

Schäden an Blättern und Stängeln

Tausendfüßer (Diplopoda)

Schadbild: Fraßschäden an Keimlingen und Früchten.

Ursache: Fraß durch Tausendfüßer.

Erkennungsmerkmale: Eher langsame, 2 bis 3 cm lange Pflanzenfresser mit kurzen Fühlern, einem Rumpf mit zahlreichen Körperringeln, an jedem Segment sitzen 2 Beinpaare; die Tiere rollen sich bei Berühren ein und stellen sich tot.

Biologie: Tausendfüßer ernähren sich vorwiegend von zersetzenden Pflanzenteilen (Humusbildner), bei Trockenheit auch von Keimlingen und saftigem Pflanzengewebe; Eigelege je nach Art mit 10 bis über 100 Eiern; Larven zunächst mit 3 Beinpaaren, mit jeder Häutung werden es mehr; Überwinterung im Eistadium, als Larve oder erwachsenes Tier.

Wirtspflanzen: Erdbeeren, Fallobst, Gurken oder Knollen, Keimlinge allgemein.

Vorbeugen und Gegenmaßnahmen: Nicht erforderlich, nur geringe Fraßschäden; Strohdecke um gefährdete Erdbeerpflanzen legen.

Brombeergallmilbe (*Acalitus essigi*)

Schadbild: Greifen Blätter und Früchte an; Blätter weiß gesprenkelt; rot-rotgrüne, harte Teilbeeren neben hellrot gebliebenen, sauren Teilbeeren.

Ursache: Die Blattsprenkelungen sind Einstichlöcher der Milbe; angestochene Teilfrüchte entwickeln sich nicht weiter.

Erkennungsmerkmale: Die Milbe ist weiß, mit einem länglichen Körper.

Biologie: Die Milben überwintern unter der Rinde, in Knospen und Fruchtmumien; befallen ab März Blätter und Blüten; im August/September können 200 und mehr Milben auf einer Beere sein; weit verbreitete Milbenart.

Wirtspflanze: Brombeere.

Vorbeugen und Gegenmaßnahme: Abgeerntete Triebe zurückschneiden; Boden feucht halten.

Milben (Acari)

Die zu den Spinnentieren gehörenden Milben haben einen ungegliederten, sackartigen Rumpf und 4 Beinpaare. Die meisten sind gerade 1 bis 2 mm lang, viele sogar noch kleiner. Es gibt Räuber, Pflanzenfresser, Parasiten und Gallbilder. Die Pflanzensaftsauger stechen das Blattgewebe an und saugen den Zellinhalt aus, wobei ihr Speichel Missbildungen hervorrufen kann. Milben sind gefürchtete Virenüberträger und sollten frühzeitig abgewehrt werden.

Vorbeugen und Gegenmaßnahmen:
- Trockenheit fördert die Entwicklung, daher Boden feucht halten, Baumscheibe von Obstbäumen mulchen.
- Mischkulturen mit Knoblauch, Zwiebel, Lauch beugen dem Befall vor.
- Übermäßig gedüngte und mit reichlich Stickstoff versorgte Pflanzen sind anfälliger für Milbenbefall.
- Befallene Blätter mit Schmierseifenlösung abwaschen bzw. befallene Pflanzenteile beseitigen.
- Spritzungen mit Rainfarn- oder Wermutauszug.
- Biologische Bekämpfung mit Raubmilben ist möglich.
- Bei starkem Befall empfiehlt sich im Folgejahr eine Austriebsspritzung der befallenen Teile mit Ölpräparaten.
- Bei sehr starkem Befall Akarizide einsetzen.

Vgl. Blattlausabwehr, Seite 131.

Erdbeermilbe (*Tarsonemus fragariae*)

Schadbild: Gekräuselte, verkrüppelte Blätter und Stängel; die Früchte reifen nicht aus.
Ursache: Formveränderungen durch Saugschäden.
Erkennungsmerkmale: Die 0,3 mm große, weißlich bis bräunliche Milbe sitzt zwischen den Blatthaaren der jüngsten Blätter und innerhalb der Knospen.
Biologie: Die Weibchen überwintern an den Blattachseln der Erdbeere; Eiablage erfolgt im März; mehrere Generationen mit Höhepunkt des Befalls im Sommer.
Wirtspflanzen:
Erdbeeren, Zierpflanzen.

Gemeine Spinnmilbe

Gemeine Spinnmilbe (*Tetranychus urticae*)

Schadbild: Blattoberseite fein blass oder gelblich gesprenkelt mit Bleiglanz; später wird das Blatt blassgrün, vergilbt und stirbt ab; auf der Blattunterseite liegt ein zartes Gespinst.
Ursache: Die Einstichpunkte der Gemeinen Spinnmilbe rufen die Sprenkelung hervor.
Erkennungsmerkmale: Die bis 0,5 mm kleinen, grünlich gelben Tierchen verstecken sich unter einem gemeinsamen Gespinst auf der Blattunterseite.
Biologie: Die Weibchen überwintern in Rindenritzen; die Eiablage beginnt im März, im Sommer kann sich alle 3 bis 4 Wochen eine Generation entwickeln; im Gewächshaus findet eine durchgehende Generationenfolge statt. Spinnmilben finden sich häufig an trockenen, geschützten Standorten;
Wirtspflanzen: Bohnen, Erbsen, Gurken, Obstgehölze, Zierpflanzen.

Schaden der Gemeinen Spinnmilbe

Obstbaumspinnmilbe, Rote Spinne (*Panonychus ulmi* u.a.)

Schadbild: Zunächst gelbliche Punkte auf der Blattoberseite, färben sich später bräunlich oder bronzerot, Bleiglanz.
Ursache: Einstichpunkte der Obstbaumspinnmilbe.
Erkennungsmerkmale: Auf der Blattunterseite finden sich zahlreiche leuchtend rote Pünktchen (Lupe!).
Biologie: Obstbaumspinnmilben bilden kein gemeinsames Gespinst; die Überwinterung erfolgt als Ei in Rindenritzen auf den Bäumen; bis zu 5 Generationen im Jahr; ab September legen die Weibchen die roten Wintereier.
Wirtspflanzen: Apfel, Birne, Pflaume, Stachelbeere, Johannisbeere.

Schnecken

Einer der am grimmigsten verfolgten Feinde des Gärtners sind Schnecken: kaum sprießen die frisch eingesetzten Pflänzchen zart hervor oder spitzen neue Triebe heraus, schon kommen, quasi über Nacht, Schnecken wie aus dem Nichts und fressen alles kahl. Sie hinterlassen an den von ihnen befallenen Pflanzen – und das können alle Jungpflanzen und Keimlinge sowie Pflanzen mit wasserreichem Gewebe sein – den so genannten Schabe- und Lochfraß an Blättern, Blüten, Stängeln und Knollen; bei starkem Auftreten ist – wie gesagt – auch ein Kahlfraß möglich.

Der Schabefraß kommt aufgrund der Zungenstruktur der Schnecke zustande: diese Zunge (auch Radula genannt) ist nichts anderes als eine mit kleinen Zahnreihen besetzte Reibeplatte, mit der sie die Pflanzen abschabt. Dass Schnecken zu Besuch waren, sieht man außerdem an ihrer charakteristischen Schleimspur sowie den kleinen Kotresten auf der Pflanze. Drüsen in der Haut und an der Sohle scheiden Schleim aus, auf dem die Schnecke sich mit wellenartigen Bewegungen fortbewegt.

Diese immer hungrigen Weichtiere sind relativ simpel gebaut: auf dem Kopf sitzt ein Fühlerpaar, an dessen Ende die Augen, im Schneckenkörper befinden sich der Eingeweidesack sowie das Atemloch in der Mantelhöhle (Lunge) und als Fortbewegungsorgan dient der Fuß oder die Kriechsohle. Schnecken können, ganz nach Art, ein Gehäuse besitzen oder auch nicht. Obwohl sie Zwitter sind, befruchten sie sich nicht selbst, sondern gegenseitig. Die Eiablage – jedes Tier legt bis zu 400 Eier ab – findet dann in Erdhöhlen oder -ritzen statt. Und den Winter überstehen die vornehmlich erwachsenen Tier gerne im warmen Komposthaufen.

Da Schnecken zu 85 Prozent aus Wasser bestehen und kaum vor Wasserverlust geschützt sind, meiden sie die Tageshitze und agieren dann hauptsächlich in der Nacht, oder eben an feuchten, wolkenverhangenen Tagen.

Die häufigsten Arten

Nacktschnecken
- **Große Wegschnecke oder Rote Wegschnecke (*Arion rufus*)**: Mit bis zu 18 cm größte einheimische Nacktschnecke, dunkelrote bis bräunliche Farbe, grobe runzlige Haut, deutlicher Fußsaum, Mantel mit Atemloch in der vorderen Hälfte; die Eier sind rund bis oval und weiß.

Große Wegschnecke

- **Gartenwegschnecke (*Arion hortensis*)**: 3 bis 5 cm lang, dunkelbraun bis fast schwarz, helle Fußsohle, Schleimspur farblos oder gelb; Atemloch liegt in der vorderen Hälfte des Mantelschilds.
- **Spanische Wegschnecke (*Arion lusitanicus*)**: wurde in den 60er Jahren aus Portugal eingeschleppt und breitet sich seither aus; zunehmend verdrängt sie die einheimischen Nacktschnecken.
- **Große Egelschnecke (*Limax maximus*)**: bis 15 cm lang, hellgrau bis weißlich gefärbt mit seitlichen dunklen Flecken; farbloser Schleim, verursacht nur geringe Schäden.
- **Genetzte Ackerschnecke (*Deroceras reticulatum*)**: 5 bis 6 cm lang, hellgrau bis rotbraune Färbung, darüber liegt eine dunkle netzartige Zeichnung; die Atemöffnung liegt in der hinteren Hälfte des Mantelschilds; durchsichtige Eier.

Genetzte Ackerschnecke

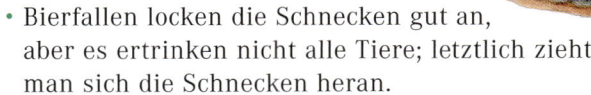

Gartenwegschnecke

Gehäuseschnecken

- **Gartenschnirkelschnecke (*Cepaea hortensis*):** kleine häufige Schnirkelschnecke, Gehäuse bis 16 mm hoch und 20 mm breit, gelblich und dunkel gestreift; die Schnecke hält sich gerne an feuchten Orten, auf Sträuchern und Bäumen auf.
- **Weinbergschnecke (*Helix pomatia*):** gelbbraunes Gehäuse etwa 4 cm breit und hoch; in sonnigen, warmen Gärten.

Wasserschnecken (im Gartenteich)

Schlammschnecken (*Lymnaea* spec.) haben ein lang gestrecktes, kegelförmiges Gehäuse; es gibt sie in unterschiedlichen Formen und Färbungen; sie sind in ruhigem Süßwasser und Tümpeln zu Hause.

Schneckenabwehr – bewährte und zweifelhafte Techniken

Irgendwann reißen auch dem geduldigsten Gärtner die Nerven, wenn wieder alles frisch Gepflanzte im Garten vertilgt ist. Dennoch sind die konventionellen Schneckenabwehrmethoden zu empfehlen; Gifte zerstören nicht nur die Schnecken, sondern zumeist auch andere Tiere, darunter viele Nützlinge.

- Tiere am frühen Morgen oder in der Abenddämmerung einsammeln.
- Tiere anlocken: Schnecken lassen sich mit Orangenschalen, Kartoffelscheiben, Bierfallen, künstlichen Schlafstellen u. a. ködern; im Herbst Eiablagestellen (alte Holzbretter, Dachziegel) anbieten.
- Errichten eines Schneckenzauns, da er die Schnecken dauerhaft abhält; allerdings sind die kleinen Ackerschnecken im Boden versteckt.

- Bierfallen locken die Schnecken gut an, aber es ertrinken nicht alle Tiere; letztlich zieht man sich die Schnecken heran.
- Abwehrmittel wie Kaltauszüge aus Lebermoos, Farnkraut, Efeu, Seifenkraut u. a. sowie Schnecken-Abwehrpasten oder -Gele auf Grundlage natürlicher Fettsäuren sollen eine Barriere darstellen; das kann, aber muss nicht funktionieren.

Weinbergschnecke

- Abwehrpflanzen wie stark riechenden Rosmarin, Lavendel, Oregano oder Thymian schrecken einige Schnecken ab; das gilt nicht für die in den letzten Jahren massiv zugewanderte Spanische Wegschnecke.
- Normaler Kaffee beeinträchtigt die Schnecken nicht, stark überkonzentriert nur wenige Tage.
- Moosextrakte bleiben meist wirkungslos.

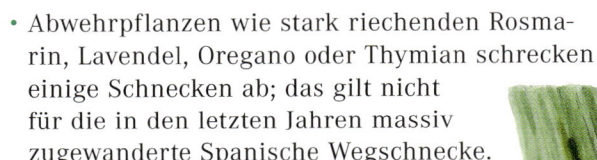

Schneckengifte

- Methiocarb ist ein hochwirksames Nervengift, aber keineswegs harmlos. Es wirkt gut gegen Schnecken, aber auch gegen Nützlinge; außerdem gefährdet es Igel und Haustiere. Experten raten im Hausgarten davon ab.
- Methaldehyd schadet nur den Schnecken. Es bringt ihre Zellkerne zum Platzen und die Schnecke geht unweigerlich zugrunde. Das Mittel schadet keinem anderen Tier und baut sich rasch wieder ab. Bei feuchtem Wetter gelingt es der Schnecke noch, sich zu verstecken, wodurch der Eindruck entstehen kann, das Mittel wirke nicht. Als Schneckenkorn ist es zu empfehlen und sogar im biologischen Anbau zugelassen.
- Eisen-III-Phosphat ist eine natürliche Verbindung, die mit dem Schneckenkorn sehr konzentriert aufgenommen wird und die Verdauungsorgane der Tiere verändert. Die Schnecke versteckt sich und geht ein. Allerdings muss sie mindestens 20 Körner verzehren, was nicht immer gewährleistet ist.

Wirbeltiere

Wirbeltiere sind gekennzeichnet durch ein festes inneres Skelett mit der zentralen Wirbelsäule. Hierzu zählen die Gruppen der Fische, Amphibien, Reptilien, Vögel und Säugetiere.

Als Pflanzenschädlinge treten nur recht wenige Arten auf, die alle zu den Vögeln oder Säugetieren gehören. Allerdings können diese zu einer richtigen Plage werden: allen voran die Wühlmaus, die das Wurzelwerk einer Pflanze mit Stumpf und Stiel abfrisst, so dass nur noch der Stängel übrig bleibt; die Pflanze ist zum Sterben verurteilt. Andere Nager und Vögel richten zwar einigen Verbiss an (an Stämmen, Trieben, Knospen oder direkt an den Früchten), sind aber für die Pflanze nicht lebensbedrohlich. Vögel richten ihren Speiseplan am Angebot aus: Sie treten im Frühjahr als Insektenfresser auf, fressen zu gegebener Zeit Keimlinge, picken Samen oder plündern Obstbäume.

Wirbeltierfamilien mit wichtigen Pflanzenschädlingen

Klasse	Ordnung	mit
Vögel (Aves)	Taubenvögel Sing- oder Sperlingsvögel	Ringeltaube, Felsentaube, Türkentaube Drosseln, Amseln, Meisen, Finken, Spatzen, Stare und Raben
Säugetiere (Mammalia)	Insektenfresser Nagetiere (Rodentia) Hasenartige	Maulwurf Wühlmäuse, Mäuse, Ratten Hasen und Kaninchen

Vorratsschädlinge: Hausmaus & Ratte

Schadbild: Angenagte und angefressene Vorräte, Verunreinigungen durch Kot; zerwühlte Komposthaufen; Mauslöcher beschädigen die Grasnarbe.
Ursache: Hausmaus, Haus- und Wanderratte.
Wirtspflanzen: Alle essbaren Pflanzen, Jungtriebe, Pflanzenzwiebeln, Obst, Nüsse, Gemüsefrüchte.

Hausmaus (*Mus musculus*)

Erkennungsmerkmale: Mausgraues, glattes, feinglänzendes Fell; der nackte Schwanz ist etwa so lang wie der Körper, große Augen, runde Ohrmuscheln, lange Tasthaare.
Biologie: Die Hausmaus als munteres, dämmerungsaktives Nagetier gräbt sich selten in die Erde, sondern lebt meist im Gartenhäuschen oder im Keller. Ein Weibchen wirft 3- bis 8-mal im Jahr jeweils bis zu 12 Junge. Die Hausmäuse leben in Familiengruppen zusammen und verteidigen heftig ihr Revier.

Hausratte (*Rattus rattus*), Wanderratte (*Rattus norvegicus*)

Erkennungsmerkmale: Hausratte mit einfarbigem, mausgrauem Fell und Schwanz, der mindestens so lang wie der Körper ist; mit 24 cm Körperlänge (ohne Schwanz) kleiner als die Wanderratte; Wanderratte mit weißem Bauchfell, kurzen Ohren und deutlich kürzerem Schwanz.
Biologie: Die in Großfamilien oder Rudeln lebenden Ratten meiden das Tageslicht und sind dämmerungsaktiv; 2 bis 7 Würfe pro Jahr mit jeweils 5 bis 20 Jungen.

Vorbeugen und Gegenmaßnahmen: Dichte, tief reichende Zäune und Hecken sowie Drahtmanschetten schützen gefährdete Pflanzen; Schlupfwinkel verstopfen; keine gekochten Speisereste oder Fleisch auf den Kompost geben.

Große Wühlmaus oder Schermaus
(*Arvicola terrestris*)

Schadbild: Fraßschäden und als Folge der Wurzelschäden plötzliche Welke- und Absterbeerscheinungen der Pflanze; Pflanzen fallen um, weil sie keinen Halt mehr haben, Keimlinge verschwinden; junge Obstbäume und Sträucher treiben nach der Blüte nicht weiter; Schäden an den Bäumen nehmen im Winter zu; an der angefressenen Wurzel sind schräge Riefen von den Nagezähnen erkennbar.

Ursache: Große Wühlmaus oder Schermaus (*Arvicola terrestris*).

Erkennungsmerkmale: Bis zu 22 cm lang, Körper walzenförmig, schwarzes, rotbraunes oder braungraues Fell, langer Schwanz, kleine Ohren.

Biologie: Nagetier, tag- und nachtaktiver Einzelgänger, meidet lockeren Boden; Pflanzenfresser (Gräser, Kräuter, Zwiebeln, Wurzeln, Fallobst); Jahre mit Massenvermehrung wechseln mit mageren Jahren ab; Erdbauten mit Vorratskammer, pro Weibchen 2 bis 4 Würfe im Jahr mit jeweils 2 bis 7 Jungen, die sich bereits nach 2 bis 3 Monaten weiter vermehren; Wühlmäuse halten sich gerne in Wassernähe auf.

Wirtspflanzen: Blumenzwiebeln, Stauden, junge Obstbaumwurzeln, Kartoffelknollen, Wurzelgemüse und Rüben, Keimlinge.

Hügel und Gänge: Ca. 25 m lange Gänge in einer Tiefe von 5 bis 30 cm, wenige Seitengänge, ovaler Gangquerschnitt mit fester Decke; Löcher werden schnell repariert; kleine Erdhügel, 3 bis 4 Finger breite Gangöffnung neben dem Erdhaufen, meist verschlossen; kugelförmiges Nest aus trockenen Grashalmen, Vorratskammern.

Form des Ganges

Gangnetz

Lage des Erdhaufens

Wühlmausabwehr –
bewährte und zweifelhafte Techniken

Die Wühlmausvertreibung gelingt am besten im Spätherbst und im Winter, wenn nur wenige Wühlmäuse da sind, und wenn die Nachbarn sich absprechen. Leider werden Wühlmäuse häufig erst dann entdeckt, wenn es zu spät ist. Bei einer Massenvermehrung bleibt nur abzuwarten, bis die Population von alleine zusammenbricht.

Vorbeugen:

- Pflanzen schützen, indem man sie in Drahtkörbe setzt oder die Wurzelballen von Obstbäumen beim Pflanzen mit Maschendraht umhüllt; Obstbäume im Frühjahr pflanzen, so können sie sich bewurzeln, bis im Winter Wühlmäuse einfallen.
- Zugang verleiden: Boden locker halten, Wühlmaus vertreibende Pflanzen rund um die Beete anbauen (Holunder, Hundszunge, Kaiserkrone, Knoblauch, Schwarze Johannisbeere, Steinklee, Wolfsmilch), Wühlmäuse meiden offene Flächen.
- Gangsystem mit Hilfe der Verwühlprobe auf Wühlmaus untersuchen: mehrere Gänge auf einer Strecke von 30 cm öffnen; wenn die Öffnungen nach mehreren Stunden verwühlt sind, bewohnt eine Wühlmaus den Gang.

Sanfte Vertreibungsmethoden:

Duftstoffe und Vergrämungsmittel bringen keinen dauerhaften Erfolg; die Wühlmäuse wandern rasch wieder ein. An technische Raffinessen wie Klappermühlen, Pfeifgeräusche, Infra- oder Ultraschall gewöhnen sich die Wühlmäuse sehr schnell. Bisher gibt es keinen Nachweis für eine dauerhafte Wirkung.

Fallen:

Kaufen Sie nur eine bewährte Falle, die Sie problemlos handhaben können, die die Wühlmaus garantiert sofort tötet, nicht verschleppt werden kann und nicht in einen Maulwurfsgang passt. Zum Aufstellen der Fallen müssen sie den Gang öffnen und den Hauptgang suchen; es kommt je eine Falle nach beiden Seiten. Geeignete Köder sind Äpfel, Möhren, Kartoffeln, Selleriestücke und Ähnliches; Falle mit dem Köder abreiben. Danach den Gang abdecken, wenn noch etwa Licht hineinfällt, kommt die Wühlmaus schneller bei. Giftköder und Begasung sind in Haus- und Kleingärten nicht erlaubt.

Feldhasen, Wildkaninchen

Schadbild: Fraßschäden an allen Pflanzenteilen und Wurzeln, insbesondere Blättern, Knospen, jungen Trieben und auch Rinde. Kaninchen unterwühlen zudem Wege.
Ursache: Hasen, Wildkaninchen.

Feldhase (*Lepus europaeus*)

Erkennungsmerkmale: Körperlänge bis zu 70 cm, Gewicht 4 bis 5 kg; lange Ohrmuscheln (Löffel) mit schwarzen Spitzen; die Löffel überragen nach vorn gezogen die Schnauzenspitze.
Biologie: Feldhasen leben als Einzelgänger auf Äckern und Weiden; sie besitzen keine unterirdischen Bauten, sondern lagern in so genannten Sassen; Hasen sind schnelle und ausdauernde Läufer; die Jungen sind Nestflüchter mit offenen Augen, Zähnen und Fell.

Wildkaninchen (*Oryctolagus cuniculus*)

Erkennungsmerkmale: 2 bis 3 kg Körpergewicht, Körperlänge bis 50 cm; die kurzen Ohrmuscheln (Löffel) überragen nach vorne gezogen die Schnauzenspitze nicht, keine schwarzen Spitzen; wippender, heller Schwanz (Blume).
Biologie: Kaninchenkolonien besiedeln häufig Parkanlagen und Gärten; sie laufen nur über kurze Strecken schnell; die Jungen sind nackte, blinde, zahnlose Nesthocker. Ein Kaninchenpaar kann im Jahr bis 60 Nachkommen haben.

Vorbeugen und Gegenmaßnahmen: Gefährdete Bäume und Pflanzen mit dichten, bis zu 15 cm tief reichenden Zäunen, dornigen Hecken oder Drahtmanschetten schützen. Schlupfwinkel verstopfen; keine Speisereste auf den Kompost geben.

Feldmaus (*Microtus arvalis*)

Schadbild: Fraßschäden an (Jung-)Pflanzen, Pflanzenzwiebeln und Wurzelgemüse; Schäden an allen Pflanzenteilen und an der Rinde; durch das Wühlen lockert sich der Wurzelbereich, die Mauslöcher beschädigen die Grasnarbe.
Erkennungsmerkmale: 10 bis 12 cm lang, kurzer Schwanz, kleine Ohren; graues bis braunes Fell, auf der Bauchseite heller.
Biologie: In Familiengruppen zusammenlebendes tagaktives Tier, das in einem verzweigten Erdbau lebt; bevorzugt offenes Gelände, Pflanzenfresser (grüne Pflanzenteile, Samen, Körner, Rüben, Früchte); 6 Würfe pro Jahr mit jeweils etwa 6 Jungen.
Wirtspflanzen: Alle essbaren Pflanzen und Früchte.
Hügel und Gänge: Mauslöcher, Gänge führen rasch zum Nest, Erde ist rund um das Loch verstreut; zwischen den Mauslöchern verlaufen Wechsel.

Vorbeugen und Gegenmaßnahmen:
siehe Wühlmaus.

Gangnetz

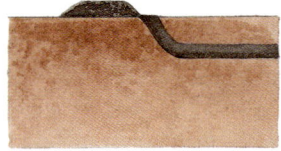

Lage des Erdhaufens

Form des Ganges

Vögel

Vögel passen nicht in das Schema Nützling oder Schädling. Sie sind sowohl das eine als auch das andere (vgl. Pflanzenschutz, Nützlinge Seite 120). Maßnahmen zur Vogelabwehr sollten sich nur auf den saisonalen Schutz der jeweils gefährdeten Pflanzen beschränken.

Rabenvögel, Tauben

Schadbild: Zerhackte Keimlinge, Jungpflanzen, Gemüse.
Ursache: Tauben, Rabenvögel.
Wirtspflanzen: Alle Keimlinge, (Blatt-)Gemüse.

Rabenvögel (*Corvus* spec.)

Erkennungsmerkmale:
- Saatkrähe (*Corvus frugilegus*): blauschwarzes schillerndes Gefieder, Flügel reichen bis zur Schwanzspitze, nackter Schnabelgrund; etwa 46 cm.
- Rabenkrähe (*Corvus corone corone*): stumpfschwarzes Gefieder, Flügel sind kürzer, Schnabelgrund mit Federn.
- Nebelkrähe (Corvus *corone cornix*): aschgraues Gefieder, Kopf, Flügel und Schwanz schwarz; östlich der Elbe.
- Dohle (*Corvus monedula*): grauer Nacken; mit 33 cm kleiner als die Krähen, Flügel bis zur Schwanzspitze.
- Elster (*Pica pica*): bis 46 cm groß, schwarzweißes Gefieder, mit sehr langem, auf und ab wippendem Schwanz.
- Kolkrabe (*Corvus corax*): selten, mit knapp 64 cm der größte Rabenvogel.

Biologie: Eifrige Schneckenfresser; daneben vertilgen sie auch Mäuse, Insekten und Larven; im Gartenbeet Setzlinge; Allesfresser; Saatkrähen und Dohlen brüten in Kolonien; die anderen Rabenvögel einzeln.

Ringeltaube (*Columba palumbus*), Haus- und Felsentaube (*Columba livia*)

Erkennungsmerkmale: 40 cm lang; weißer Streifen im Flügel; beiderseits des Halses weiße Flecken.
Biologie: Ernähren sich von Eicheln, Bucheckern, Beeren und kleinen Schnecken; Nest im Bäumen, im Jahr 2 bis 3 Gelege mit je 2 Eiern.
Arten: Haus- und Felsentaube (*Columba livia*).

Vögel

Vorbeugen und Gegenmaßnahmen:
- Vogelschreckvorrichtungen wie Metallstreifen, knatternde Aluminiumstreifen oder helle, glitzernde Bänder. Nachteil: Mit der Zeit gewöhnen sich die Vögel daran, die abschreckende Wirkung verpufft.
- Vogelscheuchen, Attrappen von Raubvögeln. Nachteil: Verlieren rasch ihre abschreckende Wirkung.
- Engmaschige Netze über dem Obst (Vorsicht, Kleinvögel können sich drin verheddern) bzw. ein Maschendraht über dem Gemüsebeet; gegen Rabenvögel hilft ein im Zickzack über das Beet gespanntes Plastikband – das sind die einzig wirkungsvollen Maßnahmen zum Schutz der Pflanzen (vgl. Pflanzenschutz Seite 154).

Dompfaff oder Gimpel (*Pyrrhula pyrrhula*)

Schadbild: Fraßschäden an Blüten- und Blattknospen von Obstbäumen, -sträuchern und Zierpflanzen.
Ursache: Dompfaff, ferner Haussperling und in der Rheinebene zunehmend wild lebende Alexandersittiche.
Erkennungsmerkmale: Kopf, Flügel, Schwanz schwarz; Männchen mit leuchtend rotem Bauch, Weib. graubraun.
Biologie: Der Dompfaff ernährt sich von Samen, Beeren, Knospen; Paare bleiben sich ihr Leben lang treu, Nestbau in dichten Hecken und Gebüschen.
Wirtspflanzen: Obstbäume, Ziersträucher.

Hausspatz oder -sperling (*Passer domesticus*)

Schadbild: Samen, Körnerfraß an reifem Getreide.
Ursache: Hausspatz und andere Vögel.
Erkennungsmerkmale: Weibchen und Jungtiere unauffällig gräu- bis bräunlich; Männchen mit grauem Scheitel, braunem Nacken, schwarzer Kehle und weißen Wangen.
Biologie: Sehr vielseitiges Nahrungsspektrum, lebhafte Singvögel, geschätziges Tschilpen; die Weibchen brüten bis zu 3-mal pro Jahr, jeweils 4 bis 6 Eier; die Nester liegen in Gebäudenischen und -spalten; die Jungvögel werden mit Raupen und Insekten gefüttert.
Wirtspflanzen: Obst- und Gemüsepflanzen, Getreide, Samen aller Art.

Amsel, Drossel, Star

Schadbild: Angeknabberte, abgeknipste oder zerhackte Früchte, angepicktes reifendes Obst, Verzehr von reifen Kirschen, Trauben und Beeren; die Beschädigungen fördern Pilzinfektionen.
Ursache: Amsel, Drossel, Star.
Wirtspflanzen: Obstbäume und -sträucher, vor allem Kirschen und Weinreben.

Amsel (*Turdus merula*)

Erkennungsmerkmale: Männchen schwarz mit orangegelben Schnabel, Weibchen dunkelbraun mit hellerer Bauchseite.
Biologie: Als Allesfresser ernähren sie sich von Würmern, Insekten, Larven, Tausendfüßern, im Spätsommer und Herbst von Beeren, Früchten und Samen sowie von Abfällen; auf der Nahrungssuche durchwühlen sie den Gartenboden, scharren die Erde aus den Beeten und begünstigen durch das Anpicken der Kirschen einen Pilzbefall; sehr melodischer Gesang; 2 bis 3 Bruten pro Jahr mit jeweils 4 bis 5 Eiern; das Nest liegt in Hecken, Schuppen, auf Bäumen oder Spalieren.

Singdrossel (*Turdus philomelos*)

Erkennungsmerkmale: Größer als ein Star, grauer Kopf, brauner Rücken, heller Bauch und schwarzer Schwanz; der gelbe Schnabel besitzt eine schwarze Spitze.
Biologie: Drosseln brüten in lichten Bäumen; wichtige Nahrung sind Nacktschnecken; zum Schädling werden die Vögel, wenn sie in großen Mengen Kernobst anpicken.

Star (*Sturnus vulgaris*)

Erkennungsmerkmale: 22 cm lang, schwärzlich bis purpur glänzendes Gefieder, weiß getüpfelt, kurzer Schwanz, spitze Flügel; charakteristische Schmatz- und Knacklaute.
Biologie: Finkenvogel mit starkem Kegelschnabel; der gesellige Zugvogel kehrt frühzeitig zurück und besetzt eine Bruthöhle; Ende Mai/Anfang Juni fliegen die ersten noch schlicht grauen Jungstare aus und schließen sich zu Wandergesellschaften zusammen; die Ernährung wechselt von Insekten im Frühjahr zum reifenden Obst im Sommer; Stare fallen scharenweise in die Obstgärten ein und fressen die Früchte von den Bäumen; nachts suchen sie bestimmte Schlafbäume auf; sie bilden große Schwärme mit einigen tausend bis hunderttausenden Vögeln, im Schwarmflug führen alle Stare die gleichen Bewegungen aus.

Einteilung der Vögel nach Nahrung

	Insektenfresser	Körnerfresser	Allesfresser
Nahrung	Insekten, Eier, Larven, Puppen, Sämereien, Obst; einige Arten im Winter auch Körner	reife Körner, Sämereien	Schnecken, Insekten, Regenwürmer, Samen, Keimlinge, Obst
Merkmale	spitzer schlanker Schnabel (Pfriemenschnabel)	kegelförmiger Schnabel	
Beispiele	Meisen, Schwalben, Mauersegler	Finkenvögel wie Grünfink, Stieglitz, Dompfaff, Drossel	Sperling, Amsel, Tauben, Krähen und andere Rabenvögel
Sonstiges	eine Kohlmeise verzehrt im Jahr 1200 g Insekten, darunter Nützlinge und Schädlinge.		zerwühlte Saatbeete, ausgescharrte Keimlinge, abgepickte (gelbe) Blüten (Krokus, Primeln).

Standortbedingte Krankheiten

Blatt und Wurzel

Blattverfärbungen bei Ernährungsstörungen

Schadbild:
- Stickstoffmangel: Die älteren, unteren Blätter verfärben sich von den Blattspitzen ausgehend gelb; kurze, dünne Stängel, die Pflanze bleibt eher klein.
- Phosphormangel: Die älteren, unteren Blätter verfärben sich braun oder rot, die Mittelrippe bleibt grün; auch Stängel, Blattstiele und Adern werden schließlich rötlich; die Blätter fallen von unten her ab.
- Kaliummangel: Die Blätter verfärben sich von den Blattspitzen und -rändern ausgehend gelb und kurz darauf braun (Nekrosen), die Blätter vertrocknen; bei Nadeln rote bis rotbraune Verfärbung der Nadelspitzen.
- Magnesiummangel: Auf den Blättern bilden sich zwischen den Blattnerven gelbe Flecken, später braune Nekrosen, die Blätter fallen vorzeitig ab; bei Nadeln gelbe oder goldene Spitzen.
- Eisenmangel: die jüngeren, oberen Blätter verfärben sich als Ganzes gelbgrün oder gelb (Chlorose), die Blattadern und ihre Verästelungen bleiben grün, so dass ein scharf abgesetztes feines Muster entsteht.
- Manganmangel: die Blätter werden vom Rand her gelbgrün bis gelb, die Hauptader bleibt grün.

Ursachen: Unzureichende Versorgung mit Nährstoffen.

Vorbeugen und Gegenmaßnahmen:
Angemessene Düngung der Pflanzen.

Kalkchlorose

Schadbild: Aufhellung der Blätter (Chlorose), entspricht den Symptomen eines Eisenmangels.
Ursache: Eisenmangel durch hartes, kalkreiches Gießwasser, zu hoher pH-Wert des Wassers.
Besonderes: Sehr häufig in Gegenden mit hartem Leitungswasser.

Vorbeugen und Gegenmaßnahmen: Pflanzen mit weichem, kalkarmen Wasser gießen, eisenhaltiger Dünger.

Trockenheit

Schadbild: Dürre, welke Blattspitzen; bei Nadeln braune Spitzen, Wachstumsstillstand, Knospen fallen ab.
Ursache: Anhaltende Trockenheit.
Besonderes: Immergrüne Sträucher leiden häufig unter Wintertrockenheit; Welken und Dürren können auch auf andere Ursachen zurückgehen; bei plötzlichem Regen können Früchte und Wurzelgemüse reißen oder aufplatzen.

Vorbeugen und Gegenmaßnahmen: Auf ausreichende Wasserversorgung auch in größeren Bodentiefen achten, nach längerer Trockenheit auch im Winter gießen.

Vergiftungen durch Herbizide oder Pflanzenschutzmittel

Schadbild: Verkümmerte junge Triebe und Blätter, verkrümmte Blattstiele; einzelne Pflanzenteile sterben ab.
Ursache: Kontakt mit Herbiziden/Pflanzenschutzmitteln.
Besonderes: Mineralische Dünger können bei unsachgemäßer Anwendung Verätzungen verursachen.

Vorbeugen und Gegenmaßnahmen: Pflanzenschutzmittel nur bei geeigneter Witterung ausbringen, Herbizide vermeiden, Vorschriften und Dosierung beachten.

Knospe und Stängel

Kümmerwuchs durch Bodenprobleme

Schadbild: Kümmerlicher Wuchs, schlechtes Längenwachstum, hohe Anfälligkeit für Krankheiten.
Ursache: Bodenmüdigkeit, Ansammlungen von Krankheitserregern und/oder Nematoden, Nährstoffarmut, Bodenqualität entspricht nicht den Anforderungen der Pflanze.
Besonderes: Zu früh gesäte Pflanzen schießen in die Höhe, bleiben schmal und tragen wenig Blätter.

Vorbeugen und Gegenmaßnahmen: Fruchtfolge einhalten, die Pflanzen umsetzen und angemessen düngen.

Erfrierungen, Frostschäden

Schadbild: Aufgeplatzte Rinde, Triebe vertrocknet, Blätter und Stängel verfärben sich hellgelb bis weiß, später braun; Knospen und Blüten werden unansehlich und braun.
Ursache: Frosteinwirkung, Temperaturschwankungen.
Besonderes: Kalium erhöht die Frostresistenz; mit Stickstoff überdüngte Pflanzen sind anfälliger für Frostschäden.

Vorbeugen: Winterschutz anbringen, empfindliche Pflanzen mit einer wärmespeichernden Folie abdecken; ein weißer Kalkanstrich schützt die Rinde vor Erwärmung.

Bormangel

Schadbild: Triebspitzen sterben ab, verdickte Knospen, verformte Blätter und Früchte, Stängel und Knospen verfärben sich braun bis schwarz; bei Obstbäumen verstärkte Bildung von Seitentrieben wie Hexenbesen; Storchennester bei Nadelbäumen; Herz- und Trockenfäule bei Rüben.
Ursache: Bormangel.
Besonderes: Häufig auf kalkreichen, trockenen Böden.

Vorbeugen und Gegenmaßnahmen:
Regelmäßige Kompostzugabe, borhaltige Dünger.

Blüte und Frucht

Hitzeschaden

Schadbild: Braune, scharf abgegrenzte Flecken auf Blättern und Früchten, Früchte schrumpfen an einer Seite.
Ursache: Direkte Sonneneinstrahlung.

Vorbeugen und Gegenmaßnahmen: Empfindliche Pflanzen vor direkter Sonneneinstrahlung schützen.

Erfrierungen, Frostschäden

Schadbild: Erfrorene, braune Blüten, Erdbeerblüten verfärben sich im Zentrum schwarz, missgebildete und abfallende Früchte, teils Früchte mit verkorkten Rissen.
Ursache: Spätfrost, Kälteeinbruch.
Besonderes: Spätfrost vor allem bei früh blühenden Obstbäumen verheerend.

Vorbeugen: Baumscheibe mulchen; Blüten bei Frostgefahr abdecken.

Aufplatzen der Früchte

Schadbild: Früchte platzen auf, Wurzelgemüse mit Rissen.
Ursache: Temperaturschwankungen, heftiger Regen.

Vorbeugen und Gegenmaßnahmen: Mulchen und auf gleichmäßige Bewässerung achten.

Wenige Früchte, vorzeitiger Fruchtfall

Schadbild: Geringer Fruchtansatz, unzureichende Fruchtbildung, vorzeitiger Fruchtfall.
Ursache: Spätfrost, mangelnde Bestäubung, unzureichende Bewässerung, ungünstige Bodenverhältnisse.
Besonderes: Auf Fremdbestäubung angewiesen sind Apfel, Birne und Kirsche; selbstfruchtbare Sorten sind Aprikose, Pfirsich, Pflaume und Sauerkirsche; bei unzureichender Ernährung (Stickstoff- oder Kaliummangel) oder Wassermangel wirft der Baum die Früchte ab.

Vorbeugen und Gegenmaßnahmen: Fremdbestäubung: einen blühenden Zweig der Vatersorte abschneiden und bei günstigem Wetter für den Insektenflug in die Krone der Muttersorte hängen; selbstfruchtbare Sorten: kräftig schütteln. Regelmäßig wässern und angemessen düngen.

Stippe beim Apfel

Schadbild: Auf der ganzen Frucht bräunliche kleine Flecken, die bis ins darunter liegende Fruchtfleisch reichen.
Ursache: Ernährungsstörungen während der Fruchtreifung, vermutlich unzureichende Kalziumversorgung; unregelmäßige Wasserzufuhr, leichter Boden und übermäßiger Behang begünstigen die Stippe.
Besonderes: Selten auch an Birnen.

Vorbeugen und Gegenmaßnahmen: Regelmäßig wässern und Baumscheibe mulchen, Boden kalken.

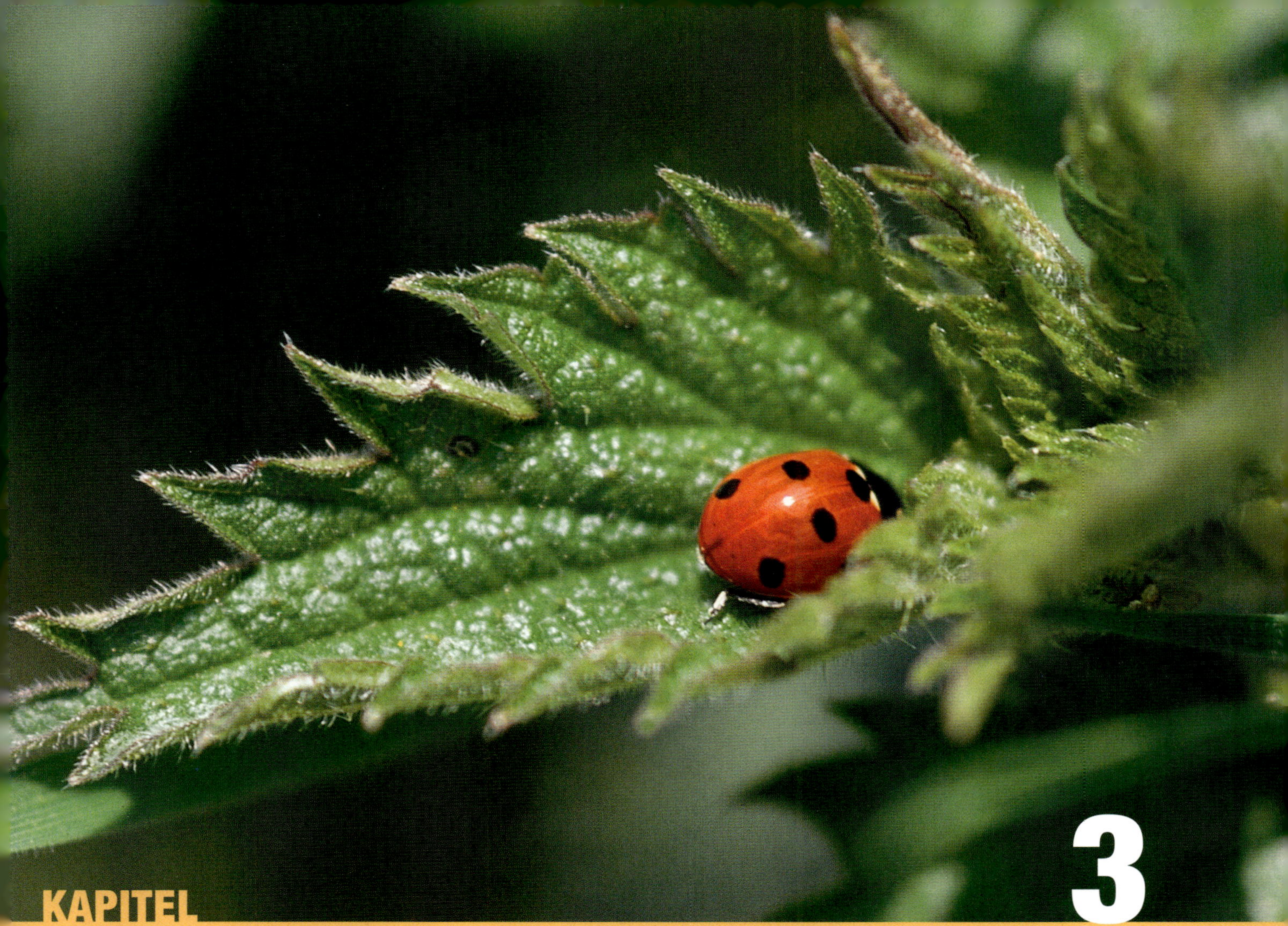

KAPITEL 3

Wissenswertes über Pflanzenschutz

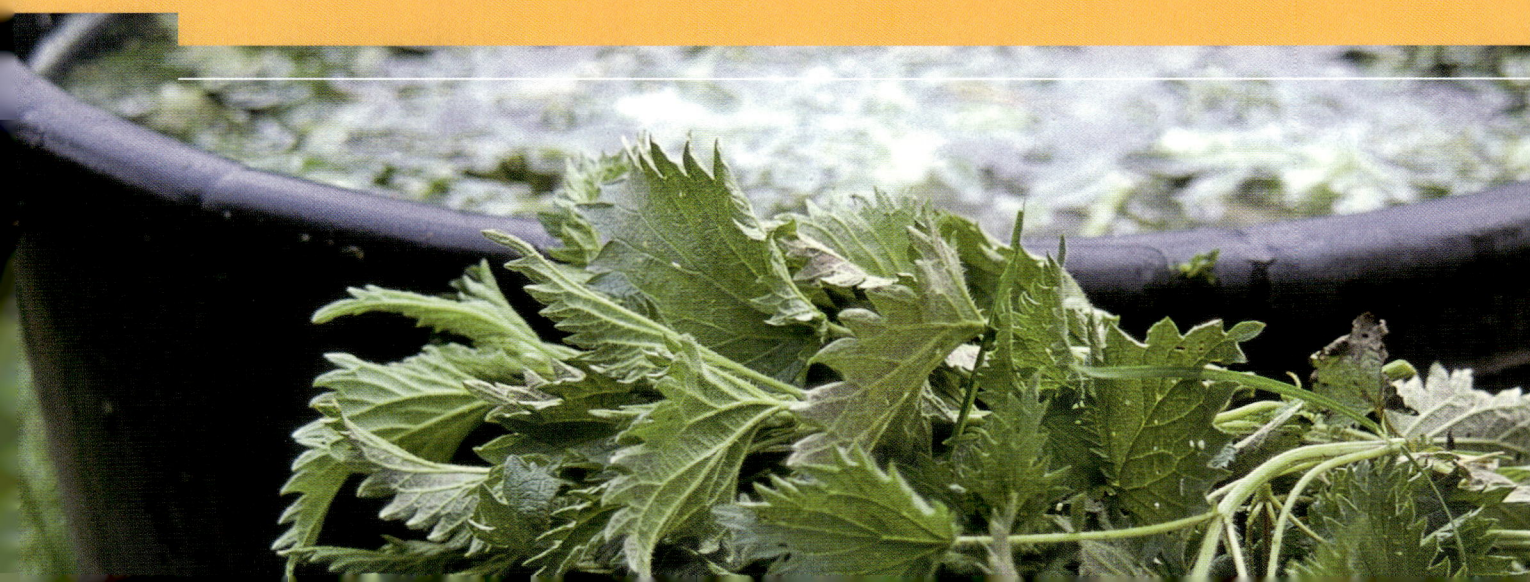

Der Gärtner ist immer der Mörder – oder doch nicht?

Vor nicht allzu langer Zeit war der Böse schnell ausgemacht: Der Gärtner war's, der Haus- und Kleingärtner sowieso. Kaum sieht er eine Blattlaus, da greift er zur chemischen Keule, ganz nach dem Motto »viel hilft viel«. Sicher gibt es noch das eine oder andere Exemplar dieser Spezies, doch zum Glück für Mensch, Tier und Pflanze werden es immer weniger.

Seine Vorfahren waren im Mittelalter vor das hohe kirchliche Gericht geladen – zumindest war der Anwalt dort.

Heute lautet die Zauberformel integrierter Pflanzenschutz. Hinter diesem sperrigen Begriff verbirgt sich eine Kombination vieler Maßnahmen, die letztlich die Gartenpflanzen schützen, den Schaden in Grenzen halten und den Einsatz chemischer Mittel auf das Allernötigste begrenzen sollen. Vorrang haben altbekannte Anbau- und Kulturtechniken, bewährte biologische Mittel und moderne biotechnologische Raffinessen. Viele Tipps und Tricks waren schon unseren Großeltern geläufig: vorbeugen, die Pflanze stärken, Nützlinge fördern, mit der Natur arbeiten und auch einige Schädlinge dulden. Die Chemie kommt erst zum Einsatz, wenn andere Mittel und Methoden nicht greifen, und dann auch nur so wenig wie möglich, aber so viel wie nötig.

übrigens

Kirchenbann und Tierprozesse

753 v. Chr.: Bei einer Prozession in Rom wurde der Gott Robigo um Hilfe gegen die Rostkrankheit am Getreide gebeten, die zu hohen Ernteausfällen und Hungersnöten geführt hatte.

Mittelalter und frühe Neuzeit: Kirchenvertreter führten Prozesse gegen Schädlinge, verurteilten Raupen und Käfer zum Verlassen der Gegend und belegten sie mit dem Kirchenbann. Urkundlich nachgewiesen ist der Prozess von 1320 in Avignon gegen Maikäfer. Die Käfer wurden durch Anschläge auf dem geschädigten Grundstück zum Prozess geladen. Beim Prozess setzte sich ihr Verteidiger für das Recht auf Nahrung ein, worauf ihnen im Urteil ein gekennzeichnetes Feld mit ausreichender Nahrung zur Verfügung gestellt wurde. Auf dieses Grundstück hätten sie sich binnen drei Tagen zurückzuziehen. Zuwiderhandelnde wurden für vogelfrei erklärt.

1733 fand der letzte kirchliche Tierprozess statt, hundert Jahre später (1830) in Dänemark der letzte weltliche Tierprozess.

Unangenehme Gerüche sowohl für die Zwiebel- als auch für die Möhrenfliege.

Vorbeugende Maßnahmen

Anbau und Pflege

Vielfalt im Garten fördern
In einem naturnahen Garten stellt sich ein Gleichgewicht zwischen Schädlingen und Nützlingen ein. Es kommt nur selten zu Massenvermehrungen, und der Schaden hält sich in Grenzen.

Standort, Pflege, Bodenvorbereitung und Düngung beachten
Eine Pflanze am falschen Ort verkümmert, wird anfällig und schwach. Gleiches gilt für eine nicht artgerechte Pflege oder falsche Düngung. Wählen Sie nur Pflanzen aus, die sich am vorgesehenen Ort tatsächlich wohl fühlen.

Sorten, Pflanzen und Saatgut
Wählen Sie widerstandsfähige Sorten aus. Das kann regional sehr unterschiedlich sein. Informationen über resistente Sorten geben der Fachhandel und das Bundessortenamt. Selbstverständlich sollte nur gesundes Saatgut ausgesät und sollten nur kräftig gewachsene Jungpflanzen weiter gezogen werden. Übrigens: Bei Rosen hilft die ADR-Auszeichnung weiter. Die Allgemeine Deutsche Rosenneuheitenprüfung gibt es seit 1957 und umfasst die Überprüfung des Zierwerts und der Widerstandsfähigkeit gegenüber Krankheitserregern und Schädlingen. Damit gekennzeichnete Sorten sind relativ robust.

Aussaat und Pflanztermine
Mit gut gewählten Saat- und Pflanzterminen kann man Spätfröste umgehen und manchem Schädling ausweichen. Frühe Möhrensorten sind im Juni reif, noch bevor die Möhrenfliege kommt; ein Ende Mai gepflanzter Kohl wird nicht mehr von der Kohlfliege befallen.

Pflanzabstand und Pflegeschnitt
Die Pflanze braucht Licht, Wärme und Luft; Sträucher und Baumkronen müssen ausgelichtet werden, Nutz- und Zierpflanzen brauchen Abstand zueinander. Wenn sich feuchte Luft zwischen Stängeln und Blättern staut, siedeln sich bei entsprechender Witterung Grauschimmel- oder Mehltaupilze an. Aus gleichem Grund sollte man nicht zu spät abends gießen, die Pflanzen sollten trocken in die Nacht gehen.

Mit der richtigen Mischung kann vielen Übeln vorgebeugt werden.

Fruchtfolge und Mischkulturen
Viele bodenlebende Schädlinge und Krankheitserreger können ohne ihre Wirtspflanze nur kurze Zeit überleben. Mit einer weit gestellten Fruchtfolge werden sie ausgehungert. In Mischkulturen schützen sich Pflanzen gegenseitig, klassisches Beispiel sind Möhre und Zwiebel. Beide gemeinsam in einem Beet wehren sowohl Zwiebelfliege als auch Möhrenfliege ab.

Hygiene
Der Gärtner verschleppt unbeabsichtigt viele Krankheitskeime, dadurch dass Dauersporen an Gartengeräten und Schuhen hängen. Krankheitserreger und Schädlinge überwintern im Falllaub oder an Fruchtmumien, Unkrautsamen gelangen mit dem Kompost in alle Beete. Durch eine angemessene Hygiene lassen sich Krankheiten frühzeitig eingrenzen und ihre Verbreitung unterbinden.

Nützlinge erkennen, anlocken und fördern

Die bekanntesten Nützlinge im Garten sind Marienkäfer, Flor- und Schwebfliege. Aber auch andere Tierchen helfen dem Gärtner, indem sie sich an Schädlingen gütlich tun. Einige Nützlinge werden gezielt gezüchtet und angesiedelt – sie sind im Fachhandel oder über das Gartencenter erhältlich. Der Erfolg hängt maßgeblich davon ab, dass die Nützlinge bereits in einer frühen Phase des Schädlingsbefalls eingesetzt werden. Sie bewähren sich im Gewächshaus, im Wintergarten und auf der Fensterbank – die Folgenden weniger für den Einsatz im Freiland.

- Florfliegen gegen Blattläuse
- Australischer Marienkäfer gegen Woll- und Schmierläuse
- Nematoden gegen Dickmaulrüssler-Larven
- Räuberische Gallmücken gegen Blattläuse
- Raubmilben gegen Spinnmilben und Thripse
- Schlupfwespen (*Encarsia formosa*) gegen Weiße Fliegen
- Schlupfwespen (*Trichogramma*) gegen Apfelwickler im Obstbaum

Nützlinge im Garten

Amphibien und Reptilien (Amphibia, Reptilia)

Erkennungsmerkmale: Die nachtaktiven Erdkröten (*Bufo bufo*) sind plump, graubraun, mit reichlich Warzen versehen; tagaktive Grasfrösche (*Rana* spec.); Eidechsen sind bis 20 cm lang; die Zauneidechse (*Lacerta agilis*) ist grau bis braun, mit dunklen Flecken an den Seiten, die Mauereidechse (*Lacerta muralis*) ist gräulich braun mit schwarzen Flecken.
Biologie: Kröten und Frösche benötigen ein Laichgewässer.

Nutzen: Sie verzehren Nacktschnecken, Raupen, Insekten und Larven.
Hilfen: Gartenteich als Laichgewässer, Steinmauern an sonnigen, trockenen Plätzen.

Asseln (Isopoda)

Erkennungsmerkmale: Landlebende, bis 1,8 cm lange Krebstiere mit 8 Beinpaaren und langen Fühlern; Asseln atmen durch Kiemen und sind auf eine hohe Luftfeuchtigkeit angewiesen; sie leben versteckt, sind nachtaktiv und wertvolle Laubzersetzer.
Biologie: Die Weibchen haben auf der Unterseite des Körpers eine besondere Brutkammer, in der die Eier und Jungen aufbewahrt werden.
Arten: Mauerassel (*Oniscus asellus*), Kellerassel (*Porcellio scaber*), Rollassel (*Armadillidium vulgare*).

Nutzen: Asseln sind wichtige Humusbildner und tragen wesentlich zur Bodenverbesserung bei.
Hilfen: Versteckmöglichkeiten mit hoher Luftfeuchtigkeit anbieten.

Hundertfüßer (Chilopoda)

Erkennungsmerkmale: Schnelles, räuberisch lebendes Gliedertier mit kräftigen Giftklauen, abgeflachtem Körper und langen Fühlern; an jedem Körpersegment sitzt ein Beinpaar; Hundertfüßer sind keine Schädlinge, sondern larvenfressende Nützlinge; Laien verwechseln Hundertfüßer nicht selten mit Tausendfüßern; letztere sind eher langsame, 2 bis 3 cm lange Pflanzenfresser mit kurzen Fühlern und 2 Beinpaaren an jedem Körpersegment.
Biologie: Die Larven sehen den erwachsenen Tieren ähnlich, besitzen aber noch nicht alle Segmente.

Nutzen: Der nachtaktive Steinläufer (*Lithobius forficatus*) ernährt sich von Insektenlarven, Raupen, Maden, Regenwürmern und anderen Kleintieren.
Hilfen: Versteckmöglichkeiten wie Steine, Mulch oder Holzbretter.

Florfliegen (Chrysopidae)

Erkennungsmerkmale: 1,5 cm große zarte, hellgrüne Flieger; ihre 4 häutigen, länglich ovalen Flügel sind viel länger als der Körper und man erkennt deutlich ihre Netzstruktur. Wegen der auffallend gelben Augen nennt man die Florfliege auch Goldauge. Ihre Larven (Blattlauslöwen) jagen ausschließlich Blattläuse und saugen sie aus. Erwachsene Tiere ernähren sich von Blattläusen, Honigtau und Nektar.
Entwicklung: Das Florfliegen-Weibchen legt die charakteristisch gestielten Eier in der Nähe von Blattlauskolonien ab; insgesamt bis zu 500 Eier pro Weibchen. Es gibt 2 bis 3 Generationen pro Jahr; die Überwinterung erfolgt im Puppenstadium oder als erwachsenes Tier.

Nutzen: Florfliegen und ihre Larven zählen zu den eifrigsten Blattlausvertilgern. Für den gezielten Einsatz im Wintergarten, auf der Fensterbank oder im Gewächshaus gibt es Florfliegenlarven zu kaufen, die man gleichmäßig auf der Pflanze verteilt; ihr Einsatz ist bei warmer, windstiller Witterung auch im Garten möglich.
Hilfen: Wie bei den Marienkäfern müssen Blattläuse in gewissem Umfang als Nahrungsquelle geduldet werden.

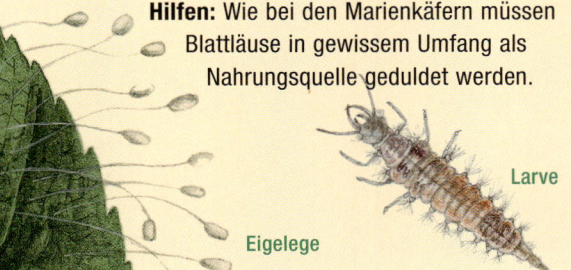

Larve

Eigelege

Gallmücke, räuberische (Itonididae)

Erkennungsmerkmale: Wenige mm große Mücke.
Biologie: Vollkommene Entwicklung, Eiablage in Blattlauskolonien, die Larven ernähren sich von Blattläusen, die sie aussaugen; Verpuppung im Boden, mehrere Generationen.

Nutzen: Neben den pflanzenschädlichen Gallmücken gibt es eine räuberisch lebende Art (*Aphidoletes aphidimyza*), die Blattläuse ansticht und aussaugt; sie legen ihre Eier in Blattlausnähe ab; die schlüpfenden Larven ernähren sich ausschließlich von Blattläusen; ein Weibchen legt 100 Eier ab, jede Larve vertilgt 50 Blattläuse; zur biologischen Abwehr sind Gallmückenpuppen erhältlich.
Hilfen: Blattläuse in geringer Zahl als Lockmittel dulden.

Igel (*Erinaceus europaeus*)

Erkennungsmerkmale: Bis zu 30 cm großes Stacheltier mit langer, spitz zulaufender Nase und scharfen spitze Zähnen.
Biologie: In einem Nest im Gebüsch kommen zwischen 7 bis 10 Junge zur Welt; überwintert in Winterschlaf.

Nutzen: Vertilgt als Insektenfresser Insekten aller Art, Larven und Puppen, Schnecken, Würmer sowie reifes Obst.
Hilfen: Geeignete Verstecke anbieten, Ast- und Laubhaufen liegen lassen, Hecken und Gebüsche pflanzen.

Käfer, räuberische (Coleoptera)

Erkennungsmerkmale: Die Laufkäfer (Carabidae) sind schlanke Käfer mit kräftigen, langen Laufbeinen und in schillernden Farben, einige Arten werden sogar bis 4 cm lang; die schmalen und länglichen Weichkäfer (Cantharidae) haben keinen so harten Chitinkörper wie andere Käfer, ihre Flügel sind pergamentartig, die Larven sind dicht behaart; bodenlebende Kurzflügler (Staphylinidae) mit stark verkürzten Vorderflügeln, rund 200 Arten.
Biologie: Vollkommene Entwicklung mit den Stadien Ei, Larve, Puppe, Käfer; Laufkäfer überwintern nicht selten in Kellern, Eiablage in Erdhöhlen.

Nutzen: Die meisten großen Käferarten und ihre Larven ernähren sich räuberisch von Insekteneiern, Larven, Raupen und Schnecken, Weichkäfer saugen Nektar, aber auch Blattläuse, Raupen und Milben aus.
Hilfen: Feuchtschattige Unterschlupfmöglichkeiten anbieten.

Marienkäfer und -larven (Coccinellidae)

Erkennungsmerkmale: Diese kleinen, halbkugelförmigen hübschen Käfer gelten gemeinhin als Glücksbringer. Es gibt rund 80 heimische Arten aus der Ordnung der Deckflügler; rote, gelbe, braune und orangefarbene Formen, mit unterschiedlich vielen Punkten, große und kleine. Die rote Signalfarbe kennzeichnet die Marienkäfer als wenig schmackhaft für ihre Feinde. Bei Gefahr ziehen die Käfer Fühler und Beine unter den Körper und stellen sich tot. Die grauen bis graugelben Marienkäferlarven sind weniger bekannt und werden häufig für Schädlinge gehalten.

Entwicklung: Marienkäfer werden etwa 1 Jahr alt. Der Käfer überwintert. Im Frühjahr und im Sommer legen die Weibchen ihre gelblichen Eier in der Nähe von Blattlauskolonien ab. Die Larven beginnen sofort zu fressen. In warmen Sommern entstehen pro Jahr bis zu 3 Käfergenerationen. Übrigens: Die Anzahl der Punkte hat nichts mit dem Alter des Käfers zu tun; sie kennzeichnen lediglich verschiedene Marienkäfer-Arten.

Siebenpunkt

Propyleaquatuordecimpunctata

Nutzen: Sowohl Larve als auch der fertige Käfer sind eifrige Blattlausjäger. Eine Larve vertilgt in den ersten 2 bis 3 Wochen bis zur Verpuppung rund 400 Blattläuse; der Käfer schafft rund 50 Schädlinge am Tag. Kleinere Marienkäfer-Arten stellen Spinnmilben nach, andere fressen die Geflechte der Mehltaupilze; eine auf Schildläuse spezialisierte Art legt ihre Eier einzeln unter deren Schilde.

Hilfen: Marienkäfer gibt es dort, wo Blattläuse sind. Der Gärtner muss einige Kolonien dulden, wenn sich ein natürliches Gleichgewicht einstellen soll. Besonders heikel ist die Austriebsspritzung; trifft sie überwinternde Käfer, dann fehlt die erste Generation im Frühjahr. Überleben die Käfer, dann finden sie keine Blattlauskolonien mehr für die Eiablage bzw. ihre Larven verhungern mangels Blattläusen. Marienkäfer überwintern gerne an kühlen Stellen im Haus. Der Australische Marienkäfer, der mit Vorliebe Woll- und Schmierläuse verspeist, überlebt allerdings nur in geschlossenen Räumen.

Larve

Maulwurf (*Talpa europaea*)

Erkennungsmerkmale: Bis 17 cm lang, Körper walzenförmig mit spitzer Schnauze, samtartiges Fell, Vorderpfoten zu Grabschaufeln umgebildet mit langen Krallen; kurzer Schwanz; keilförmiger Kopf mit Rüssel, Augen tief im Fell verborgen, keine Ohrmuscheln.

Biologie: Tag- und nachtaktiver Einzelgänger mit großem Revier; gerne auch in lockeren, nährstoffreichen Böden; der räuberische Allesfresser verzehrt pro Tag 80 bis 100 Gramm Insekten, Würmer, Larven und ähnliches Getier; er hält keinen Winterschlaf; sein Gangsystem ist weit verzweigt mit Wohnkessel, mehreren Vorratskammern, Lauf- und Jagdgängen.

Hügel und Gänge: Sehr lange Gänge mit zahlreichen, teils blind endenden Seitengängen; runder Gangquerschnitt mit weicher Decke; im Winter tiefere Gänge; auffällige halbkugelige Erdhügel liegen kettenartig in einer Reihe, in der Mitte des Hügels eine 2 bis 3 Finger breite Gangöffnung.

Besonderes: Der Maulwurf ist als Insektenfresser mit Fledermäusen und dem Igel verwandt. Der Maulwurf steht unter Naturschutz!

Nematoden (Nematoda)

Erkennungsmerkmale und Biologie: Nematoden, siehe Seite 104.

Nutzen: Die Älchen dringen über die Atemöffnung in die Dickmaulrüsslerlarven ein und töten sie innerhalb weniger Tage ab, danach befallen sie weitere Larven; befallene Puppen des Dickmaulrüsslers verfärben sich rötlich; sehr erfolgreich beim Einsatz in Kübelpflanzen, allerdings muss der Boden ausreichend feucht und warm sein; ideal im Mai und August/September; ferner Nematoden gegen Trauermückenlarven, kleine Nacktschnecken.

Besonderes: Nematoden aus dem Fachhandel werden in einer Dauerform geliefert, die in der Gießkanne mit Wasser angesetzt und auf dem feuchten Boden verteilt wird.

Zweipunkt

Ohrwurm (*Forficula auricularia*)

Erkennungsmerkmale: Flügelloses, urtümlich aussehendes, nachtaktives Insekt, bis 23 mm lang, am Hinterende eine Zange.
Biologie: Nachtaktiv, lebt gesellig; Eiablage in einer unterirdischen Kammer, das Weibchen betreibt Brutpflege und wird schließlich von den Larven gefressen.

Nutzen: Ohrwürmer verzehren als Allesfresser Moose, Blattläuse, Gelege, Insekteneier, Algen, schädliche Pilze, Blüten und Früchte; als Blattlaus- und Larvenfresser auch ein Nützling.
Wirtspflanzen: Fraßschäden an Zierpflanzen wie Clematis, Dahlien, Chrysanthemen.

Raubmilben (Cheyletiellidae)

Erkennungsmerkmale: Orangerote, recht bewegliche Winzlinge mit knapp 1/2 mm Länge, ähnlich wie pflanzenschädliche Milben; sie gehören zu den Spinnentieren und besitzen 4 Beinpaare.
Entwicklung: Milben, siehe Seite 107.

Nutzen: Raubmilben jagen vor allem Spinnmilben und Thripse und saugen sie und deren Eier aus; eine Raubmilbe verzehrt pro Tag 5 ausgewachsene Spinnmilben, 20 Eier oder 20 Jungmilben; die nur 0,6 mm kleinen Tiere stellen hohe Ansprüche an Temperatur und Luftfeuchtigkeit.
Hilfen: Raubmilben werden gezüchtet, Einsatz in Gewächshäusern.

Raupenfliegen (Tachinidae)

Erkennungsmerkmale: Bis 15 mm groß, sehr ähnlich den Stubenfliegen; die Fliegen leben von Honigtau und Nektar, häufig auf Doldenblüten.
Entwicklung: Die Weibchen legen ihre Eier direkt in eine Schmetterlingsraupe oder in deren Nähe und werden von der Raupe gefressen; die Larvenentwicklung erfolgt innerhalb der Raupe, die schließlich stirbt.

Nutzen: Die rund 600 einheimischen Raupenfliegen sind die natürlichen Gegenspieler vieler Schädlinge, vor allem Schmetterlingsraupen.
Hilfen: Nektarhaltige Pflanzen und Doldenblüter pflanzen.

tipp

Regenwurm – Freund des Gärtners
Regenwürmer leben tagsüber eingegraben im Boden und weiden nachts die Bakterien- und Algenrasen an der Oberfläche ab. Dabei verschlingen sie auch verrottende Stoffe und Erde. Blätter ziehen sie in die Wohnröhren, wo sie erst weich werden müssen. Im Magen und Darm des Regenwurms vermengt sich organische Substanz mit anorganischen Mineralteilchen und bildet die stabilen Ton-Humus-Komplexe. Unverdauliches scheiden die Würmer an der Bodenoberfläche als turmartiges, mit Bakterien angereichertes Kothäufchen aus. Auf der Nahrungssuche durchwühlen und belüften sie den Boden bis in 2 m Tiefe; dabei lockern sie den Boden und schichten ihn um. Die mit Schleimstoffen stabilisierten Gänge bilden Luft- und Wasserkanäle und werden auch gerne von Pflanzenwurzeln auf ihrem Weg in die Tiefe benutzt. Ihre Rolle in der Humusbildung lässt sich kaum überschätzen. Auf 1 m^2 setzen die Regenwürmer in einem Jahr etwa 8 Kilogramm Erde und Rohhumus um zu wertvollem Wurmhumus.

Schwebfliegen (Syrphidae)

Erkennungsmerkmale: Das erwachsene Tier sieht aus wie eine Wespe ohne Taille, ist aber eine Fliege und völlig harmlos. Sie schwirrt schnell und lautlos im Zickzack und kann in der Luft stehen bleiben. Erwachsene Tiere ernähren sich von Nektar und Pollen, die lebhaft gefärbten Larven von Blattläusen.
Entwicklung: Schwebfliegen haben pro Jahr bis zu 5 Generationen. Die Weibchen überwintern, legen frühzeitig ihre Eier ab, und schon nach wenigen Tagen schlüpfen die Larven.

Larve

Nutzen: Die Larven gehören zu den erfolgreichsten Blattlausvertilgern, sie verzehren außerdem Blutläuse, kleine Raupen, Larven und Spinnmilben. Tagsüber sitzen sie versteckt auf den Blattunterseiten, nachts gehen sie auf Jagd. Eine größere Larve kann pro Nacht bis zu 100 Blattläuse aussaugen.
Hilfen: Schwebfliegen lassen sich mit Doldenblütlern, etwa wilde Möhren, Dill, blühenden Kräutern und gelben Korbblütlern anlocken.

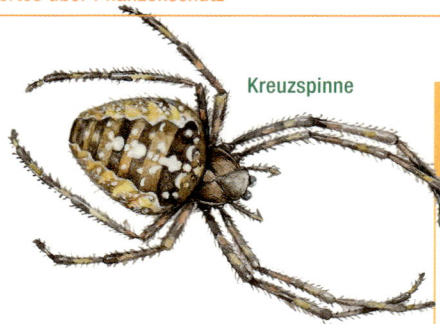

Kreuzspinne

Spinnentiere
Weberknechte (Opiliones) und Spinnen (Aranae)

Erkennungsmerkmale: Weberknechte und Spinnen besitzen 4 Beinpaare und einen in 2 Teile gegliederten Körper; Vorder- und Hinterkörper sind bei Spinnen durch eine Taille deutlich abgesetzt, nicht bei Weberknechten.
Entwicklung: Zum Teil Eikokon, Brutpflege und -fürsorge.
Arten: Gartenkreuzspinne (*Araneus diadematus*) mit Radnetz, getarnte Krabbenspinnen sitzen in Blüten und lauern Insekten auf, die 5 bis 7 mm kleine Zebraspringspinne (*Salticus scenicus*) überwältigt ihre Beute im Sprung.

Nutzen: Sie leben räuberisch von Insekten aller Art; die Beute wird mit Gift gelähmt oder getötet und ausgesaugt.
Hilfen: Am Leben lassen.

Schlupfwespen (Ichneumonidae)

Erkennungsmerkmale: 2 bis 3 mm lange Hautflügler, ähnlich den Wespen, meist dunkel, Weibchen mit langem Legestachel.
Entwicklung: Die nur 0,6 mm großen, schlanken schwarzen Tiere sind ohne Lupe kaum zu sehen; die Weibchen stechen mit ihrem Legebohrer den Wirt an und legen ein oder mehrere Eier hinein – 1 Weibchen kann 50 Larven parasitieren; die Larvenentwicklung erfolgt im Wirt; befallene Larven färben sich schwarz, und nach 2 bis 3 Wochen schlüpfen die Wespen.

Nutzen: Etwa 300 Schlupfwespen-Arten schmarotzen an Insekten, insbesondere an Schmetterlingsraupen.
- Blattlaus-Schlupfwespen (Aphidiidae) legen ihre Eier in Blattläuse, befallene Blattläuse sind starr und kugelig aufgeblasen.
- Brackwespen (Braconidae) legen mehrere Eier in junge Kohlweißlingsraupen, zur Verpuppung kommen alle Larven heraus, hängen sich an die Raupe und spinnen einen gemeinsamen gelben Verpuppungskokon.
- Die bis 5 mm großen Erz- und Zehrwespen (Chalcidoidea) parasitieren auf Insekten.
- bestimmte Schlupfwespen haben sich auf Apfelwickler spezialisiert.
- Schlupfwespen (*Encarsia formosa*) gehen gegen die Weiße Fliegen vor.
Hilfen: Nektar- und saftreiche Nahrungspflanzen anbieten; einige Larven überwintern in Blattlausmumien.

Spitzmaus (*Crocidura* spec.)

Erkennungsmerkmale: Ca. 10 cm lang; lange, spitz zulaufende Nase und scharfe, spitze Zähne; der Schwanz ist 4 bis 5 cm lang und nur spärlich behaart; bäunliches, dichtes, kurzes Fell; sehr lebhafte Tiere.
Entwicklung: Nistet in Erdlöchern von Nagern, 2 bis 4 Würfe pro Jahr, kein Winterschlaf.

Nutzen: Vertilgen als Insektenfresser Insekten, Larven und Puppen, Schnecken, Würmer sowie reifes Obst.
Hilfen: Geeignete Verstecke anbieten, Ast- und Laubhaufen liegen lassen, Hecken und Gebüsche pflanzen.

Vögel (Aves)

siehe auch Seite 113.
Erkennungsmerkmale: Insektenfressende Vögel besitzen einen spitzen, schlanken Schnabel (Pfriemenschnabel), z. B. Meisen, Schwalben, Mauersegler; die Allesfresser wie Amsel oder Sperling verzehren Schnecken, Larven u. a.
Entwicklung: Vögel passen ihre Ernährung dem Angebot an, die Insektenfresser verzehren auch Obst, Sämereien und sogar Körner.

Nutzen: Eine Kohlmeise verzehrt im Jahr 1200 g Insekten, allerdings unterscheidet sie nicht zwischen Nutz- und Schadinsekten.
Hilfen: Siehe rechts.

Wanzen, räuberische (Heteroptera)

Erkennungsmerkmale: Wanzen tragen ihre Flügel flach auf dem Rücken, die Vorderflügel sind im vorderen Teil verdickt, im hinteren Teil häutig, beide Hinterflügel häutig; die Tiere sind häufig bunt.

Entwicklung: Die aus dem Ei geschlüpfte Larve häutet sich mehrmals und wird der erwachsenen Wanze immer ähnlicher.

Arten: Raubwanzen, Sichelwanzen, Blumenwanzen, Weichwanzen.

Nutzen: Ihre Larven und die ausgewachsenen Wanzen stechen ihre Beute an, injizieren ein lähmendes Gift und saugen sie aus; bevorzugte Beute sind Blatt- und Schildläuse sowie Raupen, Spinnmilben und andere Pflanzensaftsauger.

Hilfen: Nicht unnötigerweise abwehren, Vorsicht bei Pflanzenschutzmitteln.

Hilfen für Insekten und Vögel

Das hilft Insekten

- Verstecke und Nischen, wie z. B. Altholz- und Reisighaufen, Mauerspalten, Holzblock oder Nisthölzer aus Buche oder Eiche mit vorgebohrten Holzgängen (Ø 2 bis 10 mm, Länge 2 bis 10 cm) anbieten bzw. erhalten; bevorzugt in windgeschützter, sonniger Lage; umgestülpter Blumentopf, der zu 2/3 mit Moos oder Holzwolle gefüllt ist; Untersaaten.
- Insektenfreundliche Pflanzen wie Ampfer, Bartblume, Blaukissen, Brennnessel, Distel, Dost, Fetthenne, Flockenblume, Herbstaster, Judastaler, Klee, Lavendel, Phlox, Platterbse, Steinkraut, Taubnessel, Thymian, Veilchen, Wegerich, Wicke, Wiesenschaumkraut, Wilde Möhre anpflanzen.
- Insektenfreundliche Sträucher wie Brombeere, Feldahorn, Himbeere, Lindensträucher, Ginster, Schwarzdorn, Sommerflieder, Vogelbeere, Weide, Weißdorn anpflanzen.

Sie stellen Wohnraum zur Verfügung, und Ihre Gäste helfen bei der Vertilgung von Schädlingen.

Das hilft Vögeln

- Frei schwebende, an einem Ast aufgehängte Nistkästen aus unbehandeltem Holz oder Holzbeton mit einem nach Süden oder Südosten ausgerichteten Einflugloch; die Kästen im Herbst reinigen.
- Vogeltränken aufstellen.
- Falllaub liegen lassen, da es Lebensraum für zahlreiche Kleinlebewesen und Insekten bietet, die wiederum eine wichtige Futterquelle für Vögel sind; geeignete Winterfütterung bei Frost, geschlossener Schneedecke, Glatteis und Raureif; Futterstelle trocken und sauber halten: Früchte tragende Sträucher bieten Nahrung, Schutz und Nistgelegenheit.
- Vogelfreundliche Sträucher (Beerensträucher) wie Brombeere, Eibe, Feldahorn, Haselnuss, Holunder, Schwarz- und Weißdorn, Schneeball, Wacholder anpflanzen.

Hilfreiche Kleinstlebewesen

Bacillus thuringiensis
gegen Schmetterlingsraupen

Kann im Obst- und Gartenbau eingesetzt werden. Die Raupen nehmen die Bakterien mit dem Köder auf; die Bakterien zerstören die Darmzellen der Raupen, die nach rund 24 Stunden aufhören zu fressen und absterben. Ferner helfen *Bacillus-thuringiensis*-Stämme gegen die Larven von Stechmücken und Kriebelmücken.

Apfelwickler-Granulosevirus
gegen Obstmade/Apfelwickler

Die Larven nehmen das Virus mit dem Köder auf, es kommt zur inneren Auflösung, der Schädling stirbt ab; ein geringer Anfangsbefall der Früchte muss in Kauf genommen werden.

Pflanzen stärken, Schädlinge fern halten

Pflanzenstärkungsmittel

Diese Mittel erhöhen die Widerstandskraft von Pflanzen gegenüber Schädlingen und Pflanzenkrankheiten. Neben den unten aufgeführten Mitteln werden weiter angeboten: ätherische Öle, Huminsäuren, energetisch angereicherte Stoffe, Pilze, Wachse, Molke, Pflanzenhormone und andere. Die Dosierung und Häufigkeit der Anwendung erfolgen nach den Herstellerangaben.

Pflanzen, die vor Schädlingen schützen

Erfahrene Gärtner kennen Pflanzen, die Schädlinge und Krankheitserreger fern halten. Lavendel im Rosenbeet oder Kapuzinerkresse unter Kirschbäumen als Schutz vor Blattläusen sind klassische Beispiele. Studentenblumen (*Tagetes*) locken Nematoden an und vergiften sie.

Folgende Schädlinge reagieren auf:

Ameisen:	Lavendel, Farnkraut
Erdflöhe:	Pfefferminze, Salat
Kohlweißling:	Gewürze wie Pfefferminze, Salbei, Thymian
(Blatt-)Läuse:	Kapuzinerkresse, Lavendel, rote Margeriten
Möhrenfliege:	Salbei, Zwiebel
Nematoden:	Ringelblume, Studentenblumen/Tagetes
Schnecken:	Senf, Thymian, Ysop, Salbei, Knoblauch
Wühlmäuse:	Hundszunge, Knoblauch, Kaiserkrone, Steinklee, Wolfsmilch

Folgende Krankheiten reagieren auf:

Grauschimmel:	Knoblauch
Johannisbeerrost:	Schnittlauch, Wermut
Mehltau:	Knoblauch, Schnittlauch
Monilia-Fruchtfäule:	Meerrettich
Säulenrost:	Wermut

Pflanzenstärkungsmittel

	Eigenschaften	Anwendung
Algenextrakte	Extrakte aus Grün- und Braunalgen, reich an organischen Stoffen, Mineralstoffen und Spurenelementen.	Wachstumsfördernde Wirkung, erhöht die Widerstandsfähigkeit der Pflanze gegen Schädlinge.
Gesteinsmehle	Reich an Spurenelementen, festigt das Pflanzengewebe.	Bodenverbesserungsmittel (siliziumreiches Gesteinsmehl auf kalkhaltige Böden, kalkhaltige Mehle auf sauren Böden), Kompostbeigabe, Stäubemittel zur Vorbeugung gegen Pilzkrankheiten und Fraßinsekten.
Homöopathika	Zahlreiche Ausgangsstoffe pflanzlicher und tierischer Herkunft sowie anorganische Stoffe in homöopathischer Dosis.	Vorbeugung, Stärkung der Pflanze.
Pflanzenextrakte	Enthalten häufig bewährte Kräuter wie Brennnessel, Schachtelhalm, Farnkraut, Knoblauch u. a.	Vorbeugung, Stärkung der Pflanze, vermindert Schädlingsbefall.

Pflanzen, die sich gegenseitig schützen

zwei Nachbarpflanzen	schützen sich vor
Kopfsalat oder Möhren und Radieschen	Erdflöhe
Karotten und Zwiebel	Zwiebelfliege, Möhrenfliege
Kohl und Tomaten	Kohlfliege, Kohlweißlingraupe
Kohl und Kapuzinerkresse	Großer Kohlweißling
Schnittsellerie und Kohl	Erdflöhe, Raupen
Bohnen und Bohnenkraut	Blattläuse
Kapuzinerkresse unter Obstgehölzen	Blattläuse
Erdbeeren und Senf oder Tagetes, Ringelblume, Knoblauch	Nematoden

Pflanzen, die nebeneinander gepflanzt Schädlinge und Krankheiten fördern

zwei Nachbarpflanzen	fördern Schädling oder Krankheit
Bohnen und Gurken	Fusarium-Fuß-und-Welkekrankheit
Kohlarten und Rettich	Kohlhernie, Kohlgallenrüssler
Kohlarten und Tomaten	Kartoffelnematoden
Spinat und Bohnen oder Gurken	Bohnenfliege
Salat und Gurken	Sclerotiniafäule und -welke

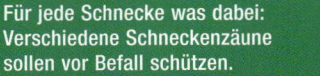

Für jede Schnecke was dabei: Verschiedene Schneckenzäune sollen vor Befall schützen.

tipp

Übrigens: Vorsicht, wenn Sie Wacholder und einen Birnbaum im Garten haben: Wacholder ist Zwischenwirt für den Birnengitterrostpilz. Wählen Sie auf jeden Fall eine resistente Sorte.

Zäune, Mulchmaterial, Kohlkragen

Mechanische Hürden halten viele Schädlinge fern; so schützen Schneckenzäune Keimlingspflanzen vor zuwandernden Nacktschnecken, Papierkragen um den Kohl halten die Kohlfliege vom Stängel fern, bunt flatternde Staniolstreifen irritieren Vögel und Sägemehl als Mulch schützt Erdbeeren.

Schützende Maßnahmen ohne Chemie

Ködern, fangen, Fallen stellen

Im Hobbygarten lassen sich die Schädlinge noch mit der Hand absammeln oder mit einfachen Mitteln ködern und somit der Befallsdruck verringern. Die wenigen übrig gebliebenen Schädlinge dienen den Nützlingen als Nahrung. In der folgenden Tabelle ist aufgelistet, wann und wie sie den häufigsten Schädlingen beikommen.

Fallen und Köder

	wann?	wie?
Überwinternde Schädlinge an Obstbäumen	Immer, vor allem wenn im Vorjahr größere Probleme und Schäden aufgetreten sind.	Äste kontrollieren; die Schädlinge überwintern als erwachsenes Tier, als Larve, Puppe oder Ei an oder unter den Bäumen; im Winter lassen sich mit etwas Übung diese Stadien gut finden und entfernen.
Bodenschädlinge	Wenn bei der Bodenbearbeitung Schädlinge gefunden werden oder Fraßschäden an den Wurzeln auftreten.	Köder oder Fallen werden so aufgestellt, dass sich die Tiere darin sammeln oder verfangen und abgesammelt werden können.
Fraß- und Saugschädlinge an Blättern und Stängel	Frühmorgens und/oder abends, wenn die Tiere am aktivsten sind.	Schädlinge wiederholt mit einem scharfen kalten Wasserstrahl abspritzen, hartnäckige Tiere und Gespinste mit 45 °C warmem Wasser abspritzen; Tiere mit einem Pinsel abstreifen, abbürsten, einsammeln; auf Blattunterseiten achten.
Fanggürtel und Leimringe gegen wandernde Schadinsekten	Leimringe gegen Frostspanner von September bis Dezember/Januar; Fanggürtel gegen Apfelblütenstecher vor März/April, gegen Obstmaden Ende Mai.	10 cm breite Ringe in etwa 1 m Höhe rings um den Baumstamm und benachbarte Holzpfähle anbringen; die Ringe müssen dicht anliegen; für einen Fanggürtel ein 10 bis 20 cm breites Stück Wellpappe einmal falten und mit der Falzkante nach oben fest an den Baum binden; die Larven kriechen auf dem Weg zur Baumkrone in den Zwischenraum der beiden Wellpappenhälften oder in die Rillen; zum Schutz vor Regen mit wasserdichter Folie überziehen.
Farbtafeln	Abhängig von der Flugzeit der abzufangenden Schadinsekten.	Farbige, mit Leim bestrichene Tafeln werden in den Baum gehängt und locken die Weibchen zur Eiablage an. Bewährte Farbtafeln: orange für Möhrenfliege, weiß für Apfel- und Pflaumensägewespe sowie Himbeerkäfer, rot für Borkenkäfer, blau für Thripse, gelb für sehr viele Schadinsekten, z. B. Blattläuse, Weiße Fliegen, Thrips, Trauermücken, Minierfliegen, Kirschfruchtfliegen u. a. Übrigens: Weil viele Nützlinge und Schmetterlinge auf Gelb ansprechen, sollten Gelbfallen nie länger als notwendig im Garten verbleiben.
Kalkanstrich an Bäumen	Ein Kalkanstrich im Januar und Februar schützt Obstbäume vor Rindenrissen als Folge der starken Temperaturschwankungen zwischen sonnigen Tagen und frostigen Nächten.	Stämme und dicke Äste werden auf der Südseite mit einer weißen Farbe entweder aus dem Fachhandel oder Kalkbrühe eingestrichen. Kalkbrühe: Wasser und gelöschter Kalt im Verhältnis 4:1 mischen (10 Liter Wasser, 2,5 kg Kalk); etwas Tapetenkleister erhöht die Haftfähigkeit der Brühe.

Beispiele

Obstbaumspinnmilbe, Blattläuse und Frostspanner überwintern als Ei; Fruchtschalenwickler als Larven; Miniermotten als Puppen; Apfelrostmilben als erwachsene Tiere; Johannisbeergallmilben in vergrößerten Knospen.

Ebenerdig eingegrabene Dosen für Maulwurfsgrillen; Bierfallen für Schnecken; ausgehöhlte Kartoffelstücke oder Möhren, in 5 bis 10 cm Tiefe vergraben, locken Drahtwürmer, Engerlinge, Dickmaulrüsslerlarven an; Tagesverstecke anbieten, z. B. angefeuchteten Tontopf oder Holzbretter.

Raupen, Larven, Maden, Puppen, Gespinste, Gallen, Blattkäfer; Rüsselkäfer spürt man in der Dunkelheit mit einer Taschenlampe auf; stark befallene Pflanzenteile entfernen. Übrigens: Behaarte Raupen nicht mit der Hand anfassen; sie können allergische Reaktionen auslösen.

Fanggürtel bieten vielen Insektenarten Unterschlupf; gegen Apfelblütenstecher, Obstmaden, Frostspanner und Ameisenbesuch bei Blattläusen.

Kirschfruchtfliegen fängt man mit einem fluoreszierenden Gelb als Lockfarbe; die Fliegen bleiben an der Folie kleben, die Eiablage wird verhindert; 2 bis 8 Fallen auf der Südseite des Kirschbaums anbringen, wenn die Farbe der Kirschen von grün zu gelb wechselt.

Fanggürtel (links) und Farbtafeln (rechts) helfen gegen mobile Schadinsekten.

Ein Kalkanstrich schützt bei starken Temperaturschwankungen vor Rindenrissen.

Auszüge, Brühen und Jauchen aus dem eigenen Garten

Folgende Zubereitungen stärken die Pflanzen und können in gewissem Umfang Schädlinge und Krankheiten abwehren. Sie lassen sich recht einfach selbst herstellen. In der Regel kommen 1 Kilogramm frisches oder 150 Gramm getrocknetes und klein gehacktes Kraut auf 10 Liter Regenwasser.

Zubereitung und Anwendung von Auszügen
Dauer des Einweichens: 24 bis 36 Stunden; danach ggf. 20 bis 30 Minuten köcheln lassen.
Anwendung: 1 : 5 bis 1 : 10 verdünnt.

Zubereitung und Anwendung von Brühen/Tees:
Dauer des Einweichens: mindestens 3 bis 4 Stunden, insgesamt bis zu 24 Stunden.
Anwendung: unverdünnt.

Zubereitung und Anwendung von Jauchen:
Dauer des Einweichens: abhängig von der Pflanze von mehreren bis 20 Tagen, bis das Pflanzenmaterial vergoren ist.
Anwendung: 1 : 10 bis 1 : 20 verdünnt.
Tipp: Zubereitungen vor der Anwendung abseihen, möglichst rasch verspritzen; der unangenehme Jauchegeruch kann mit einigen Tropfen Baldrian-Blütenextrakt gebunden werden.

Kräuter und ihre Wirkung auf Schädlinge und Krankheiten

Kräuter	Hilfe bei
Beinwell	allgemein pflanzenstärkend
Farnkraut	Blattläuse, Schildläuse
Knoblauch	Erdbeermilbe, Milben, Pilzerkrank.
Meerrettich	Monilia-Pilz
Quassia	Blattläuse, Insekten allgemein
Rhabarber	Bohnenblattlaus, Lauchmotte
Schwarzer Holunder	Wühlmäuse
Tomatenblätter	Kohlweißling
Zwiebel	Möhrenfliege, Pilzkrankheiten

Die wichtigsten Kräuter

Ackerschachtelhalm
Zubereitung: Grüne Triebe ohne Wurzel verwenden; 1 Kilogramm frisches oder 150 getrocknetes Kraut in 10 Liter Wasser geben; 2 bis 3 Tage ziehen lassen.
Anwendung: Auszüge 5 fach verdünnt gegen Blattläuse, Rote Spinne, Mehltau und Schorf über die Pflanze und den Boden ausbringen; Obstbäume und -sträucher zur Zeit des Blattfalls und des Austriebs behandeln; periodisches Spritzen hilft gegen Pilzkrankheiten; wirkt vorbeugend gegen Pfirsichkräuselkrankheit (bei nassem Frühjahrswetter 8-mal in Abständen von 3 bis 4 Tagen Laub und Triebspitzen bespritzen).

Bewährt seit Urgroßmutters Zeiten: Brühen und Jauchen zur Vorbeugung und zum Schutz.

Brennnessel, Große und Kleine
Zubereitung: Die ganze Pflanze ohne Wurzel kann verwendet werden; möglichst vor der Samenbildung zwischen Juni und August sammeln; 1 Kilogramm frisches oder 200 Gramm getrocknetes Kraut in 10 Liter Wasser geben; Auszug 12 bis 24 Stunden ziehen, Jauche vergären lassen.
Anwendung: Auszug unverdünnt auf die Blattläuse spritzen; starke Sonnenstrahlung erhöht die Wirkung; Jauche 20 fach verdünnt zur Pflanzenstärkung und Wachstumsförderung auf die Pflanze geben, das fördert den Blattwuchs und die Chlorophyllbildung; unverdünnt den Kompost besprühen.
Übrigens: Der Brennnesselgeruch zieht den Kohlweißling an.

Rainfarn- und Wermutbrühe

Zubereitung: Jeweils 300 Gramm frisches oder 30 Gramm getrocknetes Kraut und Blüten mit 10 Liter heißem Wasser übergießen.

Anwendung: Gegen Kohlweißling und Apfelwickler; die Brühen zur Flugzeit unverdünnt über die Pflanzen sprühen, überdeckt den Fruchtgeruch und irritiert die Weibchen; ferner gegen Brombeer- und Erdbeermilben sowie gegen Insekten, Ameisen, Erdraupen, Blatt- und Wurzelläuse; Brühen und Kraut nicht in den Kompost geben.

Schützende chemische Maßnahmen

Nicht-pflanzliche Hausmittel

Alaun

Zubereitung: 40 Gramm Alaun (Kalium-Aluminium-Sulfat aus der Apotheke) in kochendem Wasser auflösen, danach mit 10 Liter Wasser verdünnen.

Anwendung: Unverdünnt auftragen; gegen starken Blattlausbefall, Schnecken und Raupen; nicht kurz vor der Ernte anwenden.

Übrigens: Danach bleibt ein dünner, unangenehm schmeckender, abwaschbarer Film zurück.

Kaliumpermanganat

Zubereitung: 3 Gramm Kaliumpermanganat (aus der Apotheke) in 10 Liter Wasser auflösen.

Anwendung: Desinfizierende, pilzhemmende Wirkung; mit unverdünnter Lösung die Erde der Kübelpflanzen gießen.

Magermilch, Molke

Zubereitung: 1 Liter Magermilch mit 1 Liter Wasser gut mischen.

Anwendung: Unverdünnt auf die Pflanze spritzen; in der Wachstumsphase wöchentlich auftragen; schützt vor Pilzkrankheiten und Blattläusen; bei Kräuselkrankheit am Pfirsich helfen 3 bis 4 Anwendungen im Abstand von jeweils 1 Woche.

Quassia (tropisches Bitterholz)

Zubereitung: 150 bis 250 Gramm Quassia-Späne in 2 Liter Wasser auflösen; mit 10 Liter Wasser verdünnen.

Anwendung: Wirkt auf Insekten tödlich; harmlos für Menschen.

Schmierseifenlösung

Zubereitung: 300 Gramm Schmierseife in 10 Liter warmem Wasser auflösen, gegebenenfalls 500 ml Spiritus, 1 Esslöffel Kalk, 1 Esslöffel Salz zugeben und gut verrühren.

Anwendung: Wirkt unverdünnt gegen Blattläuse; die Lösung mit Spiritus auch gegen Schildläuse, Spinnmilben und Raupen; schädigt gleichermaßen Nützlinge.

Schwefelleber

Zubereitung: 20 bis 40 Gramm Schwefelleber (zusammengeschmolzene Pottasche und Schwefel, aus der Apotheke) in 10 Liter Wasser auflösen.

Anwendung: Im Winter und zeitigen Frühjahr unverdünnt auf Obstbäume spritzen, einmal monatlich wiederholen; schützt vor Echtem Mehltau und Schorf sowie der Schrotschusskrankheit; nicht bei praller Sonne spritzen.

Übrigens: Manche Obstarten reagieren empfindlich auf Schwefel; außerdem riecht er nicht gut.

Wasserglas

Zubereitung: 0,5 bis 2 Gramm Wasserglas (Natriumsilikat, aus der Apotheke) in 10 Liter Wasser geben.

Anwendung: Obstbäume mit unverdünnter Lösung spritzen; schützt gegen Pilzerkrankungen.

Ürbigens: Wasserglas darf nicht in die Augen gelangen. Durch die Anwendung bildet sich ein fester, glasiger, kaum abwaschbarer Film. Nicht auf Blattgemüse!

Das Pflanzenschutzgesetz

Das Pflanzenschutzgesetz (PflSchG) regelt den Umgang und die Anwendung von Pflanzenschutzmittel; die letzten Änderungen gelten seit 1. Juli 2001 ohne Ausnahme. Für den Hobbygärtner gibt es seither strenge Vorschriften, die aber letztlich seiner Gesundheit und der Umwelt dienen. Hier sind die wichtigsten Vorschriften und Regelungen.

Für den Kauf gilt

Jedes Pflanzenschutzmittel muss von der zuständigen Behörde zugelassen werden. In Deutschland sind daran beteiligt die Biologische Bundesanstalt für Land- und Forstwirtschaft (BBA), das Bundesinstitut für gesundheitlichen Verbraucherschutz und Veterinärmedizin (BgVV) und das Umweltbundesamt (UBA). Derzeit sind etwas mehr als 50 Wirkstoffe bei 400 Präparaten zugelassen.

Pflanzenschutzmittel dürfen nicht in Selbstbedienung gekauft werden; vielmehr müssen fachkundige Verkäufer den Kunden individuell beraten. Übrigens: Nutzen Sie die Beratungspflicht der Händler. Die Verkäufer haben eine spezielle Schulung hinter sich und sollten sich mit gängigen Problemen auskennen.

Der Hobbygärtner bekommt nur Mittel mit dem Vermerk »Anwendung im Haus- und Kleingarten zulässig«. Nicht zugelassen sind sehr giftige oder ätzende Mittel sowie Mittel, die Krebs erzeugen, das Erbgut verändern oder die Fruchtbarkeit des Anwenders gefährden könnten. Für alle anderen gefährlichen Mittel muss der Hersteller sicherstellen, das bei bestimmungsgemäßer und sachgerechter Anwendung eine Gefährdung von Mensch, Tier, Natur und Grundwasser ausgeschlossen ist.

Die Pflanzenschutzmittel sind anwendungsfertig fomuliert, d. h. man kann sie kaufen, auspacken und sofort anwenden. So gibt es für Zimmerpflanzen Stäbchen, die man einfach in die Topferde steckt. Die Pflanze nimmt den Wirkstoff über die Wurzeln auf, befördert ihn in die Stängel und Blätter und gibt ihn so an die Schädlinge weiter. Bei fertigen Spritzflüssigkeiten kann man auch kaum etwas verkehrt machen. Die Mittel sind so vordosiert, dass man sie in 1 Liter (Regen-)Wasser auflösen muss. Das lästige Abmessen und fehlerträchtige Umrechnen bleiben erspart. Wenn eine solche anwenderfreundliche Darreichung nicht möglich ist, muss der Hersteller gewährleisten, dass man auf ± 10 Prozent genau dosiert. Durch Kleinverpackungen möchte man Rückstände vermeiden. Die größte angebotene Verpackung reicht für eine Gartenfläche von maximal 500 m².

praxis

Kennzeichnung der Mittel nach der Gefahrstoffverordnung

T+ sehr giftig
T giftig
C ätzend
Xn gesundheitsschädlich
Xi reizend

Bienenschutz: Viele Pflanzenschutzmittel gefährden auch die Bienen; in welchem Ausmaß, steht auf der Packung unter dem Kürzel B. Grundsätzlich sind nicht-bienengefährliche Mittel vorzuziehen (B4):
B1 bienengefährlich
B2 bienengefährlich, darf erst nach dem Bienenflug eingesetzt werden
B3 aufgrund der erlaubten Anwendung nicht bienengefährlich
B4 nicht bienengefährlich

Wartezeit: Das ist der kürzeste Zeitabstand, der zwischen der Anwendung des Pflanzenschutzmittels und der Ernte liegen soll.

Gewässerschutz: Pflanzenschutzmittel dürfen nicht in oder in der Nähe von Teichen, Seen oder Flüssen angewendet werden; die angegebenen Abstände müssen unbedingt eingehalten werden; giftig für Fische und/oder Fischnährtiere.

Für die Anwendung gilt

Es gilt ausschließlich das, was auf der Verpackung steht. Das bedeutet, dieses Mittel darf nur für diese bestimmte Pflanze und diesen bestimmten Schaderreger und nur in dieser vorgeschriebenen Ausbringung angewandt werden.

Versiegelte oder befestigte Flächen wie Gehwege, Hofflächen oder Garageneinfahrten dürfen nicht mit Pflanzenschutzmitteln behandelt werden. Kein Unkrautvernichter vor dem Garagentor.

Der Pflanzenschutz darf nur nach den Grundsätzen der guten fachlichen Praxis durchgeführt werden. Das bedeutet, dass vorbeugende Maßnahmen, Kulturtechniken und biologische Methoden vorrangig einzusetzen sind.

Für die Entsorgung gilt

Die leeren Verpackungen können in den Hausmüll oder bei entsprechender Kennzeichnung in den gelben Sack. Reste von Pflanzenschutzmitteln, die nicht mehr verwendet werden, gehören in eine Sammelstelle für (Haushalts-)Chemikalien.

Mittel natürlicher Herkunft

Mineral- und Pflanzenöle
Die Öle zerstören die vor Nässe und Verdunstung schützende Wachsschicht auf der Insektenhaut oder verstopfen die Atmungsorgane. Die Tiere vertrocknen und ersticken. Öle sind sehr wirksam, allerdings auch gegen Nützlinge. Weil die Öle nicht die Eier und Larven schädigen, muss die Behandlung mehrmals wiederholt werden. **Beispiele:** Paraffinöl für Austriebsspritzung an Obst und Gemüse; Rapsöl.

Niem, Neem, Azidirachtin
Seit einigen Jahren macht der Niembaum (*Azadirachta indica*, *Melia hazedarach*) von sich reden. Seine ursprüngliche Heimat liegt in Myanmar und Indien, kultiviert wird er in Südostasien,

Biologisch abbaubaren und unbedenklichen Spritzmitteln sollte immer der Vorzug gegeben werden.

Westafrika, Mittel- und Zentralamerika. Der Name »Niem« ist sanskritisch und bedeutet »der Heilspender und Krankheitserleichterer«. Tatsächlich wird der bis zu 200 Jahre alt werdende Niembaum in Indien seit vielen tausend Jahren als Dorfapotheke benutzt.
Seine Inhaltsstoffe wirken als Pflanzenschutzmittel erfolgreich gegen mehr als 200 Insektenarten, Milben, Würmer und auch Mikroorganismen. Der wichtigste Wirkstoff ist Azadirachtin aus den Blättern und Samen. Er verdirbt Fraßschädlingen den Appetit und stört den Hormonhaushalt der Insekten. Das verzögert das Wachstum, verhindert eine normale Häutung und die Fortpflanzung. Die Anwendung ist erfolgreich bei geringem bis mittlerem Schädlingsbefall. Mittlerweile gibt es im Handel eine beachtliche Anzahl an Niem-Mitteln. Sie gelten ökologisch als unbedenklich.

Pyrethrum
Hierbei handelt es sich um ein natürliches Nervengift aus den Blüten einer afrikanischen Chrysantheme. Der wichtigste Wirkstoff ist Pyrethrum, das als Kontaktgift unspezifisch gegen alle Insekten wirkt und außerdem giftig ist für Fische. Diese Mittel sollten trotz ihrer natürlichen Herkunft nur sparsam und gezielt eingesetzt werden. Der Vorteil ist, dass sich der Wirkstoff innerhalb weniger Stunden vollständig abbaut.

Chemische Mittel

Manchmal lässt sich ihr Einsatz kaum umgehen. Achten Sie aber darauf, dass die Diagnose stimmt, das Mittel passt und der Zeitpunkt richtig ist.

Zur Auswahl des Präparats

Gegen welchen Schädling/Krankheit wirkt es?

Akarizide:	Milben
Fungizide:	Pilze
Herbizide:	Unkraut
Insektizide:	Insekten
Molluskizide:	Schnecken
Nematizide:	Nematoden/Älchen
Rodentizide:	Nagetiere wie Wühlmäuse, Mäuse, Ratten

Wie wird es aufgenommen?
Atemgifte blockieren die Atmung. **Fraßgifte** nimmt der Schädling über die Nahrung auf. **Kontaktgifte** dringen über Haut, Atmungssystem und Sinnesorgane ein. **Systemische Mittel** nimmt die Pflanze über die Blätter oder Wurzeln auf und verteilt sie mit Hilfe des Pflanzensaftstroms in der ganzen Pflanze.

Vorsichtsmaßnahmen bei Pflanzenschutzmitteln

Nie in andere Behälter umfüllen; nie Ess- und Küchengeräte benutzen; nicht auf die bloße Haut kommen lassen; nicht rauchen, nicht essen, nicht trinken; verschiedene Mittel nicht miteinander mischen, außer wenn vom Hersteller empfohlen; Spritzmittel erst kurz vor Gebrauch ansetzen.

Nur bei richtigem Wetter anwenden; nie in der Mittagshitze, bei Frost, Regen oder starkem Wind. Nach der Anwendung Kinder und Tiere fern halten; alle Geräte und Behälter gründlich reinigen; Wartezeiten einhalten.

Leere Packungen und Behälter sofort in den Müll geben; Mittel verschlossen und frostfrei aufbewahren; Müll oder Sondermüll, auf der Packung angegeben.

Schutz- und Sicherheitshinweise unbedingt beachten: Tragen Sie Handschuhe, einen Arbeitsanzug, feste Schuhe und gegebenenfalls Atemschutz und Schutzbrille; bei Haut- oder Augenkontakt sofort mit viel Wasser ab- und ausspülen; sofort zum Arzt, wenn Vergiftungssymptome auftreten, etwa Kopfschmerzen, Übelkeit, Schwindel, Schweißausbrüche.

Häufige Anwendungsfehler

	Ursache	Abhilfe
falsches Präparat	Die Symptome gehen nicht auf Schädlinge oder Krankheiten zurück, sondern sind durch Witterung, Ernährung oder Boden verursacht.	Möglichst genaue Diagnose.
falscher Zeitpunkt	Fraßschaden entdeckt, richtige Diagnose, richtiges Präparat, aber der Schädling ist schon weg oder der Pilz ist so tief in das Pflanzengewebe eingedrungen, dass er mit diesem Mittel nicht mehr erreichbar ist.	Die Abwehr richtet sich nach der Entwicklung des Schädlings; aus dem Schaden in diesem Jahr folgen im nächsten Jahr frühzeitiges Beobachten und rechtzeitiges Eingreifen.
falsche Anwendung	Unwissenheit, Unkenntnis der Lebensweise des Schädlings; so passiert es, dass die Blattoberseite eingesprüht wird, während der Schädling sich auf der Blattunterseite verbirgt; unbedingt Blätter auch von unten benetzen.	Gebrauchsanleitung gründlich lesen und beachten.

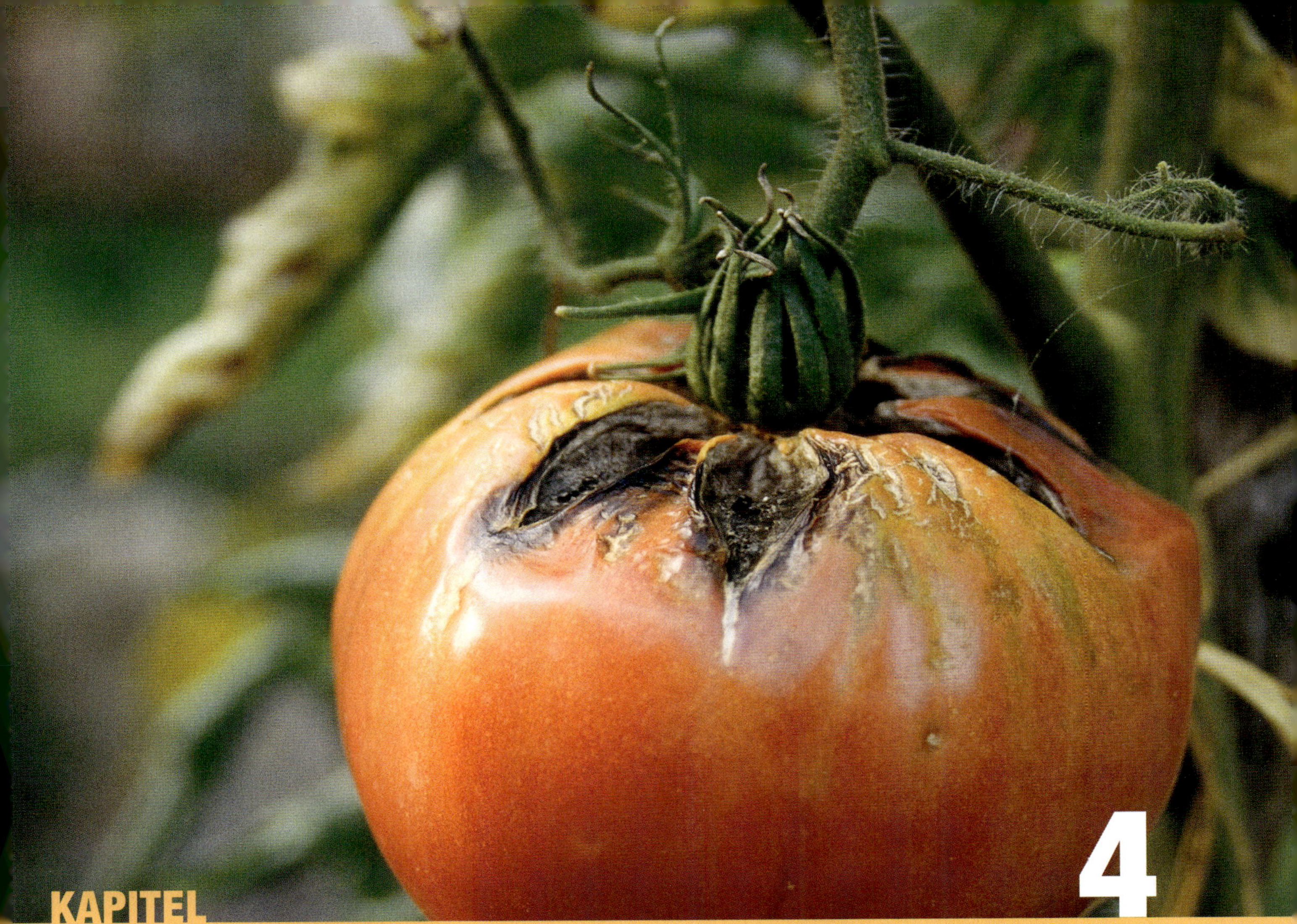

KAPITEL 4

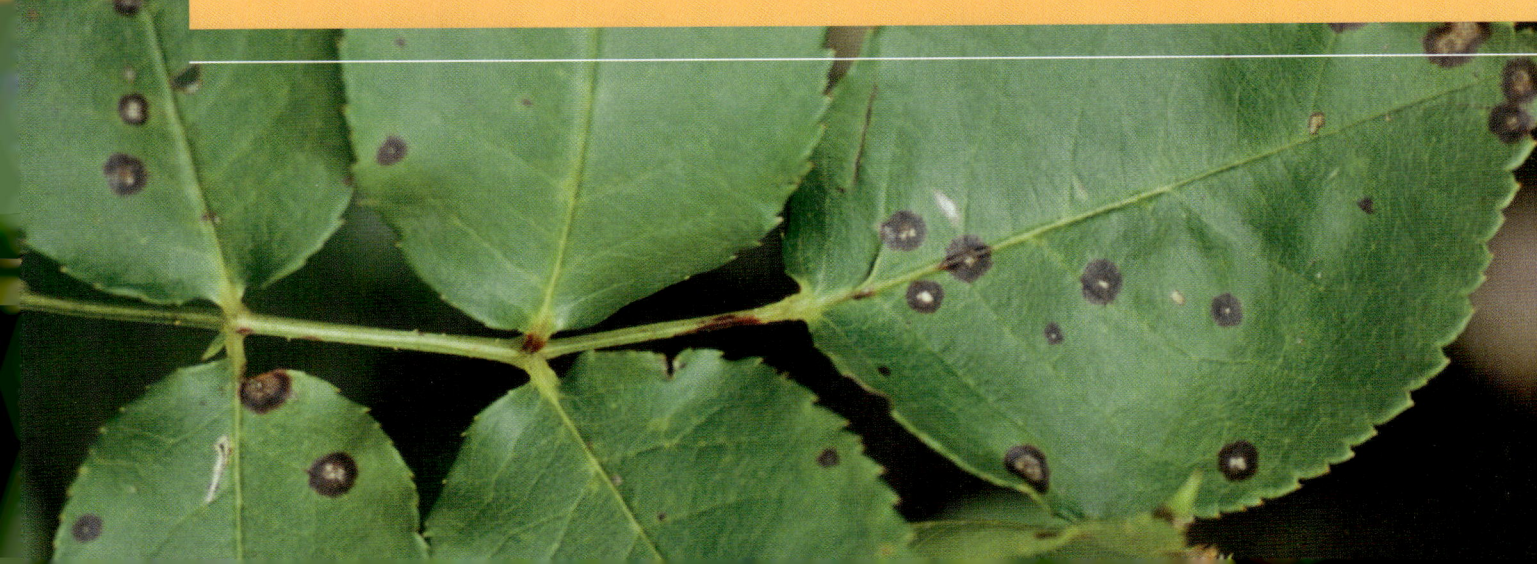

Gartenpflanzen und ihre häufigsten Krankheiten

Frühlings- und Sommerblumen

Zwiebel- und Knollenpflanzen

Zwiebelpflanzen gelten als die Frühlingsboten. Als Erstes tauchen die Schneeglöckchen auf, bald folgen Krokusse, und wenn im März die Narzissen, Hyazinthen und Tulpen blühen, ist der Frühling da. Es sind recht einfache, dankbare Pflanzen. Sie gedeihen überall, wo sie eine einigermaßen lockere Erde finden – Beet, Rasen, Kübel, unter Sträuchern und Bäumen. Nach der Blüte ziehen sie die Nährstoffe wieder zurück in die Zwiebel, bis zum nächsten Jahr. Das welkende Laub darf deshalb nicht entfernt werden. Einmal richtig eingegraben, kommen sie jedes Jahr wieder. Achten Sie auf Qualität: Je größer die Zwiebel, desto schöner wird die Blüte. Eine gute Zwiebel ist außerdem glatthäutig, unbeschädigt, prall und fest und hat keine weichen, trockenen oder faulen Stellen.

Entwicklungsstadien der Zwiebel- und Knollenpflanzen

Triebbildung/Wachstum	Frühjahr
Blüte	Frühjahr, Frühsommer
Verwelken der Blätter	Sommer
Ruhepause in der Zwiebel	Herbst, Winter

Pflegemaßnahmen: Pflanzen, Abräumen (wenn alle Blätter vollständig verwelkt sind), Überwintern

Die häufigsten Krankheiten und Schädlinge der Zwiebelpflanzen

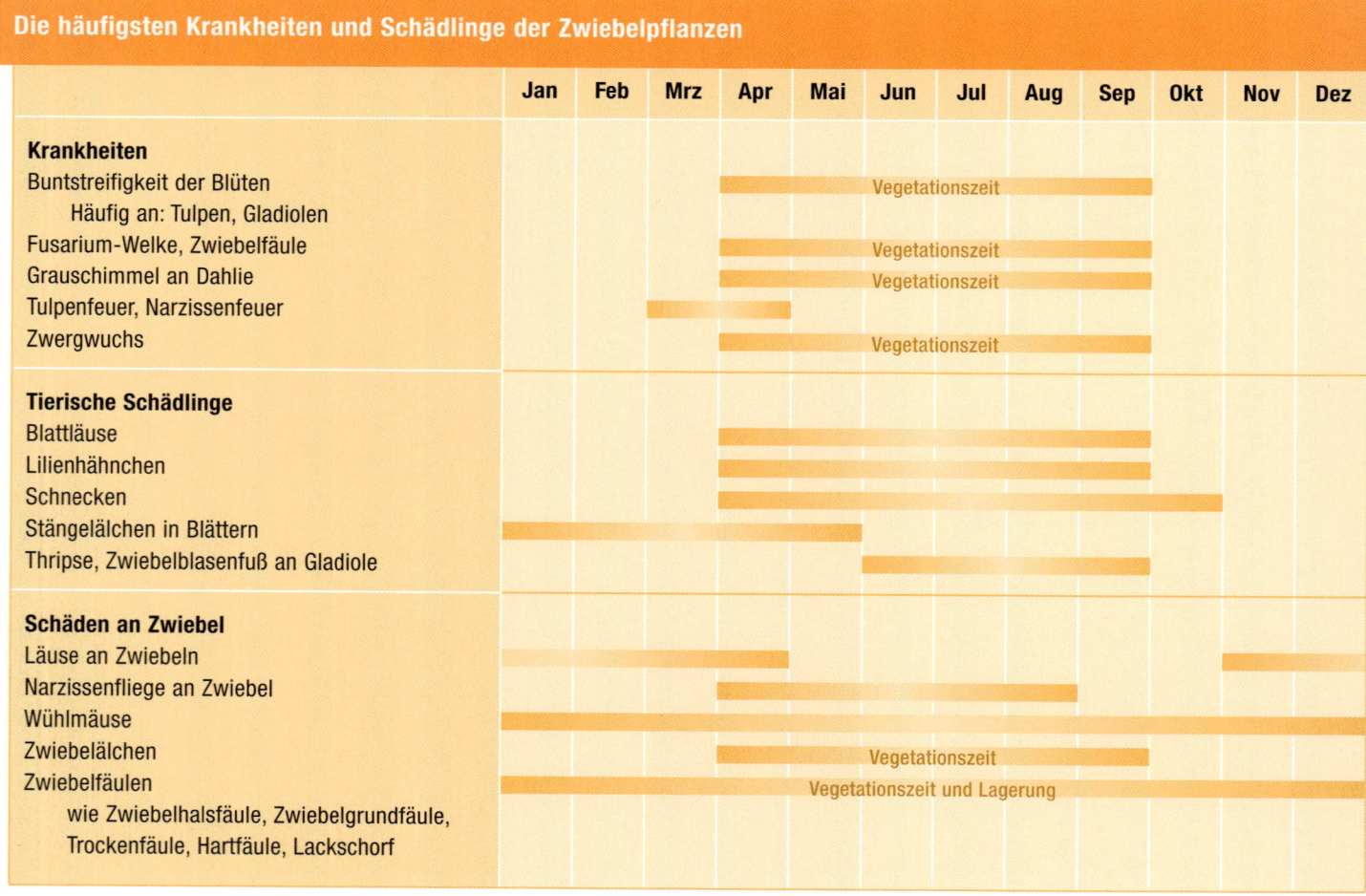

	Jan	Feb	Mrz	Apr	Mai	Jun	Jul	Aug	Sep	Okt	Nov	Dez
Krankheiten												
Buntstreifigkeit der Blüten						Vegetationszeit						
Häufig an: Tulpen, Gladiolen												
Fusarium-Welke, Zwiebelfäule						Vegetationszeit						
Grauschimmel an Dahlie						Vegetationszeit						
Tulpenfeuer, Narzissenfeuer			▓	▓								
Zwergwuchs						Vegetationszeit						
Tierische Schädlinge												
Blattläuse				▓	▓	▓	▓	▓				
Lilienhähnchen				▓	▓	▓	▓	▓				
Schnecken				▓	▓	▓	▓	▓	▓			
Stängelälchen in Blättern	▓	▓	▓	▓								
Thripse, Zwiebelblasenfuß an Gladiole						▓	▓	▓				
Schäden an Zwiebel												
Läuse an Zwiebeln				▓	▓	▓	▓	▓			▓	▓
Narzissenfliege an Zwiebel				▓	▓	▓	▓	▓	▓			
Wühlmäuse	▓	▓	▓	▓	▓	▓	▓	▓	▓	▓	▓	▓
Zwiebelälchen						Vegetationszeit						
Zwiebelfäulen			Vegetationszeit und Lagerung									
wie Zwiebelhalsfäule, Zwiebelgrundfäule, Trockenfäule, Hartfäule, Lackschorf												

Zwiebelpflanzen sind dankbare und robuste Frühlingssorten.

Stauden – Hauptakteure im Garten

Stauden sind ausdauernde Pflanzen; ihre oberirdischen Teile verwelken im Herbst, aber im Frühjahr treiben sie wieder neu aus. Sie wachsen und blühen viele Jahre lang. Stauden gibt es in allen Größen und Farben, sie wachsen aufrecht oder kriechen den Boden entlang, manche blühen frühzeitig, andere eher spät im Jahr. Einige brauchen Sonne, andere ziehen den Schatten vor und jede stellt ihre eigenen Anforderungen an den Boden. Im Winter bieten die abgestorbenen Stängel den Nützlingen und Vögeln ein gutes Versteck und oft noch Nahrung.

Die häufigsten Krankheiten und Schädlinge der Stauden

	Jan	Feb	Mrz	Apr	Mai	Jun	Jul	Aug	Sep	Okt	Nov	Dez
Krankheiten												
Echter Mehltau						▬	▬	▬	▬			
Häufig an: Rittersporn, Gämswurz, Lupine, Ringelblume, Chrysanthemen												
Falscher Mehltau				▬	▬	Vegetationszeit			▬			
Grauschimmel				▬	▬	Vegetationszeit			▬			
Häufig an: Pfingstrosen, Chrysanthemen												
Rost			▬	▬	▬	▬	▬	▬	▬	▬		
Häufig an: Fuchsien, Pelargonien, Malve, Chrysanthemen												
Stängelfäule			▬	▬	▬							
(Aster-)Welke (Fusarium, Verticilium)				▬	▬	Vegetationszeit			▬			
Häufig an: Astern, Nelke												
Tierische Schädlinge												
Blattälchen							▬	▬	▬	▬	▬	
Blattläuse				▬	▬	▬	▬					
Blattwanzen					▬	▬	▬					
Häufig an: Chrysanthemen, Margeriten												
Blattwespenlarven (Afterraupen)				▬	▬	▬	▬					
Gallmilben				▬	▬	▬	▬	▬	▬			
Minierfliegen				▬	▬	Vegetationszeit			▬			
Häufig an: Chrysanthemen, Margeriten, Nelken												

Die häufigsten Krankheiten und Schädlinge der Stauden (Fortsetzung)

	Jan	Feb	Mrz	Apr	Mai	Jun	Jul	Aug	Sep	Okt	Nov	Dez
Tierische Schädlinge												
Nacktschnecken			▬	▬	▬	▬	▬	▬	▬	▬		
Ohrwürmer				▬	▬	▬	▬	▬	▬	▬	▬	
Schaumzikade					▬	▬	▬					
Schmetterlingsraupen			▬	▬	▬	▬	▬	▬	▬	▬		
Spinnmilben				▬	▬	▬	▬	▬	▬	▬		
Thripse												
Häufig an: Nelke						▬	▬	▬	▬	▬		
Weichhautmilben				▬	▬	▬	▬	▬	▬	▬		
Dickmaulrüsslerlarven				▬	▬	▬ Vegetationszeit ▬		▬	▬	▬	▬	
Zikade				▬	▬	▬	▬	▬	▬	▬		
Sonstige												
Blattflecken												
Weit verbreitet				▬	▬	▬ Vegetationszeit ▬		▬	▬	▬		
Blattverfärbungen				▬	▬	▬ Vegetationszeit ▬		▬	▬	▬		
Ungünstige Bodenverhältnisse												
Kälteschaden												
Nährstoffmangel												

Der Traum eines jeden Gärtners: ein üppig blühendes Sommerstaudenbeet.

Entwicklungsstadien der Stauden
(Zeitpunkt ist abhängig von der Art)

Austrieb, Wachstum	Frühjahr
Blüte	Frühsommer, Sommer
Samenbildung und -verbreitung	Spätsommer, Herbst
Winterruhe	Winter

Pflegemaßnahmen: Pflanzen, Mulchen, Düngen (zu Beginn des Frühjahrs), Rückschnitt, ggf. Verjüngen

Ein- und zweijährige Sommerblumen

Sie wissen noch nicht, was in Ihren Garten passt? Kein Problem: probieren Sie es aus. Kaum eine Pflanze ist einfacher als die ein- und zweijährigen Samenpflanzen. Sie kaufen Samen, säen ihn aus, gießen und warten ab. Schon ganz bald schauen die ersten Keimlinge aus der Erde, und fortan können Sie ihnen beim Wachsen zuschauen. Man kann kaum etwas falsch machen, und falls doch – dann pflanzen Sie im nächsten Jahr eine andere an. Die Samenpflanzen sind ideal für Gartenanfänger und für Profis. Der eine probiert und lernt an ihnen, der andere gestaltet und setzt Akzente.

Entwicklungsstadien der einjährigen Sommerblumen

Keimung, Wachstum	Frühjahr
Blüte	Sommer
Samenbildung und -verbreitung	Herbst
Samenruhe	Winter

Entwicklungsstadien der zweijährigen Sommerblumen

Keimung	Frühjahr
Wachstum und Rosettenbildung	Sommer, Herbst
Überwinterung als Rosette	Winter
Neues Wachstum	Frühjahr
Blütenbildung, Blüte	Sommer
Samenbildung und -verbreitung	Herbst
Samenruhe	Winter

Pflegemaßnahmen: Aussäen, Pikieren, Abhärten, Wässern, Düngen, Verblühtes abknipsen, Abräumen

Die häufigsten Krankheiten und Schädlinge der Sommerblumen

	Jan	Feb	Mrz	Apr	Mai	Jun	Jul	Aug	Sep	Okt	Nov	Dez
Tierische Schädlinge												
Blattläuse				▬	▬	▬	▬	▬	▬	▬		
unter Glas oder an Fensterbank	▬	▬	▬	▬	▬	▬	▬	▬	▬	▬	▬	▬
Blattwanzen					▬	▬	▬	▬				
Raupen				▬	▬	▬	▬	▬	▬			
Schnecken				▬	▬	▬	▬	▬	▬	▬		
Thripse				▬	▬	▬	▬	▬	▬	▬		
unter Glas oder an Fensterbank	▬	▬	▬	▬	▬	▬	▬	▬	▬	▬	▬	▬
Krankheiten												
Blattfleckenkrankheiten				Vegetationszeit								
Grauschimmel				Vegetationszeit								
Mehltau				Vegetationszeit								
Rost				Vegetationszeit								
Schwarzbeinigkeit/Umfallkrankheit				Keimlinge								
Sonstiges												
Nährstoffmangel				Vegetationszeit								

Rosen – eine Königin ziert sich (manchmal)

**Gesunde Rosen durch richtige Pflege!
Die Zierde jedes Gartens.**

Die Rose ist der vielfältigste Blütenstrauch überhaupt. Weltweit existieren mehr als 25.000 verschiedene Sorten, und jedes Jahr kommen neue hinzu. Rosen gelten als empfindliche, anfällige Pflanzen. Das trifft auf einige Sorten und Standorte sicher zu, doch keineswegs auf alle. Die meisten kommen aber durchaus mit ein paar Blattläusen oder Raupen gut zurecht und halten auch einiges an Wind und Wetter aus. Selbst die gefürchteten Pilzerkrankungen lassen sich oft vermeiden. Gesunde Rosen können durchaus 25 Jahre und noch länger blühen.

Die häufigsten Krankheiten und Schädlinge der Rosen

	Jan	Feb	Mrz	Apr	Mai	Jun	Jul	Aug	Sep	Okt	Nov	Dez
Rosenkrankheiten												
Echter Mehltau (Rosenmehltau)					█	█	█	█	█	█		
Infektion bei Austrieb			█	█								
Sporenbildung und -verbreitung					█	█	█					
Überwinterung auf Knospen und Trieben	█	█	█						█	█	█	█
Falscher Mehltau				█	█	█	█	█	█			
Grauschimmel				█	█	█	█	█	█			
Mosaikkrankheiten					█	█	█	█	█			
Rindenfleckenkrankheit	█	█	█	█	█	█	█	█	█	█	█	█
Rosenrost				█	█	█	█	█	█	█		
Infektion				█	█							
Sporenbildung und -verbreitung					█	█	█	█				
Überwinterung in Falllaub und Trieben	█	█	█						█	█	█	█
Sternrußtau					█	█	█	█	█	█		
Infektion			█	█								
Sporenbildung und -verbreitung				█	█	█	█					
Überwinterung in Falllaub	█	█	█							█	█	█
Tierische Schädlinge												
Miniermotte					█	█	█	█	█	█	█	
Rosenblatt- und Rindenläuse				█	█	█	█	█	█	█		
Entwicklung, Vermehrung, Ausbreitung			█	█	█	█						
Wechsel auf Nebenwirte (Kräuter, Obst)						█	█	█				
Rückkehr, Eiablage								█	█	█		
Überwinterung auf Rosentrieben	█	█	█	█							█	█

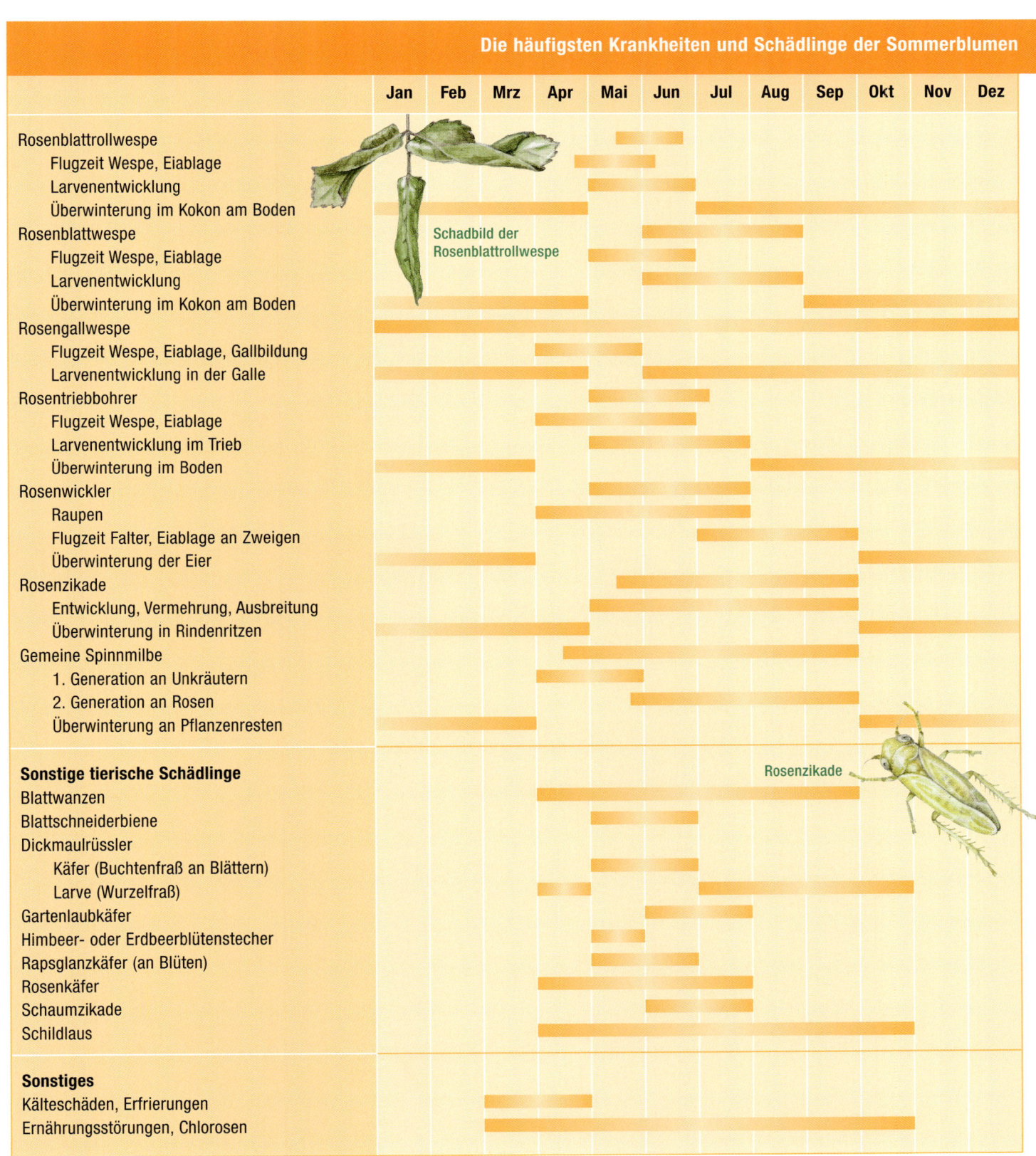

Die häufigsten Krankheiten und Schädlinge der Sommerblumen

Entwicklungsstadien der Rosen

Austrieb,
Knospenschwellen	März – April
Bühbeginn	Mai
Blüte, Triebwachstum	Juni – Sep
Blattfall	Okt – Nov
Winterruhe	Dez – Feb

Pflegemaßnahmen

Pflanzen	März – Mai, Okt – Nov
Winterschutz	Nov – März
Rückschnitt	März – April
Düngen	März/April, Juni/Juli

Vorbeugen und schützen

Sorten: robuste Sorten – empfindliche Sorten

Die Rosensorten unterscheiden sich erheblich in ihrer Anfälligkeit gegenüber Krankheiten und Schädlingsbefall. Mit der richtigen Sortenwahl lassen sich die meisten Probleme umgehen. Eine Orientierung hierfür gibt das ADR-Prädikat, wobei ADR für Allgemeine Deutsche Rosenneuheiten-Prüfung steht. Neu gezüchtete Rosen werden geprüft und bewertet; Rosen mit diesem Siegel gelten als relativ robust.

Rosen mit hoher Widerstandskraft gegenüber Rosenmehltau, Sternrußtau und Rosenrost

	Sorten
Kletterrosen	'Dorothy Perkins', 'Goldener Olymp', 'Ilse Krohn Superior', 'New Dawn'
Strauchrosen	'Elmshorn', 'Königin von Dänemark', 'Rosenresli', 'Tuscany', 'Westerland'
Beetrosen	'Margaret Merill'
Teehybriden	'Duftgold', 'Whisky'
Bodendeckerrosen	'Fairy Dance', 'Max Graf', 'The Fairy'

Standort

- Rosen brauchen Sonne. Doch Vorsicht, an trockenen Südlagen oder an der Südseite eines Hauses kommt es häufig zu Hitzestau.
- Rosen mögen keine nassen Füße. Ideal ist ein humoser, tiefgründiger Lehmboden.
- Rosen brauchen Platz. Für eine Strauchrose rechnet man eine Fläche von 1,5 m².
- Rosen wollen frische Luft, aber keinen scharfen Wind. Die Rosenblätter müssen nach Regen oder Tau rasch abtrocknen können.
- Rosen nie in ein Beet pflanzen, in dem vorher Rosen oder andere Rosengewächse standen.

Partner für Rosen

Eine artenreiche Kombination von Rosen mit Stauden, Ziergräsern und anderen Sträuchern sieht ansprechend aus und erhöht deren Widerstandkraft. Nur Edelrosen besser alleine pflanzen.

Geeignete Rosenpartner

Buchs, Ehrenpreis, Fetthenne, Glockenblumen, Gräser, Hornkraut, Knoblauch, Lavendel, Rote Margerite, Phlox, Schleierkraut, Steinkraut, Studentenblume, Thymian

Pflegefehler vermeiden

Gießen

Das tägliche Gießen muss nicht sein, ein selteneres, aber kräftiges Wässern mit 20 bis 30 Liter Wasser pro m² bekommt den Rosen besser. Vorsicht Spritzwasser: Viele Pilze verbreiten sich über Wasserspritzer. Blätter trocken halten; auf nassen Blättern können sich Pilze ansiedeln, außerdem wirken Wassertropfen wie ein Brennglas und können Brandflecken verursachen. Nur im Wurzelbereich gießen.

Düngen

Ende März, Juni/Juli. Rosen leiden häufig unter zu viel Stickstoff, was wiederum Krankheiten und Schädlingsbefall begünstigt und die Frostfestigkeit verringert. Rosendünger sollte nicht mehr als

Blau blühende Pflanzen sind die klassischen Begleitpflanzen im Rosenbeet.

7 bis 9 Prozent; ab Juli gar keinen Stickstoff mehr erhalten. Kalibetont düngen, Kali festigt das Holz, erhöht die Frostresistenz und die Widerstandskraft.

Mulchen
April, wenn die Erde wärmer wird.

Schneiden
Fortlaufend: Welke Blüten und befallene, erkrankte Blätter und Triebe.
Im Frühjahr: Rückschnitt der dünnen, kümmerlichen, erfrorenen sowie der überalterten und zu dicht stehenden Triebe. Ein Herbstschnitt muss nicht sein.

Wie? Geschnitten wird über einer Knospe, die nach außen zeigt, so dass die Triebe von der Pflanze fort wachsen; der Schnitt sollte nicht mehr als 5 mm über einem Auge sein; schräg schneiden.
Problem: Wildtriebe. Sie wachsen unterhalb der Veredlungsstelle, haben eine andere Farbe, ungewöhnlich viele Dornen und sieben- statt fünffiedrige Blätter. Wildtriebe nicht abschneiden, sondern abdrehen oder abreißen.

Überwintern
Laub entfernen; Anfang Nov. Pflanzen 10 cm hoch in Erde packen; empfindliche Sorten in Tannenzweige einbinden; Ende Dezember die Erde mit einer Schicht Tannenzweige vor einer übermäßigen Erwärmung durch die Wintersonne schützen.

Witterung und Probleme
Schädlingsbefall, Infektionen und Krankheitsverlauf hängen maßgeblich von der Witterung ab. Achten Sie auf Symptome – ein frühzeitiges, Reagieren kann größere Schäden verhindern.

Pflanzen stärken, Problemen vorbeugen

Pflanzenstärkungsmittel
Ackerschachtelhalmbrühe und Brennnesseljauche u. a. Mittel unterstützen die Widerstandskraft der Rosen (siehe Pflanzenstärkungsmittel, Seite 126).

Keine Nützlinge ohne Blattläuse
Geringe Mengen an Schädlingen dienen den Nützlingen wie Marienkäfer, Florfliege und Schlupfwespe als Nahrung. Ohne Blattläuse gehen die Nützlinge ein oder wandern ab.

Wasserstrahl
Blattläuse, Spinnmilben und andere Sauger lassen sich mit einem feinen, starken Wasserstrahl wegspritzen. Wiederholt man das Wegspülen mehrere Tage hintereinander, dann wird der Vermehrungszyklus unterbrochen.

Weniger Krankheitskeime durch Boden- und Beetpflege
Falllaub, infizierte Blätter, kranke Triebe oder verwelkte Blüten dienen den meisten Keimen und Schädlingen als Versteck und sollten rasch entfernt werden; regelmäßiges Lockern des Bodens schreckt Insekten auf. Eine Mulchdecke vermindert Spritzwasser, Regentropfen und vom Boden ausgehende Neuinfektionen.

Wetterlage, Krankheiten und Schädlinge	
Wetterlage	**Krankheiten/Schädlinge**
kühlnasser, verregneter Sommer mit kalten Nächten	Sternrußtau
länger anhaltender Regen, hohe Feuchtigkeit	Rosenrost, Grauschimmel
trockener, warmer Sommer	Echter Mehltau
feuchtwarmes Wetter, stehende Luft	Falscher Mehltau
hohe Temperaturen, trockene Luft	tierische Schädlinge
milder Winter, warmes Frühjahr	Blattläuse

Bäume und Sträucher

Bäume und Sträucher bilden das Gerüst im Garten. Die Ziergehölze blühen in allen Farben, spenden Schatten, bereichern mit ihren Herbstfarben und bieten Vögeln und Insekten Schutz und Nahrung. Es sind zumeist langlebige dankbare und weitgehend anspruchslose Pflanzen.

Entwicklungsstadien der Bäume und Sträucher

Austrieb, Knospenschwellen	Feb	– Apr
Blühbeginn, Blüte	März	– Mai
Triebwachstum	März	– Juni
Samenreife, Frucht- bzw. Nussbildung	Juli	– Okt
Winterruhe	Dez	– Jan

Die häufigsten Krankheiten und Schädlinge der Bäume und Sträucher

	Jan	Feb	Mrz	Apr	Mai	Jun	Jul	Aug	Sep	Okt	Nov	Dez
Allgemeine tierische Schädlinge												
Wurzelschädlinge (Fraßschäden)	▬	▬	▬	▬	▬	▬	▬	▬	▬	▬	▬	▬
Blattsauger				▬	▬	▬ Vegetationszeit	▬	▬	▬			
Dickmaulrüssler-Käfer					▬	▬	▬	▬				
Überwinterung als Käfer oder Larve im Boden	▬	▬	▬	▬						▬	▬	▬
Sonstige												
Frostschäden im Frühjahr	▬	▬	▬									
Vergilbungserscheinungen, Chlorosen				▬	▬	▬ Vegetationszeit	▬	▬	▬			
Wintertrockenheit	▬	▬	▬								▬	▬
Nadelbäume												
Tierische Schädlinge												
Fichtengallenlaus												
erste Läuse, Eiablage, Gallbildung				▬	▬							
Larvenentwicklung in Ananasgalle					▬	▬	▬					
Eiablage, Überwint., z.T. Wechsel auf Lärche	▬	▬	▬	▬						▬	▬	▬
Sitkafichtenlaus												
Koloniebildung			▬									
Vermehrung, Verbreitung						▬	▬	▬				
Überwinterung als Ei oder Laus	▬	▬	▬	▬						▬	▬	▬
Krankheiten												
Kiefernschütte, Nadelschütte												
Sporenbildung, Infektion						▬	▬	▬	▬			
Überwinterung in verbräunenden Nadeln	▬	▬	▬	▬						▬	▬	▬
Johannisbeerrost an Kiefer (fünfnadelige Kiefern)												
Befall des Sommerwirts Johannisbeere						▬	▬	▬	▬			
Infektion der Kiefer (Winterwirt)									▬	▬	▬	
Überwinterung in Kieferntrieben, Pilzkörper	▬	▬	▬	▬								
Verfärbungen (Mangelkrankheiten, Trockenheit)	▬	▬	▬	▬	▬	▬	▬	▬	▬	▬	▬	▬

Die häufigsten Krankheiten und Schädlinge der Bäume und Sträucher (Fortsetzung)

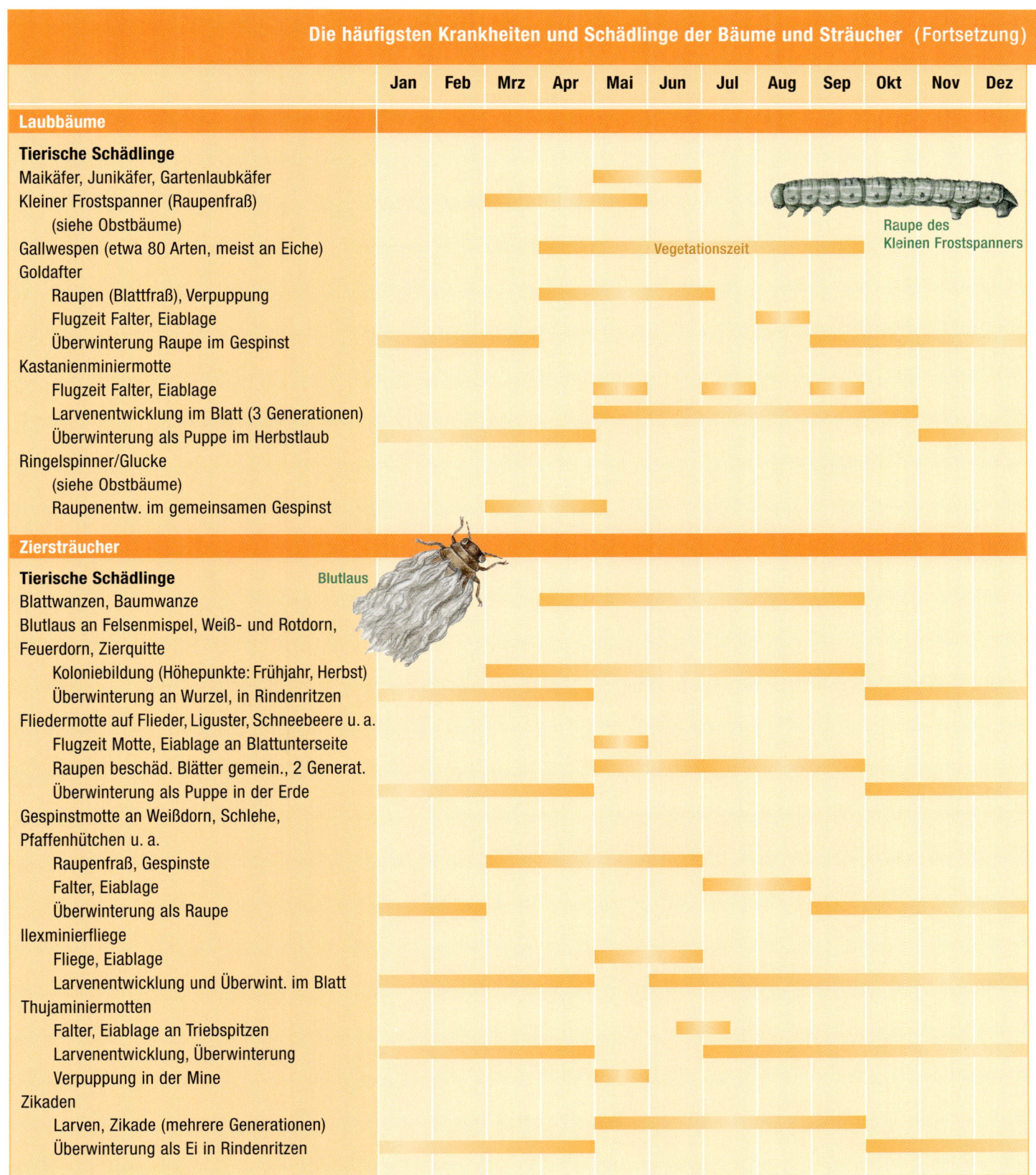

	Jan	Feb	Mrz	Apr	Mai	Jun	Jul	Aug	Sep	Okt	Nov	Dez
Laubbäume												
Tierische Schädlinge												
Maikäfer, Junikäfer, Gartenlaubkäfer					▬	▬						
Kleiner Frostspanner (Raupenfraß)			▬	▬								
(siehe Obstbäume)												
Gallwespen (etwa 80 Arten, meist an Eiche)				▬	▬	▬	▬	▬				
Goldafter												
Raupen (Blattfraß), Verpuppung				▬	▬	▬						
Flugzeit Falter, Eiablage								▬				
Überwinterung Raupe im Gespinst	▬	▬	▬						▬	▬	▬	▬
Kastanienminiermotte												
Flugzeit Falter, Eiablage					▬		▬		▬			
Larvenentwicklung im Blatt (3 Generationen)					▬	▬	▬	▬	▬	▬		
Überwinterung als Puppe im Herbstlaub	▬	▬	▬	▬						▬	▬	▬
Ringelspinner/Glucke												
(siehe Obstbäume)												
Raupenentw. im gemeinsamen Gespinst			▬	▬								
Ziersträucher												
Tierische Schädlinge												
Blattwanzen, Baumwanze					▬	▬	▬	▬				
Blutlaus an Felsenmispel, Weiß- und Rotdorn, Feuerdorn, Zierquitte												
Koloniebildung (Höhepunkte: Frühjahr, Herbst)			▬	▬	▬	▬	▬	▬				
Überwinterung an Wurzel, in Rindenritzen	▬	▬	▬							▬	▬	▬
Fliedermotte auf Flieder, Liguster, Schneebeere u. a.												
Flugzeit Motte, Eiablage an Blattunterseite								▬				
Raupen beschäd. Blätter gemein., 2 Generat.					▬	▬	▬	▬				
Überwinterung als Puppe in der Erde	▬	▬	▬	▬						▬	▬	▬
Gespinstmotte an Weißdorn, Schlehe, Pfaffenhütchen u. a.												
Raupenfraß, Gespinste				▬	▬	▬						
Falter, Eiablage							▬	▬				
Überwinterung als Raupe	▬	▬	▬						▬	▬	▬	▬
Ilexminierfliege												
Fliege, Eiablage					▬							
Larvenentwicklung und Überwint. im Blatt	▬	▬	▬	▬	▬	▬	▬	▬	▬	▬	▬	▬
Thujaminiermotten												
Falter, Eiablage an Triebspitzen						▬	▬					
Larvenentwicklung, Überwinterung	▬	▬	▬	▬						▬	▬	▬
Verpuppung in der Mine					▬							
Zikaden												
Larven, Zikade (mehrere Generationen)					▬	▬	▬	▬	▬	▬		
Überwinterung als Ei in Rindenritzen	▬	▬	▬	▬					▬	▬	▬	▬

Vegetationszeit

Raupe des Kleinen Frostspanners

Blutlaus

Die häufigsten Krankheiten und Schädlinge der Bäume und Sträucher (Fortsetzung)

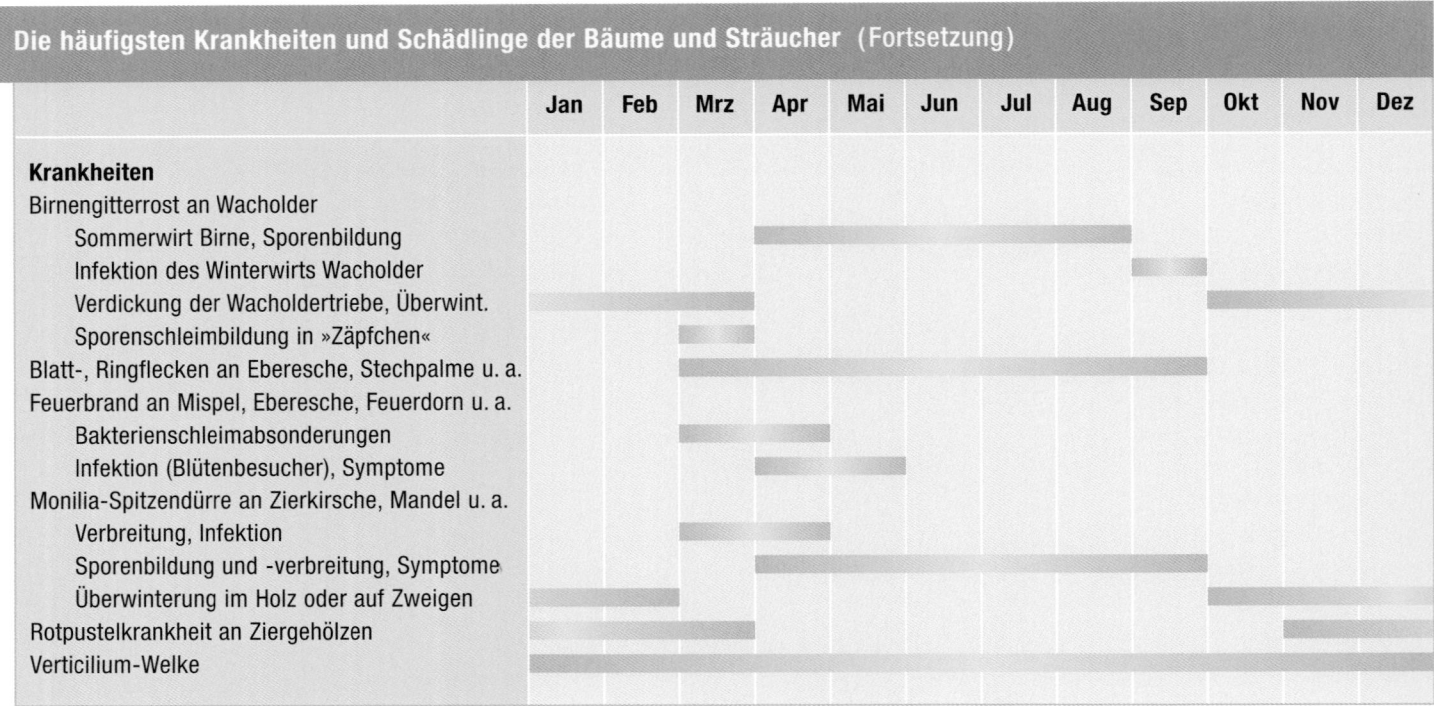

	Jan	Feb	Mrz	Apr	Mai	Jun	Jul	Aug	Sep	Okt	Nov	Dez
Krankheiten												
Birnengitterrost an Wacholder												
Sommerwirt Birne, Sporenbildung				▓	▓	▓	▓	▓	▓			
Infektion des Winterwirts Wacholder									▓			
Verdickung der Wacholdertriebe, Überwint.	▓	▓									▓	▓
Sporenschleimbildung in »Zäpfchen«			▓									
Blatt-, Ringflecken an Eberesche, Stechpalme u. a.			▓	▓	▓	▓	▓	▓	▓			
Feuerbrand an Mispel, Eberesche, Feuerdorn u. a.												
Bakterienschleimabsonderungen				▓	▓	▓						
Infektion (Blütenbesucher), Symptome				▓	▓	▓						
Monilia-Spitzendürre an Zierkirsche, Mandel u. a.												
Verbreitung, Infektion			▓	▓								
Sporenbildung und -verbreitung, Symptome				▓	▓	▓	▓	▓	▓			
Überwinterung im Holz oder auf Zweigen	▓										▓	▓
Rotpustelkrankheit an Ziergehölzen	▓	▓	▓									▓
Verticilium-Welke	▓	▓	▓	▓								

Hecken

Heckensträucher sind meist sehr robust. Der Pflegeaufwand richtet sich nach Schnittbedarf und Pflanze. Ein trapezförmiger Schnitt, also unten etwas breiter als oben, verhindert ein Ausdünnen der unteren Zweige. Die durch den Schnitt verlorene Pflanzensubstanz muss durch Düngung ausgeglichen werden.

Geeignete Heckensträucher

Für geschnittene Hecken	**Immergrün:** Buchsbaum, Feuerdorn, Kirschlorbeer, Lavendel, Liguster, Rhododendron, Stechpalme **Laub abwerfend:** Berberitze, Buche, Flieder, Forsythie, Hainbuche, Pfeifenstrauch, Rose, Schneebeere, Spierstrauch, Weißdorn, Zierkirsche **Nadelgehölze:** Eibe, Lebensbaum, Zypresse, Scheinzyp.
Für frei wachsende Hecken	Eberesche, Essigrose, Faulbaum, Feldahorn, Haselnuss, Heckenkirsche, Hundsrose, Kornelkirsche, Kreuzdorn, Pfaffenhütchen, Salweide, Sanddorn, Schlehe, Schneeball, Schwarzer Holunder, Traubenkrische, Vogelkirsche, Weißdorn, Wildapfel

Rhododendren und Azaleen

Die Heimat der Rhododendren liegt in den Nebelwäldern des Himalayas; entsprechend lieben sie einen halbschattigen, windgeschützten Standort mit einer hohen Luftfeuchtigkeit. Botanisch gesehen sind Rhododendren und Azaleen das Gleiche. Die Gärtner unterscheiden die immergrünen Rhododendren von den Blatt abwerfenden Azaleen.

Rhododendren brauchen einen feuchten, sauren Boden (pH 4,5–5,5), weshalb sie in vielen Gegenden zu den Pflegefällen gehören. Die häufigste Krankheit ist die Chlorose, d. h. Gelbfärbung aufgrund eines zu hohen Kalkgehaltes im Boden. An zweiter Stelle steht das Vertrocknen. Weil die immergrünen Pflanzen laufend Wasser verdunsten, brauchen sie regelmäßig Nachschub, insbesondere während einer längeren Trockenperiode. Ein- bis zweimal im Jahr werden sie mit einem Spezialdünger gedüngt.

Tipp: Bei einem kalkhaltigen Boden (pH über 6,5) sollten Sie auf Rhododendren verzichten; der Pflegeaufwand ist einfach zu hoch. Als Alternative bietet sich ein Hochbeet an.

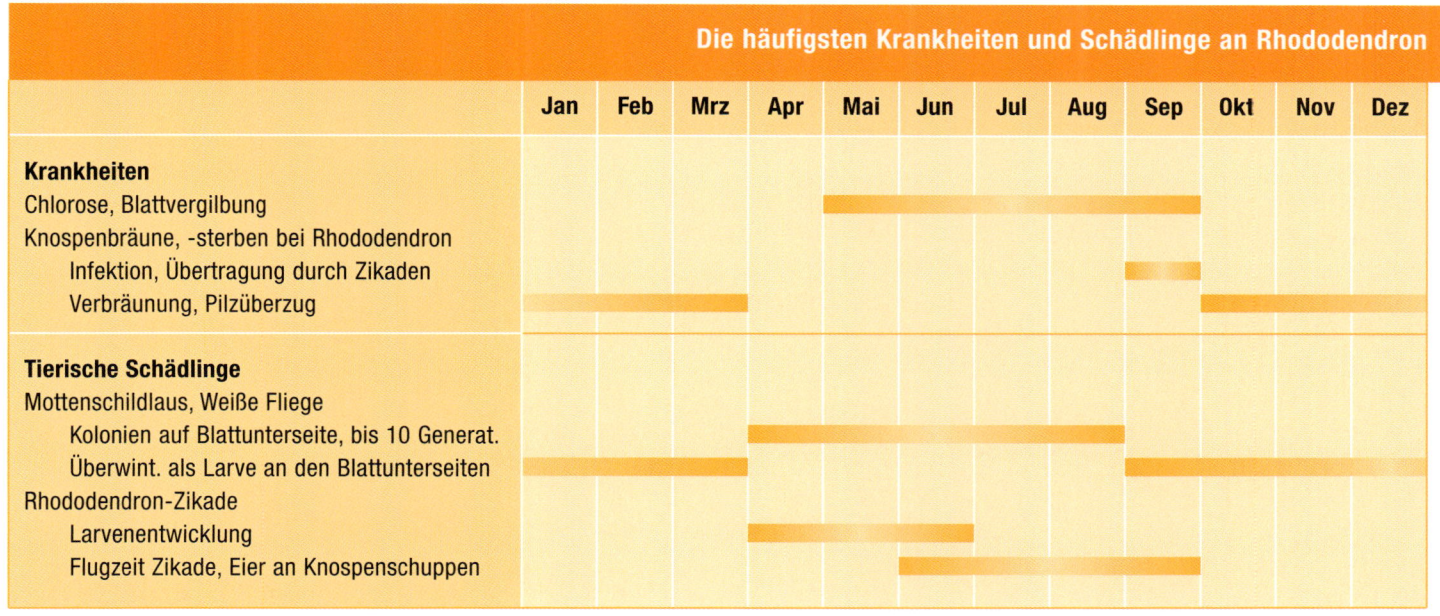

Die häufigsten Krankheiten und Schädlinge an Rhododendron	Jan	Feb	Mrz	Apr	Mai	Jun	Jul	Aug	Sep	Okt	Nov	Dez
Krankheiten												
Chlorose, Blattvergilbung					▬	▬	▬	▬	▬			
Knospenbräune, -sterben bei Rhododendron												
Infektion, Übertragung durch Zikaden									▬			
Verbräunung, Pilzüberzug	▬	▬	▬								▬	▬
Tierische Schädlinge												
Mottenschildlaus, Weiße Fliege												
Kolonien auf Blattunterseite, bis 10 Generat.				▬	▬	▬	▬	▬				
Überwint. als Larve an den Blattunterseiten	▬	▬	▬							▬	▬	▬
Rhododendron-Zikade												
Larvenentwicklung				▬	▬	▬						
Flugzeit Zikade, Eier an Knospenschuppen						▬	▬	▬	▬			

Obst – Genuss und Augenweide pur

Obst wurde schon immer gegessen und wird seit etwa 6.000 Jahren angebaut; mit den neueren Sorten sogar im Kübel auf dem Balkon. Wie nur wenige Pflanzen und Gehölze kennzeichnet das Obst den Jahreslauf. Der Frühling ist endgültig da, wenn der Apfelbaum blüht. Der Hochsommer beginnt, wenn die Johannisbeeren reifen und mit der Apfelernte ist der Herbst eingezogen. Botanisch ist Obst ein Sammelbegriff für alle essbaren Samen und Früchte, also sowohl Beeren, Stein- und Kernobst als auch Samen wie Haselnuss oder Pinienkerne. Es gibt Obst als Gehölze, Stauden und Kletterpflanzen. Achten Sie schon beim Kauf auf robuste und kräftige Pflanzen und Sorten.

Pflegemaßnahmen: Pflanzen, Winterschutz, regelmäßige Kontrollen auf Schädlinge / Krankheiten und entsprechende Maßnahmen, Wässern, Düngen, Ernten

Entwicklungsstadien Obstbäume

Winterruhe	Nov	– Feb
Knospenschwellen	Feb	– März
Austrieb, Vorblüte	März	– April
Blüte	März	– Mai
Nachblüte	Mai	– Juni
Wachstum der Früchte	Juni	– Aug
Ernte	Aug	– Okt
Blattfall	Okt	– Nov

Stimmungsvoller Frühlingsauftakt: die Obstbaumblüte.

Die häufigsten Krankheiten und Schädlinge des Obstes

	Jan	Feb	Mrz	Apr	Mai	Jun	Jul	Aug	Sep	Okt	Nov	Dez
Krankheiten												
Mosaik- und Ringfleckenkrankheiten			█	█	█	█	█	█	█			
Vergilbungserscheinungen, Chlorosen			█	█	█	█	█	█	█			
Frost- und Kälteschäden	█	█	█	█								
Obstbaumkrebs	█	█	█	█	█	█	█	█	█	█	█	█
Tierische Schädlinge												
Blattläuse, allgemein												
Koloniebildung, Vermehrung			█	█	█	█	█	█	█			
Dickmaulrüssler (Käfer)					█	█						
Kleiner Frostspanner												
Raupenfraß			█	█	█							
Verpuppung im Boden, Puppenruhe						█	█	█	█	█		
Falter, Eiablage, Überwinterung als Ei	█	█								█	█	█
Gespinstmotte												
Raupenfraß, Gespinst, Verpuppung			█	█	█	█						
Flugzeit Falter, Eiablage							█	█				
Überwinterung als Raupe	█	█							█	█	█	█
Goldafter												
Raupen, Verpuppung				█	█	█						
Flugzeit Falter, Eiablage							█	█				
Überwinterung Raupe im Gespinst	█	█							█	█	█	█
Kommaschildlaus												
Koloniebildung, Vermehrung				█	█	█	█	█				
Überwinterung unter dem Schild	█	█							█	█	█	█
Maikäfer, Junikäfer, Gartenlaubkäfer (Fraßschäden)					█	█						
Obstbaumminiermotte												
Eiablage, Larven 1. Generation, Falter					█	█						
Larven 2. Generation, Falter						█	█					
evtl. Larven 3. Generation							█	█				
Ringelspinner/Glucke												
Raupenentwickl. im gemeinsamen Gespinst			█	█	█							
Verpuppung, Falter, Eiablage					█	█	█					
San-José-Schildlaus					█							
Gemeine Spinnmilbe, Obstbaumspinnmilbe												
Koloniebildung, Vermehrung			█	█	█	█	█	█				
Wintereier, Überwinterung in Rindenritzen	█	█								█	█	█
Wickler, Fruchtschalenwickler												
Falter, Eiablage					█							
Obstmade, 1. Generation						█	█					
ggf. Obstmade, 2. Generation								█				
Vögel (Knospenverbiss, Fruchtschäden)			█	█	█	█						
Wespen, Wespenlarven						█	█	█	█			
Wühlmaus	█	█	█	█	█	█	█	█	█	█	█	█

Dickmaulrüssler

Gemeine Spinnmilbe

Die häufigsten Krankheiten und Schädlinge an Apfel und Birne

	Jan	Feb	Mrz	Apr	Mai	Jun	Jul	Aug	Sep	Okt	Nov	Dez
Krankheiten												
Apfelmehltau, Echter Mehltau												
Infektion, Sporenbildung und -verbreitung			■	■	■	■	■					
Überwinterung auf Knospen und Trieben	■	■							■	■	■	■
Apfelschorf, Birnenschorf												
Infektion, Sporenbildung, -verbreitung (Blatt)			■	■	■	■	■					
Flecken und Verkorkung der Früchte								■	■			
Überwinterung auf Falllaub	■	■								■	■	■
Birnengitterrost												
Infektion der Birne, Sporenbild., -verbreitung			■	■	■	■						
Infektion des Wacholders, Überwinterung									■			
Feuerbrand				■	■	■	■	■				
Stippigkeit						■	■	■				
Tierische Schädlinge												
Apfelblattsauger, Birnenblattsauger												
Larven, Entwicklung in der Knospe				■	■							
Blattflöhe/Springläuse, Saugschäden						■	■	■				
Eiablage in Knospennähe, Überwinterung	■	■	■									
Apfelblütenstecher, Birnenblütenstecher												
Käfer, Eiablage in die Knospe			■	■								
Larvenentwicklung in der Knospe					■	■						
Käfer, Überwinterung in Rindenspalten	■	■										
Apfelsägewespe, Birnensägewespe												
Wespe, Eiablage in Blütenkelch				■	■							
Larvenentwicklung in den Früchten					■	■						
Überwinterung als Larve im Boden	■	■										
Apfelwanze				■	■							
Apfelwickler, Obstmade												
Falter, Eiablage					■	■						
Obstmade, 1. Generation						■	■					
ggf. Obstmade, 2. Generation								■	■			
Überwinterung als Puppe am Holz	■	■								■	■	■
Birnenpockenmücke				■	■	■	■					
Birnengallmücke				■	■	■	■					
Blattläuse verschiedene Arten												
Koloniebild., Vermehrung, teils Wirtswechsel			■	■	■	■	■	■				
Überwinterung als Ei auf Trieben	■	■								■	■	■
Blutlaus												
Koloniebildung, Vermehrung			■	■	■	■	■	■	■			
Überwinterung an Wurzel, in der Rinde	■	■								■	■	■

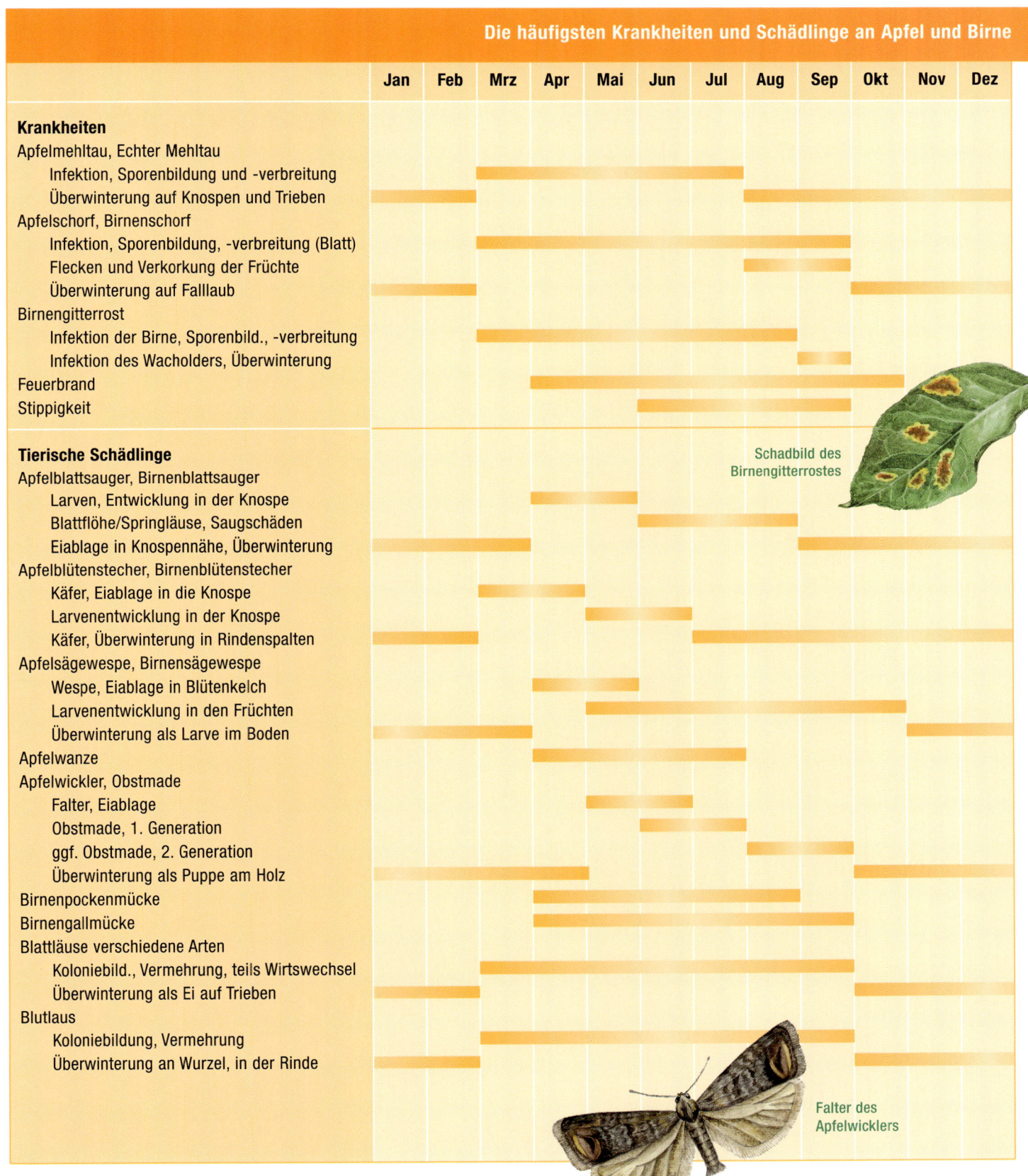

Schadbild des Birnengitterrostes

Falter des Apfelwicklers

Die häufigsten Krankheiten und Schädlinge von Steinobst

Kirschen

Krankheiten

	Jan	Feb	Mrz	Apr	Mai	Jun	Jul	Aug	Sep	Okt	Nov	Dez
Bakterienbrand	██	██	██	██	██	██	██	██	██	██	██	██
Bitterfäule bei Kirschen						██	██					
Monilia-Fruchtfäule												
Infektion und Symptome			██	██	██	██	██					
Überwinterung in Fruchtmumien	██	██							██	██	██	██
Monilia-Spitzendürre												
Infektion, Verbreitung und Symptome			██	██	██	██	██	██				
Überwinterung am Baum	██	██	██									
Schrotschusskrankheit												
Infektion, Sporenbildung und -verbreitung			██	██	██	██	██	██				
Überwinterung in Triebwunden	██	██	██							██	██	██
Sprühfleckenkrankheit												
Infektion, Sporenbildung und -verbreitung			██	██	██	██	██	██				
Überwinterung auf Falllaub									██	██	██	██

Tierische Schädlinge

	Jan	Feb	Mrz	Apr	Mai	Jun	Jul	Aug	Sep	Okt	Nov	Dez
Schwarze Kirschblattlaus												
erste Kolonien			██									
Massenvermehrung				██	██	██						
Wechsel auf Sommerwirt, Vermehrung						██	██	██	██	██		
Rückkehr zum Winterwirt, Überwinterung	██	██	██							██	██	██
Kirschblattwespe												
Wespe, Eiablage					██	██						
Larven der 1. bzw. 2. Generation						██	██	██				
Überwinterung der Larve im Boden	██	██	██					██	██	██	██	██
Kirschfruchtfliege												
Fliege, Eiablage an der Kirsche					██	██						
Entwicklung der Larve in der Frucht						██	██					
Verpuppung und Überwinterung im Boden	██	██	██				██	██	██	██	██	██

Kirschfruchtfliege

Pfirsich und Aprikose

Krankheiten

	Jan	Feb	Mrz	Apr	Mai	Jun	Jul	Aug	Sep	Okt	Nov	Dez
Kräuselkrankheit												
Infektion, Sporenbildung und -verbreitung			██	██	██	██						
Überwinterung auf Trieben und an Knospen	██	██	██							██	██	██

Tierische Schädlinge

	Jan	Feb	Mrz	Apr	Mai	Jun	Jul	Aug	Sep	Okt	Nov	Dez
Grüne Pfirsichblattlaus												
Koloniebildung, bis 4 Generationen			██	██	██	██						
Wechsel auf Sommerwirt, Vermehrung					██	██	██	██	██	██		
Rückflug auf Pfirsich, Eiablage								██	██	██		
Überwinterung in Knospen	██	██	██							██	██	██

Grüne Pfirsichblattlaus

Die häufigsten Krankheiten und Schädlinge von Steinobst (Fortsetzung)

	Jan	Feb	Mrz	Apr	Mai	Jun	Jul	Aug	Sep	Okt	Nov	Dez

Pflaumen und Zwetschen

Krankheiten
Narren- oder Taschenkrankheit
    Infektion, Sporenbild., Symptome an Früchten
    Überwinterung an Trieben
Rost, Zwetschen- und Pflaumenrost
    Infektion Anemone, Sporenbildung
    Sommerwirt, Sporenbildung und -verbreitung
    Überwinterung auf Falllaub
Scharka

Tierische Schädlinge
Grüne und Mehlige Zwetschenblattlaus
Pflaumensägewespe
    Wespe, Eiablage
    Larvenentwicklung in der Frucht
    Verpuppung im Boden, Überwinterung
Pflaumenwickler
    Falter 1. Gener., Eiablage, Larvenentwicklung
    Falter 2. Gener., Eiablage, Larvenentwicklung
    Überwinterung unter Borke

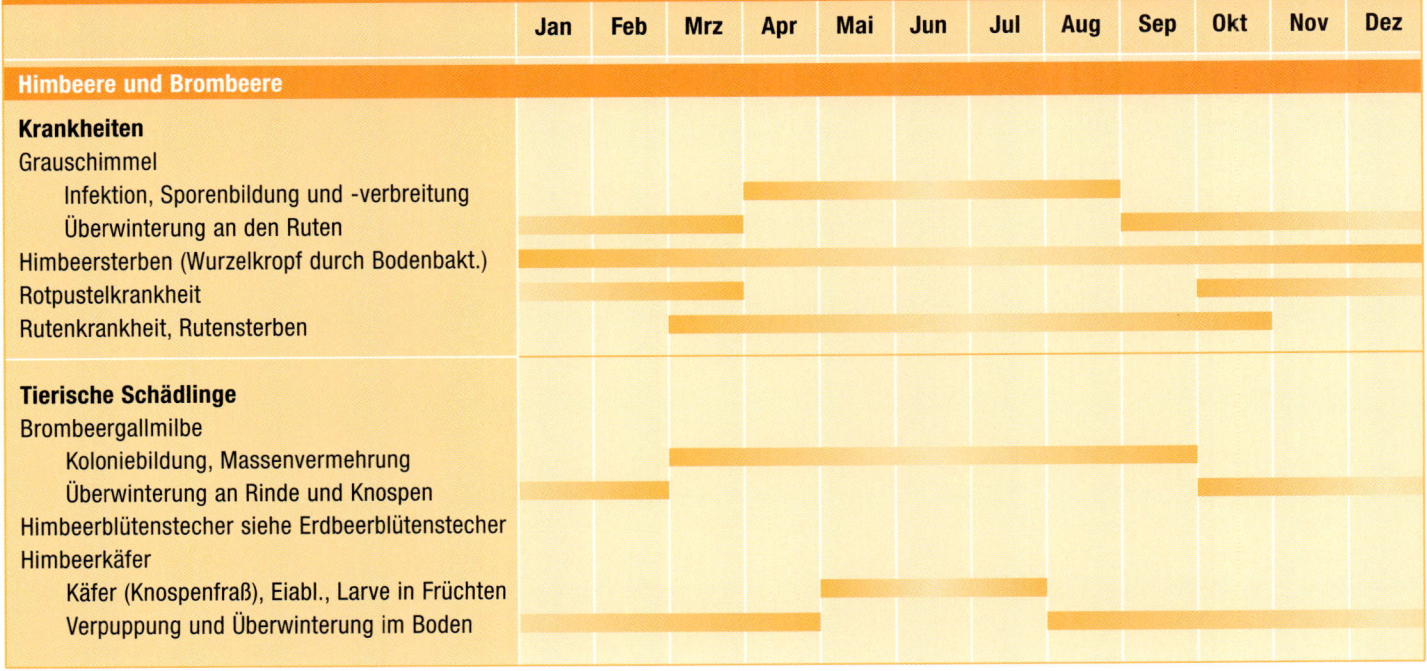

Scharka-Krankheit

Die häufigsten Krankheiten und Schädlinge von Beerenobst und Nüssen

	Jan	Feb	Mrz	Apr	Mai	Jun	Jul	Aug	Sep	Okt	Nov	Dez

Himbeere und Brombeere

Krankheiten
Grauschimmel
    Infektion, Sporenbildung und -verbreitung
    Überwinterung an den Ruten
Himbeersterben (Wurzelkropf durch Bodenbakt.)
Rotpustelkrankheit
Rutenkrankheit, Rutensterben

Tierische Schädlinge
Brombeergallmilbe
    Koloniebildung, Massenvermehrung
    Überwinterung an Rinde und Knospen
Himbeerblütenstecher siehe Erdbeerblütenstecher
Himbeerkäfer
    Käfer (Knospenfraß), Eiabl., Larve in Früchten
    Verpuppung und Überwinterung im Boden

Die häufigsten Krankheiten und Schädlinge von Beerenobst und Nüssen (Fortsetzung)

Erdbeeren

Krankheiten

	Jan	Feb	Mrz	Apr	Mai	Jun	Jul	Aug	Sep	Okt	Nov	Dez
Grauschimmel												
Infektion der Blüte, Symptome auf Früchten				■	■	■	■					
Überwinterung an infizierten Pflanzenteilen	■	■	■	■	■	■	■	■	■	■	■	■
Echter Mehltau												
Infektion, Sporenbildung und -verbreitung			■	■	■	■	■					
Überwinterung auf Laub									■	■	■	■
Kümmerwuchs			■	■	■	■						
Lederfäule					■	■						
Rhizomfäule an Erdbeere	■	■	■	■	■	■	■	■	■	■	■	■
Weiß- und Rotfleckenkrankheiten												
Infektion während der Blüte, Symptome				■	■	■	■	■	■			
Überwinterung auf befallenen Blättern									■	■	■	■

Tierische Schädlinge

	Jan	Feb	Mrz	Apr	Mai	Jun	Jul	Aug	Sep	Okt	Nov	Dez
Blatt- und Stängelälchen			■	■	■	■						
Erdbeerblütenstecher												
Käfer, Eiablage, Larvenentwicklung in Knospe				■	■							
Käfer, Überwinterung im Boden	■	■	■	■			■	■	■	■	■	■
Erdbeermilbe (Weichhautmilbe)												
Eiablage, Koloniebildung, Massenvermehrung				■	■	■	■	■	■			
Überwinterung	■	■								■	■	■
Fraßschäden durch Tausendfüßer, Schnecken					■	■						

Johannisbeere und Stachelbeere

Krankheiten

	Jan	Feb	Mrz	Apr	Mai	Jun	Jul	Aug	Sep	Okt	Nov	Dez
Blattfallkrankheit an Strauchbeeren					■	■	■	■	■			
Johannisbeerrost, Säulchenrost												
Infekt. Sommerwirt, Sporenbild., -verbreitung				■	■	■	■	■	■			
Infektion der Kiefer, Überwinterung	■	■	■	■					■	■	■	■
Amerikanischer Stachelbeermehltau												
Infektion, Sporenbildung und -verbreitung				■	■	■	■					
Überwinterung in Triebspitzen								■	■	■	■	■

Tierische Schädlinge

	Jan	Feb	Mrz	Apr	Mai	Jun	Jul	Aug	Sep	Okt	Nov	Dez
Johannisbeerblasenlaus												
Koloniebildung, 2 bis 4 Generationen				■	■	■						
Wechsel auf Sommerwirt						■	■	■				
Eiablage auf Johannisbeere, Überwinterung	■	■							■	■	■	■
Johannisbeergallmilbe												
Milben, Fraßschäden, Eiablage in Knopen			■									
Vermehrung und Überwinterung in Knospen	■	■	■	■	■	■	■	■	■	■	■	■

Grauschimmel

Schadensbild der Johannisbeerblattlaus

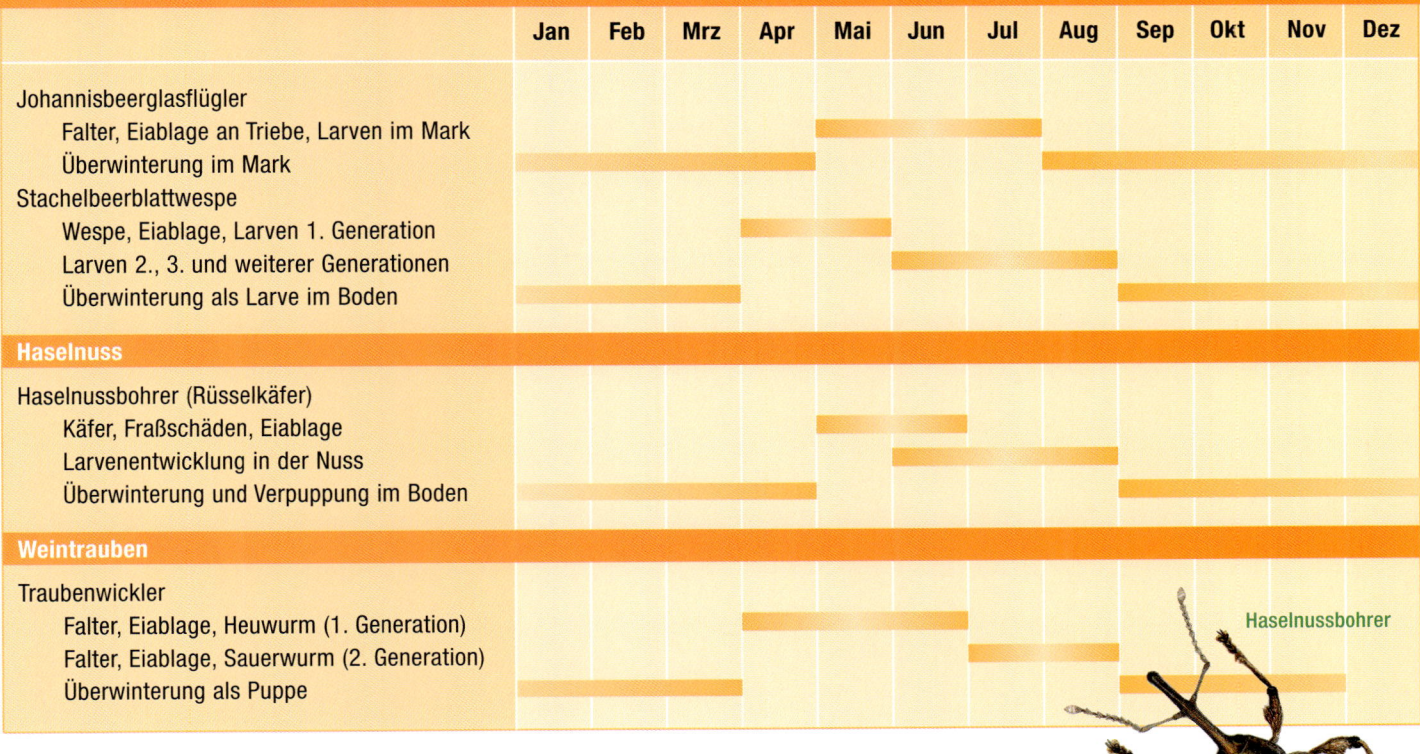

Die häufigsten Krankheiten und Schädlinge von Beerenobst und Nüssen (Fortsetzung)

	Jan	Feb	Mrz	Apr	Mai	Jun	Jul	Aug	Sep	Okt	Nov	Dez
Johannisbeerglasflügler												
Falter, Eiablage an Triebe, Larven im Mark					▬	▬						
Überwinterung im Mark	▬	▬	▬	▬					▬	▬	▬	▬
Stachelbeerblattwespe												
Wespe, Eiablage, Larven 1. Generation				▬	▬							
Larven 2., 3. und weiterer Generationen						▬	▬	▬				
Überwinterung als Larve im Boden	▬	▬	▬						▬	▬	▬	▬
Haselnuss												
Haselnussbohrer (Rüsselkäfer)												
Käfer, Fraßschäden, Eiablage					▬	▬						
Larvenentwicklung in der Nuss						▬	▬					
Überwinterung und Verpuppung im Boden	▬	▬	▬					▬	▬	▬	▬	▬
Weintrauben												
Traubenwickler												
Falter, Eiablage, Heuwurm (1. Generation)				▬	▬	▬						
Falter, Eiablage, Sauerwurm (2. Generation)							▬	▬				
Überwinterung als Puppe	▬	▬	▬						▬	▬	▬	▬

Haselnussbohrer

Vorbeugen und Schützen

Befallsdruck durch tierische Schädlinge vermindern

Schauen Sie regelmäßig nach Eigelegen, Larven, Raupen, minierten, eingerollten oder anders veränderten Blättern, Gespinsten, Schilden, beschädigten und angepickten Früchten und entfernen Sie sie. Das verringert die Anzahl der Fraßschädlinge erheblich und lässt noch genügend Nahrung für die Nützlinge. Je wärmer, trockener und länger der Sommer ist, umso günstiger sind die Bedingungen für die meisten Insekten. Bei massivem Befall etwa mit Blattläusen bieten sich Hausmittel und Kräuterbrühen an. Im Hobbygarten reichen diese Maßnahmen oft schon aus und Insektizide sollten erst die letzte Maßnahme sein.

Überwinternde Schädlinge aufspüren

Im Herbst und im zeitigen Frühjahr empfiehlt es sich, Äste und Zweige nach Wintergelegen und Raupen abzusuchen und diese abzubürsten. Die Tiere verbergen sich beispielsweise an Knospen, unter Rindenschuppen, unter Sekreten oder Schutzschilden. Eine Austriebsspritzung erfasst und vernichtet die an und in Knospen überwinternden tierischen Schädlinge bzw. Krankheitserreger. Allerdings vernichtet man damit auch die erste Nahrung für die Nützlinge.

Übersicht Überwinterungsformen	
Ei	Frostspanner, Ringelspinner, Schildläuse, Spinnmilben
Larve/Raupe	Fruchtschalenwickler, Gespinstmotte, Goldafter, Wickler
Puppe	Miniermotte
Falter	Obstbaumminiermotte

Schädlinge abfangen, irritieren, verwirren

Ein Leimring um den Baumstamm ist eine einfache, aber sehr wirkungsvolle Maßnahme, um Wanderbewegungen zur Baumkrone und zurück zu unterbinden. Im späten Frühjahr und Sommer bremst ein Leimring blattlausbesuchende Ameisen ab. Im Winter hindert der Leimring die Frostspannerweibchen daran, ihre Eier auf dem Baum abzulegen. In der Not legen sie oft ihre Eier unterhalb des Ringes ab, wo sie leicht aufzufinden und zu entfernen sind. Da die Weibchen an allen senkrechten Strukturen hochwandern, brauchen auch Stämme und Pfähle im Bereich der Baumkrone einen entsprechenden Leimring.

Einen Ring aus Wellpappe nehmen Wicklerraupen gerne als Versteck zum Verpuppen an. Dazu wird ein 10 bis 20 cm breites Stück Wellpappe einmal gefaltet und mit der Falzkante nach oben um den Baumstamm gelegt. Die einwandernden Larven kriechen auf dem Weg in den Zwischenraum der beiden Wellpappenhälften und können gut abgesammelt werden.

Weibchen irritieren

Die Wickler-Weibchen orientieren sich auf der Suche nach Äpfeln am Geruch. Mit Wermut- oder Rainfarntee lässt sich der Apfelgeruch gut überdecken. Vielfach bewährt haben sich die Farbfallen, das sind mit Leim bestrichene, in bestimmten Farben gehaltene Tafeln, die senkrecht in den Baum gehängt werden. So fühlen sich Sägewespen und Himbeerkäfer von der Farbe Weiß angezogen, Thripse stehen auf Blau und auf Gelb fliegen Blattläuse, Trauermücken, Minierfliegen, Kirschfruchtfliegen und viele andere Schadinsekten. Zusätzlich werden die Tiere über Alkohol angelockt. Weil auch viele Nützlinge auf Gelb ansprechen, darf die Tafel nur während der Flugzeit des jeweiligen Schädlings verwendet werden.

Lassen Sie eine Bodenanalyse machen, wenn Ihr Obstbaum oder -strauch Probleme bereitet. Die Ansprüche an Nährstoffen und Spurenelementen sowie der Kalkbedarf sind bei den jeweiligen Arten sehr unterschiedlich.

Vogelnetze

Häufig wird empfohlen, Obstbäume und Sträucher mit einem (Kunststoff-)Netz vor hungrigen Vögeln zu schützen. Dann allerdings sollte es so angebracht werden, dass sich die Vögel auf keinen Fall im Netz verfangen können. Besser als ein Netz sind im Hobbygarten Vogelscheuchen und Windspiele, Flatterbänder, kleine Windmühlen und Mobiles mit Kugeln.

Wühlmäuse

Man fängt sie am einfachsten im Winter (siehe Seite 111).

Biologischer und chemischer Pflanzenschutz

Bei massivem Befall können Pflanzenschutzmittel die Schädlinge abwehren. Mittlerweile gibt es bewährte biologische Mittel gegen Raupen, etwa das *Bacillus thuringiensis*, Nematoden, Schlupfwespen oder Granuloseviren (siehe Seite 125). Chemische Mittel wirken nicht gegen Larven und Raupen, die minieren, sich in Gespinsten verbergen oder unter Schilden und Sekreten verstecken. Einige Insektizide sind gefährlich für Bienen; daher unbedingt die Anleitungen beachten!

Infektionsherde entfernen

Fruchtmumien, erkranktes Laub und dürre Zweige stellen Infektionsherde dar und sollten umgehend beseitigt werden. Die einzelnen Obstsorten unterscheiden sich erheblich in ihrer Anfälligkeit für Infektionskrankheiten. Robuste Sorten sind generell vorzuziehen. Fungiziden sollten nur eingesetzt werden, wenn die Witterung einen hohen Schaden befürchten lässt.

Abwehr unterstützen

Pflanzenstärkungsmittel, -brühen und -jauchen unterstützen und stärken die Pflanze (siehe Seite 126).

Frostrisse am Baumstamm

Eine warme Wintersonne tagsüber und Frosttemperaturen in der Nacht führen zu Spannungen in der Baumrinde, die zu Rissen führen. Davor schützt ein weißer Kalkanstrich des Stammes (siehe Seite 128).

Spätfrost

Ein Spätfost kann sich bei früh blühenden Obstbäumen verheerend auswirken. Es kommt zu Frostblasen an Blättern, die Blüten erfrieren, die Ernte fällt aus. Früchte bekommen Längsrisse, die später verkorken. Eine frühzeitig aufgebrachte Mulchschicht auf der Baumscheibe isoliert den Boden, verzögert dessen Erwärmung und verschiebt so die Blüte weiter in den Frühling. Bei kleineren Sträuchern kann man die Früchte nachts mit einer Folie abdecken.

Bestäubung sichern

Auf eine Fremdbestäubung angewiesen sind Apfel, Birne, Kirsche. Man kann helfen, indem man einen blühenden Zweig der Vatersorte in die Krone der Muttersorte hängt. Bei selbstfruchtbaren Sorten wie Aprikose, Pfirsich, Pflaume und Sauerkirschen kann man mit einem kräftigen

Befruchtung der Obstbäume	
Selbstbefruchtung	Pfirsich, Aprikose, Quitte, Schattenmorelle, Walnuss, viele Pflaumen- und Zwetschensorten
Fremdbestäubung	Apfel, Birne, Süßkirschen, Haselnuss

Schütteln nachhelfen. Nur bei anhaltendem Regen lässt sich kaum etwas ausrichten; die Insekten fliegen kaum und die Pollen sind für das Weitertragen zu feucht.

Fruchtansatz pflegen

Im Frühjahr wachsen Früchte und junge Triebe gleichzeitig und der Baum verbraucht viel Wasser und Nährstoffe. Mangelt es ihm an etwas, dann wirft er die jungen Früchte ab. Stickstoff ist für Blütenbildung und Fruchtansatz erforderlich; Kalium erhöht die Qualität der Früchte. Äpfel, Süßkirsche und Schwarze Johannisbeere leiden häufig unter Magnesiummangel; eine schlechte Kalziumversorgung führt zur Stippigkeit der Äpfel.

Wie düngt man einen Baum?

Man gräbt im Bereich der Baumscheibe mehrere 30 bis 50 Zentimeter tiefe Löcher, gibt Spezial-Baumdünger hinein und füllt sie wieder mit Erde auf. Das Mulchen oder eine Gründüngung der Baumscheibe wirkt sich immer positiv auf die Qualität der Früchte aus.

Junifall der Früchte

Der so genannte Junifall ist eine natürliche Ausdünnung der Früchte. Auf 10 Zentimeter Trieblänge sollte nicht mehr als ein Apfel hängen, gegebenenfalls muss man nachhelfen.

Gemüse und Kräuter – ja oder nein?

Gegen einen Gemüsegarten spricht einiges: zu kleine Gärten, Gemüse nimmt viel Platz weg, die Pflanzen sind recht anspruchsvoll, sie brauchen reichlich Wasser, einen humosen Boden, sind pflegebedürftig und erfordern Zeit, ein Komposthaufen wird nahezu unverzichtbar. Auch bietet der Handel viele Gemüsesorten preiswert an.

Heute möchten nur wenige Hobbygärtner einen klassischen Gemüsegarten, vielmehr ziehen sie eine praktische Alternative mit hohem Nutzwert bei wenig Arbeit vor. So gedeihen ausgewählte Gemüsearten und Gewürzkräuter zwischen Zierpflanzen. In Kübeln, Kästen und Töpfen lassen sich auch exotische Gemüsearten mit den unterschiedlichsten Ansprüchen aufziehen. Und in irgendeiner Gartenecke finden sich dann noch Kohlrabi und Möhren, Tomaten und Paprika.

Entwicklungsstadien: je nach Art völlig unterschiedlich.
Pflegemaßnahmen: Aussäen oder Pflanzen, Düngen, Ernten, Fruchtwechsel/Nachbarkulturen beachten.

Krankheiten und Schädlinge an Fruchtgemüse

	Jan	Feb	Mrz	Apr	Mai	Jun	Jul	Aug	Sep	Okt	Nov	Dez
Bohne und Erbsen												
Bohnenfliege			■	■	■	■	■	■				
Bohnenlaus					■	■	■	■	■	■	■	
Brenn- und Fettfleckenkrankheit						■	■					
Erbsenblattrandkäfer					■	■						
Erbsenblasenfuß						■	■	■	■			
Erbsenkäfer						■	■	■				
Erbsenrost, Bohnenrost						■	■	■	■	■		
Erbsenwickler						■	■					
Fusarium-Welke an Erbse						■	■					
Grauschimmel	■	■	■	■	■	■	■	■	■	■	■	■
Spinnmilben			■	■	■	■	■	■	■	■		
Gurke												
Grüne Gurkenblattlaus					■	■	■	■	■			
Mehltau							■					
Gurkenmosaik, Eckige Blattfleckenkrankheit	■	■	■	■	■	■	■	■	■	■	■	■
Tomaten												
Blattläuse					■	■	■	■				
Fadenblättrigkeit	■	■	■	■	■	■	■	■	■	■	■	■
Kraut- und Braunfäule						■	■	■				
Tomatenwelke	■	■	■	■	■	■	■	■	■	■	■	■
Kartoffel												
Kartoffelälchen	■	■	■	■	■	■	■	■	■	■	■	■
Kartoffelkäfer				■	■	■	■	■	■	■		
Kartoffelschorf	■	■	■	■	■	■	■	■	■	■	■	■
Kraut- und Knollenfäule						■	■	■				
Möhren												
Möhrenfliege				■	■	■	■	■	■			
Möhrenschwärze, Schwarzfäule	■	■	■	■	■	■	■	■	■	■	■	■
Porree												
Lauchminierfliege, Zwiebelfliege					■	■	■	■				
Lauchmotte					■	■	■	■				
Radieschen												
Kleine Kohlfliege, Rettichfliege (3. Generationen)					■	■	■	■	■	■	■	
Erdfloh					■							
Mosaikkrankheiten	■	■	■	■	■	■	■	■	■	■	■	■

Erbsenblattrandkäfer

Erdfloh

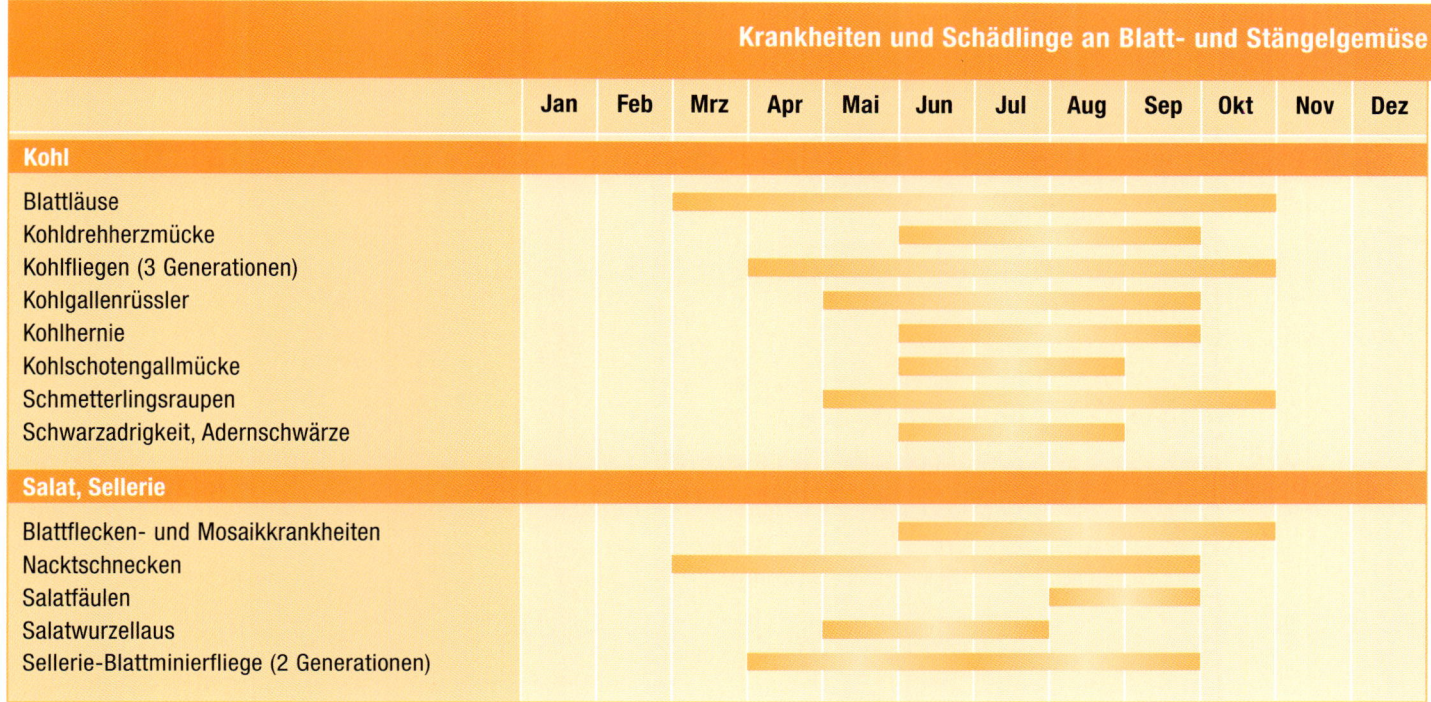

	Jan	Feb	Mrz	Apr	Mai	Jun	Jul	Aug	Sep	Okt	Nov	Dez
Krankheiten und Schädlinge an Blatt- und Stängelgemüse												
Kohl												
Blattläuse				▬	▬	▬	▬	▬	▬	▬		
Kohldrehherzmücke						▬	▬	▬	▬			
Kohlfliegen (3 Generationen)				▬	▬	▬	▬	▬	▬	▬		
Kohlgallenrüssler					▬	▬	▬	▬	▬			
Kohlhernie						▬	▬	▬	▬			
Kohlschotengallmücke						▬	▬	▬				
Schmetterlingsraupen					▬	▬	▬	▬	▬			
Schwarzadrigkeit, Adernschwärze					▬	▬	▬	▬	▬			
Salat, Sellerie												
Blattflecken- und Mosaikkrankheiten						▬	▬	▬	▬			
Nacktschnecken				▬	▬	▬	▬	▬				
Salatfäulen								▬	▬			
Salatwurzellaus					▬	▬	▬					
Sellerie-Blattminierfliege (2 Generationen)				▬	▬	▬	▬	▬	▬			

Vorbeugen

Standortansprüche

Nur wenige Gemüsesorten wachsen überall gleich gut, etwa Kohl, Porree und Salat. Andere wie Spargel und Möhre gedeihen nur auf leichtem Boden. Fruchtgemüse wünscht ein trockenes Frühjahr, die Zwiebel einen trockenen Herbst. Viel Sonne und Wärme verlangen Tomaten, Bohnen und Gurken. Der richtige Standort ist Voraussetzung für eine gute Ernte.

Düngung

Gemüse entzieht dem Boden reichlich Nährstoffe. Das vorhandene Angebot reicht häufig nicht aus und es muss gedüngt werden. Gartenkompost verbessert den Boden und führt Nährstoffe zu. Er wird mit der Aussaat oder Pflanzung ausgebracht. Je nach Gemüse müssen noch geringe Mengen Stickstoff und/oder Kalium zugeführt werden (siehe Düngen, Seite 22).

Kulturfolge, Fruchtwechsel

Auf einem Beet lassen sich im Laufe des Jahres nacheinander mehrere Gemüsepflanzen und Kräuter ziehen. So kann man im zeitigen Früh-jahr mit einem frühen Kopfsalat beginnen, im Mai Tomaten oder Blumenkohl anbauen und zum Schluss Feldsalat aussäen. Das Beet und die Vegetationszeit werden optimal ausgenutzt, der Bodenmüdigkeit wird vorgebeugt. Bei Anbau der gleichen Gemüsesorte über mehrere Jahre laugt der Boden aus, werden Schadpilze begünstigt und das Bodenklima wirkt negativ für die Pflanze.

Nachbarpflanzen

Die meisten Gemüsearten sind bezüglich ihrer Nachbarn sehr wählerisch. Einige harmonieren miteinander, andere strecken ihre Wurzeln in völlig entgegengesetzte Richtungen und schicken aggressive, wachstumshemmende Wurzelsäfte aufeinander los.

Keimlinge

Saatgut lässt sich nicht unbegrenzt lange aufbewahren. Kräutersamen keimen nur ein bis zwei Jahre, die Samen einiger Fruchtgemüse halten es mehrere Jahre aus. Ein Keimtest zeigt, ob sich die Aussaat noch lohnt. Klassische Keimlingskrankheiten sind Fraßschäden durch Schnecken, Tausendfüßler, Asseln u. a., Kälte- und Trockenschäden, Falscher Mehltau und Umfallkrankheit.

Anhang

Glossar

abiotisch	unbelebt
Akarizid	Mittel gegen (Spinn)Milben
Algizid	chemischer Algenhemmer
alkalisch	Gegenteil von sauer, pH-Wert liegt über 7
Atemgift	das Mittel wirkt über die Atemwege
Austriebsspritzung	erfasst überwinternde Schädlinge
Bakteriose	von Bakterien verursachte Infektionskrankheit
Blattdünger	flüssiger Dünger wird über die Blätter aufgenommen
Blattgrün	Chlorophyll
Chlorophyll	grüner Pflanzenfarbstoff, dient zur Photosynthese
Chlorose	Vergilbung der Blätter durch Chlorophyllverlust
Fraßgift	das Mittel wirkt über den Magen-Darm-Trakt
Fruchtwechsel	Wechsel der angebauten Pflanzen
Fruchtmumie	infizierte Frucht, die am Baum hängen bleibt
Fungizid	Mittel gegen Pilze
Galle	runde oder längliche Wucherung an Pflanzenteilen; in der Galle wächst ein Insekt oder eine Milbe heran
Herbizid	chemisches Unkrautbekämpfungsmittel
Honigtau	zuckerhaltige Ausscheidungen von Blattläusen und anderen Pflanzensaftsaugern
Hyphe	Pilzfaden, bilden in ihrer Gesamtheit den Pilzkörper
Insektizid	Mittel gegen Insekten
Integrierter Pflanzenschutz	kombinierte Anwendung verschiedener Methoden
Kontaktgift	das Mittel wirkt über die Haut und das Atmungssystem
Mine	Fraßgänge im Innern von Pflanzenteilen
Molluskizid	Mittel gegen Schnecken
mulchen	das Bedecken freier Bodenflächen
Myzel	Pilzgeflecht
Nekrose	abgestorbenes Pflanzengewebe
Nematizid	Abwehrmittel gegen Nematoden/Älchen
Parasit	ernährt sich von einem Wirt
Pflanzenstärkungsmittel	erhöht die Widerstandskraft von Pflanzen gegenüber Schädlingen und Pflanzenkrankheiten
ph-Wert	gibt den Säuregrad an, ph 7 = neutral
Resistenz	Widerstandsfähigkeit eines Schädlings oder einer Pflanze
Rodentizid	Gifte gegen Nagetiere (Rodentia)
Samenunkraut	Unkraut, das sich vorwiegend über Samen ausbreitet
sauer	pH-Wert niedriger als 7
Schmarotzer	Parasit
Schorf	rauhe, krustenartige Flecken auf Blätter, Früchten u. a.
Sporen	Fortpflanzungszellen bei Farnen, Pilzen, Bakterien, Algen
Spurenelemente	Nährstoffe, die nur in kleinsten Mengen benötigt werden
Symptom	Erscheinungsbild einer Krankheit oder einer Schädigung
systemisches Mittel	Wirkstoff wird von der Pflanze aufgenommen und gelangt über den Saftstrom durch die ganze Pflanze
Thallus	Pilzkörper, besteht aus sehr dünnen Fäden, den Hyphen
Virose	von Viren hervorgerufene Krankheiten
Wartezeit	mindester Zeitabstand zwischen Anwendung eines Pflanzenschutzmittels und der Ernte
Wirkstoff	wirksame Substanz eines Pflanzenschutzmittels
Wirtswechsel	der Parasit muss im Laufe seiner Entwicklung den Wirt wechseln
Wurzelunkraut	festsitzende Wurzeln treiben neu aus
Wurzelhals	Übergangszone zwischen Wurzel und Spross
Zeigerpflanzen	Wildkräuter, die bestimmte Bodeneigenschaften anzeigen

Bezugsadressen

Agrinova, Biologische Präparate, Hauptstr. 13, 67283 Obrigheim-Mühlheim, Tel.: 06359/96811, www.agrinova.de

Celaflor GmbH, Konrad-Adenauer-Str. 30, 55218 Ingelheim, Tel.: 06132/78030

W. Neudorff GmbH KG, Postfach 1209, 31857 Emmerthal, Tel.: 05155/624142, www.neudorff.de

Sautter & Stepper GmbH, Biologischer Pflanzenschutz, Rosenstr. 19, 72119 Ammerbuch-Altingen, Tel.: 07032/957830, www.nuetzlinge.de

Literatur

Böhmer, Bernd; Wohanka, Walter: Farbatlas Krankheiten und Schädlinge an Zierpflanzen, Obst und Gemüse. Verlag Eugen Ulmer, 1999

Böswirth, Daniel; Thinschmidt, Alice: Rasenprobleme erkennen und beheben. Verlag Eugen Ulmer, 2002

Greenwood, Pippa; Halstead, Andrew: The Royal Horticultural Society: Schädlinge & Krankheiten. Dorling Kindersley Verlag, 2004

Kreuter, Marie-Luise: Pflanzenschutz im Biogarten. BLV Verlagsgesellschaft. 4. Auflage 2001

Loherer, Thomas: Taschenbuch Pflanzenschutz. Von Januar bis Dezember. Verlag Eugen Ulmer, 2002

Schmid, Otto; Heggeler, Silvia: Biologischer Pflanzenschutz im Garten. Verlag Eugen Ulmer, 9. Auflage 2000

Veser, Jochen: Pflanzenkrankheiten erkennen und behandeln. Verlag Eugen Ulmer, 3. Auflage 2003

Hilfreiche Internetseiten

- **Pflanzenschutzämter der Länder:**
  Baden-Württemberg
  www.landwirtschaft-mlr.baden-wuerttemberg.de/la/lfp/start.htm
  Bayern www.landwirtschaft.bayern.de/
  Berlin www.stadtentwicklung.berlin.de/pflanzenschutz/haus_garten/
  Brandenburg www.luis-bb.de/l/psd/index.aspx und
  www.mlur.brandenburg.de/cms/detail.php?id=147571&_siteid=210
  Hamburg www.pflanzenschutzamt-hamburg.de
  Hessen www.hdlgn-hessen.de/cms/gartenbau/1297.php
  Niedersachsen, Weser-Ems www.lwk-we.de/lw_pp_schutz.html
  Nordrhein-Westfalen, Rheinland www.pflanzenschutzdienst.de
  Nordrhein-Westfalen, Westfalen-Lippe
  www.lk-wl.de/rlp/pflsch/kleingarten/index.htm
  Rheinland-Pfalz www.gartenakademie.rlp.de
  Sachsen www.smul.sachsen.de/de/wu/Landwirtschaft/lfl/Wir_fuer_Sie/Gartenakademie/index.html
  Sachsen-Anhalt http://lsa-st23.sachsen-anhalt.de/lpsa/indexa.htm
  Schleswig-Holstein www.landesregierung.schleswig-holstein.de

- Infodienst und Wissenspool der Fachhochschule Weihenstephan, Forschungsanstalt für Gartenbau
  www.fh-weihenstephan.de/fgw/wissenspool/index.html
- aid infodienst Verbraucherschutz, Ernährung, Landwirtschaft
  www.aid.de/landwirtschaft/haus_und_kleingarten.cfm
- Biologische Bundesanstalt für Land- und Forstwirtschaft www.bba.de
- Bundesamt für Verbraucherschutz und Lebensmittelsicherheit
  www.bvl.bund.de/pflanzenschutz/index.htm
- Linkliste der Deutschen Phytomedizinischen Gesellschaft (DPG)
  http://dpg.phytomedizin.org/info/links.htm
- Webseiten der Gartenzeitschriften

Präparateübersicht:
Wirkstoff, Anwendung, Beispiele

Wirkstoff: **Apfelwickler-Granulosevirus**
Anwendung: Apfelwickler an Kernobst
Präparate: GRANUPOM Obstmadenfrei Granupom, MADEX 3

Wirkstoff: **Azidirachtin** – Insektizid, Akarizid (Neem)
Anwendung: Blattläuse, Spinnmilben, Weiße Fliegen an Ziergehölzen, Kleiner Frostspanner an Obst, Kartoffelkäfer, Sitkafichtenlaus, Rhododendronzikade
Präparate: NeemAzal-T/S, Schädlingsfrei Neem

Wirkstoff: *Bacillus thuringiensis*
Anwendung: Schadschmetterlinge an Gemüse, Frostspanner, Traubenwickler
Präparate: Dipel 2X, Neudorffs Raupenspritzmittel N, Xen Tari

Wirkstoff: **Bitertanol** - Fungizid
Anwendung: Apfelschorf, Monilia-Spitzendürre und Fruchtfäule an Kirsche, Rostpilze und Echter Mehltau an Zierpflanzen und Rosen, Sternrusstau,
Präparate: Baycor-Spritzpulver, Baymat flüssig, Baymat Rosenspray, Baymat Rosen-Spritzmittel, COMPO Rosen-Schutz, COMPO Rosen-Spray

Wirkstoff: **Chlorpyrifos** – Insektizid
Anwendung: Ameisen und Gemüsefliegen (Kohlfliege, Möhrenfliege)
Präparate: Ameisen Streu- und Gießmittel, Ameisenmittel HORTEX, Dursban fest, Insekten-Streumittel Nexion Neu, Ridder

Wirkstoff: **Codlemone + Cyfluthrin**
Anwendung: Apfelwickler
Präparate: Appeal

Wirkstoff: **Dimethoat** – Insektizid, Akarizid
Anwendung: Kohlfliege, Saugende Insekten (Blattläuse, Schildläuse u. a.) an Rosen und Zier- und Nutzpflanzen (nicht an Chrysanthemen)
Präparate: Adimethoat 40 EC, Bi 58 (Combi-Stäbchen, Rosen-Pflaster, Spray), Blattlausfrei-Pflaster, Combi-Stäbchen Hortex D, Combi-Stäbchen, COMPO Pflanzenschutz-Stäbchen, Danadim Dimethoat 40, Etisso Combi-Düngerstäbchen, Etisso Schädlingsfrei, Insektenspritzmittel Rogor, Insekten-Spritzmittel Roxion, PERFEKTHION, Pflanzol Combi-Düngerstäbchen, Rosen-Pflaster Hortex, Rosen-Pflaster

Wirkstoff: **Eisen-III-Phosphat** – Molluskizid
Anwendung: Schnecken
Präparate: Ferramol Schneckenkorn

Wirkstoff: **Eisen-II-Sulfat, Eisen-III-Sulfat** – Herbizid (Moose)
Anwendung: Moose im Rasen
Präparate: Gabi-Anti-Moos-S, Rasendünger mit Moosvernichter, MV RASEN FLORANID, Rasen-Floranid, Stodiek Moosvernichter, SUBSTRAL RASEN-DÜNGER mit Moosvernichter

Wirkstoff: **Essigsäure** – Herbizid
Anwendung: Moose im Rasen
Präparate: Tem 123, COMPO Filacid Unkrautmittel

Wirkstoff: **Fenarimol** – Fungizid
Anwendung: Echte Mehltau-, Rostpilze an Zierpflanzen und Rosen, Sternrusstau
Präparate: Chrysal Rosenspray, COMPO-Rosenspray, Paral gegen Pilzkrankheiten, Pflanzen Paral Pilz-Frei N, Pilz-frei Spiess Urania, Rosenspray Saprol

Wirkstoff: **Fenhexamid** – Fungizid
Anwendung: Grauschimmel an Erdbeere, Beerenobst, Monilia-Spitzendürre und Fruchtfäule an Kirsche
Präparate: Teldor

Wirkstoff: **Fosetyl** – Fungizid
Anwendung: Falscher Mehltau an Gurken und Salat
Präparate: Aliette WG, Spezial-Pilzfrei Aliette

Wirkstoff: *Heterorhabditis megdidis*
Anwendung: Larven und Puppen von Dickmaulrüsslern
Präparate: Parasitäre HM-Nematoden

Wirkstoff: **Imidacloprid** – Insektizid
Anwendung: Blattläuse und andere Sauginsekte an Zierpflanzen
Präparate: Lizetan Neu Zierpflanzenspray, Provado Gartenspray

Wirkstoff: **Kali-Seife** – Insektizid, Akarizid
Anwendung: Saugende Insekten (Blattläuse, Spinnmilbe, Blattwanzen, Zikaden, Weiße Fliege, Thripse u. a.) an Gemüse, Obst (außer Erdbeeren), Ziergehölzen und -pflanzen
Präparate: Blusana Pflanzenspühmittel, Chrysal Pumpspray für Pflanzen, Neudosan AF Neu Blattlausfrei, Neudosan Neu, Neudosan Neu Blattlausfrei

Wirkstoff: **Kupferoktanoat** – Fungizid
Anwendung: Kraut- und Knollenfäule an Kartoffeln, Kraut- und Braunfäule an Tomaten, Falscher und Echter Mehltau an Wein
Präparate: Cueva NEU, Cueva Wein-Pilzschutz

Wirkstoff: **Kupferoxychlorid** – Fungizid
Anwendung: Kraut- und Knollenfäule an Kartoffeln, Kraut- und Braunfäule an Tomaten, Weiß- und Rotfleckigkeit an Erdbeere, Falscher Mehltau
Präparate: Funguran, Kupferkalk Atempo, Kupferspritzmittel Schacht

Wirkstoff: **Lecithin** – Fungizid
Anwendung: Echter Mehltau an Gurken, Apfelmehltau, Amerikanischer Stachelbeermehltau, Echter Mehltau an Zierpflanzen
Präparate: BioBlatt-Mehltaumittel, Chrysal Mehltauspray

Wirkstoff: **Maneb** – Fungizid
Anwendung: Kraut- und Knollenfäule an Kartoffeln, Kraut- und Braunfäule an Tomaten, Falscher Mehltau und Rost an Zierpflanzen
Präparate: Maneb WP

Wirkstoff: **Metaldehyd** – Molluskizid
Anwendung: Schnecken
Präparate: COMPO Schneckenkorn, Schneckenkorn Helarion, Schneckenkorn Limex N

Wirkstoff: **Methiocarb** – Molluskizid
Anwendung: Schnecken
Präparate: Mesurol Schneckenkorn

Wirkstoff: **Methiocarb + Imidacloprid** – Insektizid
Anwendung: Blattläuse, Blattwanzen, Zikaden u. a. Sauginsekten an Zierpflanzen
Präparate: Lizetan Plus Zierpflanzenspray, Provado Gartenspray

Wirkstoff: **Metiram** – Fungizid
Anwendung: Kraut- und Knollenfäule an Kartoffeln, Falscher Mehltau an Salat, Falscher Mehltau und Rostpilze an Zierpflanzen
Präparate: COMPO Pilz-frei Polyram WG, Gemüse Pilzfrei Polyram

Wirkstoff: **Mineralöle** – Insektizid
Anwendung: Sauginsekten (Obstbaumspinnmilbe, Schildläuse, Spinnmilben, Woll- und Schmierläuse) an Ziergehölzen und -pflanzen
Präparate: Austriebs-Spritzmittel Weißöl, ELEFANT-SOMMERÖL, Floril, Promanal Neu Austriebsmittel, Promanal Neu Schild- und Wolllausfrei

Wirkstoff: **Oxydemeton-methyl** – Insektizid, Akarizid
Anwendung: Blattläuse an Kohl und Salat, Saugende Insekten an Kernobst, Sägewespen an Pflaumen, Saugende Insekten und Spinnmilben an Zierpflanzen
Präparate: Metasystox R spezial

Wirkstoff: **Phoxim** – Insektizid
Anwendung: Ameisen
Präparate: Ameisenmittel Bayer

Wirkstoff: **Pyrethrine + Piperonylbutoxid** – Insektizid
Anwendung: breite Wirkung gegen Saug- und Fraßinsekten, Kartoffelkäfer, Lauchmotte, Blattläuse u. a.
Präparate: Chrysal Gartenschädlingsfrei, COMPO Insekten-Spray, Detia Pflanzen-Universal-Staub, Gartenspray Horex, Gartenspray Parexan, Herba-Vetyl-Staub Neu, Insekten-Stäubemittel Hortex, Spruzit-Gartenspray

Wirkstoff: **Rapsöl** – Insektizid, Akarizid
Anwendung: Blattläuse, Weiße Fliege, Spinnmilben an Gemüse, Kern- und Steinobst, Gallmilben, Sitkafichtenlaus, Weiße Fliege und Schildläuse an Zierpflanzen
Präparate: Pflanzen Paral Schädlings-Frei S, Paral Blattlaus-Frei S, Schädlingsfrei Hortex, Schädlingsfrei Naturen AF

Wirkstoff: **Schwefel** – Fungizid
Anwendung: Echter Mehltau an Erbsen und Gurken, Apfelmehltau, Amerikanischer Stachelbeermehltau, Echter Rebenmehltau, Echter Mehltau an Zierpflanzen, Apfelschorf, Spinnmilben an Kernobst, Brombeergallmilbe
Präparate: Asulfa JET, COMPO Mehltau-frei Kumulus, Netzschwefel Schacht, Netzschwefel WG, THIOVIT JET

Register

A

Aaskäfer 78, 85
Ackerschachtelhalm-Auszug 130
Ackerschnecke 108
Adernschwärze 59
Akarizid 134
Alaun 131
Älchen 104
Algen im Rasen 38
Algen im Teich 40
Algenextrakt 126
Algenwachstum begrenzen 40
Ameisen 91
Amphibien 120
Apfel, Besenwuchs 56
-, Bohrfraß 101
-, Gangminen in Blatt 90
-, mehliger Belag auf Trieben 63
-, Minierfraß 101
-, Stippe 20, 116
-, Welke 98
Apfelblütenstecher 96
Apfelmehltau 63
Apfellaus 83
Apfelsägewespe 101
Apfelschorf 61, 71
Apfelwickler 101
Apfelwickler-Granulosevirus 125
Aphidina siehe Blattläuse
Apocrita 78
Aprikose, Blattflecken 68
-, Krankheiten und Schädlinge 150
Asche-Boden 11
Asseln 120
Äste, absterbende 58
Asternwelke 64
Auszüge 130
Azaleen,
Krankheiten und Schädlinge 146
Azidirachtin 133

B

Bacillus thuringiensis 43, 125
Bakterien 54, 57
bakterielle Tomatenwelke 59
Bakterienbrand 58
Bakteriosen, Vorbeugung 58
Bäume, Entwicklungsstadien 144
Bäume,
Krankheiten und Schädlinge 144
Baumrinde, Risse in der 154
-, geplatzte 26
Beete, Neuanlage 34
Beetrosen, widerstandsfähige 142
Befallsdruck vermindern 153
Besenwuchs 56
Bienen 87
Birne, fleckige Blätter 66
-, Steinfrüchtigkeit 57
Birnengitterrost 66
Birnenschorf 71
Bitterfäule 71
Blasenfüße 95
Blasenläuse 96
Blatt, Blattadern verfärbt 59
-, Braunfärbung 58
-, braungraue Flecken 61
-, braunschwarze Flecken 68
-, Buchtenfraß 86
-, dunkle Punkte 62
-, eckige Flecken 59
-, eingerollt 91, 95
-, farbige Flecken 61
-, Fensterfraß 87, 84
-, Fleckenbildung 57, 58, 105
-, Fraßschäden 84, 85, 88
-, Gangminen 90
-, gelb gesprenkelt 80
-, gekrümmte 20
-, Gespinst 92

-, Kahlfraß 92
-, klebrig 80
-, Linienmuster 56
-, Lochfraß 81, 86, 87
-, Miniergänge 90
-, rötliche Flecken 62
-, weiß gesprenkelt 106
-, zerfasert 86
Blattachseln, Gespinste 91
-, Schaumnester 91
Blättälchen 105
Blätter schwarz verfärbt 81
Blätter sterben ab 68
Blattfleckenkrankheit 58, 61
-, eckige 59
Blattflöhe 77, 95
Blatthornkäfer 78, 85, 93, 99
Blattkäfer 84
Blattlausbefall 131
Blattlausbekämpfung 131
Blattläuse 77, 80, 82 ff., 89, 95
Blattlausvertilger 122
Blattoberfläche, weißer Belag 63
Blattrand, Fraßstellen 87
Blattrandnekrose 20
Blattrollwespe 91
Blattschneiderbiene 87
Blattunterseite mit Gespinst 107
-, Flecken 68
-, weißliches Geflecht 62
Blattveränderungen, bakterielle 61
Blattverfärbung 20, 56, 115
-, bakterielle 58
-, virenbedingte 56 ff.
Blattverformungen 80
Blattwanzen 78, 81, 95, 96
Blattwespen 87
Bleicherde siehe Podsol
Blüte, Fraßschaden 99
-, abgeknickt 98
-, vertrocknet 100
-, Lochfraß 99
-, gelbliche Streifen 57
Blütenfresser 100
Blütenknospen,
blasig aufgetrieben 106
Blütenveränderungen,
virenbedingte 57
Blütenvergrünung 55
Blutlauskrebs 96
Boden 10 ff.
-, alkalischer 18
-, anreichern 14
-, kalken 14
-, Kalkgehalt 13
-, Korngröße 12
-, Krümeltest 13
-, leichter 18
-, magerer 14
-, nährstoffarmer 18
-, nasser 14, 18
-, pH-Wert 13
-, saurer 18
-, Schlämmprobe 13
-, schwerer 18
-, trockener 18
-, verdichtete 14, 18
-, Zeigerpflanzen 25
Bodenanalyse 12, 154
Bodendeckerrosen,
widerstandsfähige 142
Bodenhilfsstoffe 18
Bodenprobleme 115
Bodenprofil 12
Bodenschädlinge 128
Bodentiere 15
Bodentypen 10 f., 25
Bodenverbesserung 16, 18
Bodenvorbereitung 119
Bodenwasser 14

Bohne, Blattflecken 66
-, Brennfleckenkrankheit 71
-, Flecken auf Schote 71
-, Krankheiten und Schädlinge 156
-, Punkte auf Blatt 62
Bohnenblattlaus 83
Bohnenfliege 94
Bohnenrost 66, 71
Bormangel 20, 116
Botrytis 72
Brachycera 79
Braunfäule 65
Brennfleckenkrankheit 62
Brennfleckenpilz 71
Brennnesseljauche 130
Brombeere, Blütenfraß 100
-, harte Teilbeeren 106
-, Krankheiten und Schädlinge 151
Brombeergallmilbe 106
Brombeerrankenkrankheit 69
Bruchidae 78
Byturidae 78
Bti siehe Bacillus thuringiensis
Buntstreifigkeit 57

C

Carabidae 78
Chemische Maßnahmen 131
Chlorose 146
Chrysanthemen, Blattflecken 61
-, Wachstumsstörungen 55
Chrysomelidae 78
Chlormangel 20
Chlorose 21, 115
Curculionidae 78

D

Daumendrucktest 33
Dermaptera 78
Desinfektionsmittel 131
Dickmaulrüssler 86
- Larven 93
Diptera 79
Drahtwürmer 93
Düngen 22
-, mit Kompost 22
-, Zeitpunkt 22
Dünger, mineralische 23
Dünger, organische 23
Düngermenge berechnen 23
Düngung mit organischen
Materialien 16
Düngung, Baum 155
-, Gemüse 157

E

Egelschnecke 108
Einjährige, Krankheiten 139
Eisenmangel 20, 115
Elateridae 78
Engerlinge 39
Erbse, Blätter eingerollt 64
-, Flecken 71
-, Krankheiten und Schädlinge 156
Erbsenblasenfuß 100
Erbsenblattlaus 83
Erbsenblattrandkäfer 87
Erbsenkäfer 100
Erbsenrost 28
Erbsenwickler 102
Erdbeerblütenstecher 95, 97
Erdbeere, Blätter gekräuselt 107
-, Blattflecken 62
-, Grauschimmel 72
-, Krankheiten und Schädlinge 152
-, Kümmerwuchs 65
-, Verzwergung 55
Erdbeermilbe 107
Erdflöhe 84
Erdraupe 93

Ernährungsstörungen 115
Eulenfalter 93

F

Fallen 127
Fanggürtel 128
Farbtafeln 128
Feldhase 112
Feld-Maikäfer 85
Feldmaus 112
Fertigrasen 37
Fettfleckenkrankheit 59
Feuerbrand 58
Fichtengallenlaus 89
Fische im Teich 42
Fliegen 79, 90, 102
Florfliege 121
Fransenflügler 77, 80, 100
Fraßschäden 106, 112
Fraßschädlinge 84, 97, 99
Fremdbestäubung 155
Frostdürre 26
Frostrisse 154
Frostschäden 26, 116
Frostspanner 89, 99
Fruchtansatz pflegen 155
Früchte, angefressen 100
-, aufgeplatzte 116
-, Faulstellen 72
-, Missbildungen 97
-, Pilzerkrankungen 71
-, Schimmelüberzug 72
Fruchtfall, vorzeitiger 116, 155
Fruchtfolge 119
Fruchtmumien 72
Fruchtschalenwickler 102
Fruchtwechsel 157
Fungizid 134
Fusarium-Welke 64

G

Gallenbildner 89, 97
Gallmilben 106
Gallmücken 90, 121
Gallwespen 98
Gartenarbeit, Arbeitserleichterung 43
Gartenlaubkäfer 85
Gartenplanung 43
Gartenproblemen vorbeugen 119
Gartenteich 40
-, Algen 40
-, Fische im 41
-, Kindersicherung 43
-, Laub im 42
- reinigen 42
-, trübes Wasser 41
-, Wasserverfärbung 41
- winterfest machen 42
Gartentipps 44 f.
Gefahrstoffverordnung 132
Gehölze, Rinde verfärbt 70
Gemüse 44
-, Krankheiten und Schädlinge 156 ff.
Gemüsekultur 22
Gemüseschäden vorbeugen 157
Gespinstmotten 92
Gesteinsmehl 18, 126
Getreidelaufkäfer 86
Gewitterfliegen 80
Gladiolen, Buntstreifigkeit 57
Glanzkäfer 95, 99
Glasflügler 98
Gleichgewicht, biologisches 119
Glucken 89
Gras, zerfasert 86
Grasmilben 39
Graufäule 28
Grauschimmel 72
Grillen 77
Gründüngung 24, 25

Grundwasser 14
Gummifluss 58
Gurke, Blattverfärbung 56
-, Krankheiten und Schädlinge 156
-, Wucherungen 56
-, Flecken 59
Gurkenmosaikvirus 28, 56

H
Haarmücke 92
Hagel 27
Haselnuss,
Krankheiten und Schädlinge 153
Haselnussbohrer 96
Hausmaus 110
Hausmittel 131
Hausratte 110
Haustorien 35
Hautflügler 87, 91, 97, 98, 100, 101
Hecken 146
Heckensträucher,
empfehlenswerte 146
Herbizide 34, 134
Herbizid-Vergiftungen 115
Herzfäule 20
Hexenbesen 38, 56, 116
Hexenring 64
Himbeerblütenstecher 95, 97
Himbeere, Blütenfraß 100
-, Flecken an Knospen 70
-, Krankheiten und Schädlinge 151
-, Rutensterben 70
Himbeerkäfer 95, 99, 100
Himbeersterben 69
Himbeerwurm 100
Hitzeschaden 116
Hochbeete 46
Homöopathie 126
Hortensien 14
Humus 14 f.
-, Funktion 15
Humusbildung 15
Humusgehalt 15
Hundertfüßer 120
Hygiene 119
Hymenoptera 78
Hyphen 60

I
Igel 121
Infektionsherde entfernen
Insekten 73
,- Bestimmungsschlüssel 76
-, Entwicklung 74
-, Hemimetabole 77
-, Holometabole 78
-, Schadbilder 74
-, Systematik 74
Insektenlarven,
Bestimmungstabelle 76
-, bodenlebende 93
Insektizid 134
Insektizide 93, 134

J
Jauchen 130
Johannisbeere, Blattflecken 67
-, Blattvergilbung 62
-, Krankheiten und Schädlinge 152
-, Lochfraß 87
Johannisbeerrost 67
Junifall 155
Junikäfer 85

K
Käfer 84 f., 93, 96, 97, 99, 100
-, räuberische 121
Kaliummangel 20, 115
Kaliumpermanganat 131
Kalk 18

Kalkanstrich 128, 154
Kalkboden 14
Kalkchlorose 115
Kalkgehalt 13
Kalziummangel 20
Kapuzinerkresse gegen Läuse 126
Kartoffel, Fäule 65
-, Krankheiten und Schädlinge 156
Kartoffelkäfer 84
Kartoffelschorf 71
Keimling, Fraßschäden 79
Keimlingskrankheiten 70, 157
Kernobst, Blätter welken 69
-, fleckige Blätter 57
Kiefernschütte 64
Kirschblattlaus 83
Kirschblattwespe, Schwarze 87
Kirsche, angefressen 102
-, Blattflecken 68
-, Fensterfraß 87
-, Flecken auf Frucht 58, 71
Kirsche, Gangminen an Blatt 90
-, Krankheiten und Schädlinge 150
Kirschfruchtfliege 102
Kletterrosen, widerstandsfähige 142
Klimafaktoren 26
Knospenerkrankungen 69
Knospen verklebt 95
- verkrüppelt 81
-, verdickte 116
Knospenfäule 69
Knospenschäden 95 ff.
Köder 127
Kohl, Absterben 65
-, Blattadern verfärbt 59
-, fleckige Blätter 58
-, knotige Verdickungen 65
-, Krankheiten und Schädlinge 157
Kohlblattlaus 83
Kohleule 88
Kohlfliege, Große 94
-, Kleine 94
Kohlgallenrüssler 97
Kohlhernie 25, 28, 65
Kohlmotte 88
Kohlschabe siehe Kohlmotte
Kohlweißling 88
Kommaschildlaus 97
Kompost 15 f., 18, 92
Kompost, düngen mit 16, 22
-, Material 15
-, Probleme mit 16
-, Reifetest 16
-, Unkraut in den 29
-, Verwendung 15
Komposthaufen, Vorgänge im 15
Krankheit, Definiton 48
Krankheiten im Jahreslauf 136 ff.
Krankheiten, standortbedingte 115
Krankheitserreger, pflanzliche 48
Kräuselkrankheit 65
Krautfäule 65
Kräuter gegen Schädlinge 130
-, Krankheiten und Schädlinge 156 ff.
Kräutersamen 157
Krümeltest 13
Kulturfolge 157
Kümmerwuchs 94, 115
Kunstdünger 23

L
Langfühlerschrecke 92
Laubheuschrecken 77
Laufkäfer 78, 86
Lederfäule 65
Lehm 12
Lehmboden, schwerer 13
Leimringe 128, 154
Leimtafeln 154
Lepidoptera 79

Licht 26
Lichtmangel 26
Lilienhähnchen 85

M
Magnesiummangel 115
Maikäfer 85
Maiszünsler 98
Manganmangel 115
Mangelsymptome 20
Marienkäfer 122
Märzfliege 92
Maulwurf 39, 122
Maulwurfsgrille 92
Mehltau, Echter 63, 71
Mehltau, Falscher 62
Mehltaubekämpfung 131
Melone, Flecken 59
Mikroorganismen 54
Mineralöl 133
Minierer 97
- an Blättern 89
- an Früchten 101
Minierfliegen 90
Miniermotte 90
Mischböden 12, 13
Mischkulturen 119
Missbildungen 55
Mistel 35
Mittelstarkzehrer 22
Möhre,
Krankheiten und Schädlinge 156
-, scheckige Verzwergung 55
Möhrenfliege 94
Molke gegen Pilzkrankheiten 131
Molluskizid 134
Monilia-Fruchtfäule 72
Monilia-Spitzendürre 69
Moorboden 14
Moos im Rasen 38
Mosaikvirus 56
Motten 89, 92
Mottenschildlaus 77, 80
Mücken 79, 90, 92
Mulcharten 24
Mulchen 24
Mulchmaterial 127
Myzel 61

N
Nadelbaum, Nadeln braun 64
-, Nadeln verfärbt 80
-, Storchennester 116
Nadelschütte 64
Nährhumus 15
Nährstoffe 20 ff.
Nährstoffmangelsymptome 20 f.
Napfschildlaus 81
Nekrose 115
Nematizid 134
Nematocera 79
Nematoden 25, 39, 104, 122
Niederschläge 26
Niem 133
Nisthilfen 125
Nitidulidae 78
Nützlinge fördern 125
Nützlinge im Garten 120 ff.

O
Oberboden 12
Obst 44
-, Befruchtung 155
-, Blattflecken 71
-, Krankheiten und Schädlinge 148 ff.
-, überwinternde Schädlinge 128
Obstbaumkrebs 69
Obstbaum, Missbildungen 69
Obstbäume, Entwicklungsstadien 147

Obstbaumminiermotte 90
Obstbaumspinnmilbe 107
Ohrwürmer 77, 99, 123

P
Parabraunerde 10, 14
Petersilie,
Wachstumsstörungen 55
Pfirsich,
Krankheiten und Schädlinge 150
-, Kräuselkrankheit 65, 71
Pfirsichblattlaus 84
Pflanzanstand 119
Pflanzbrühen 130
Pflanzen, insektenfreundliche 125
-, parasitische 35
-, standortgerechte 119
Pflanzenextrakte 126
Pflanzenjauchen 130
Pflanzennachbarschaften,
günstige 127
Pflanzennährstoffe 20
Pflanzenöle 133
Pflanzensauger 77, 80 f., 89, 91, 96 f.
Pflanzenschutz,
biologischer 154
-, chemischer 154
-, integrierter 118
Pflanzenschutzgesetz 132
Pflanzenschutzmittel 132
-, Anwendung 133
-, Anwendungsfehler 134
-, chemische 133
-, Entsorgung 133
-, natürliche 133
-, Vorsichtsmaßnahmen 133
Pflanzenstärkungsmittel 126, 154
Pflanzenwespen 87
Pflanznachbarschaften 157
Pflanztermine 119
Pflaume, Blattflecken 67
-, Fruchtmissbildungen 71
-, Krankheiten und Schädlinge 150
Pflaumenrost 67
Pflaumensägewespe 101
Pflaumenwickler 102
pH-Wert-Messung 13
Phosphormangel 21, 115
Pilze, Fortpflanzung 61
Pilzerkrankungen bekämpfen 131
Pilzinfektionen 60
Podsol 10, 14
Porree,
Krankheiten und Schädlinge 156
Pseudogley 10
Pyrethrum 133

Q
Quassia 131

R
Radieschen,
Krankheiten und Schädlinge 156
Rainfarnbrühe 131
Rapsglanzkäfer 95
Rasen 35, 44
Rasen belüften 37
-, Aussaat 35
- düngen 37
-, Flecken im 38
-, grauweiße Nester 66
-, Hexenring 64
- mähen 36
-, Moos im 38
-, Schadstellen im 39
-, Trockenheit 36
- vertikutieren 37
-, Verbrennungen 38
-, vergilbt 94
-, wässern 37

Rasenpflege 35
Rasenprobleme 38
Rasenschädlinge 39
Ratte 110
Raubmilben 123
Raupen 88
Raupenfliegen 123
Regenwurm 39, 123
Reptilien 120
Rettich, missgestaltet 66
Rettichfliege 94
Rettichschwärze 66
Rhizomfäule 65
Rhododendren,
Krankheiten und Schädlinge 146
-, Besenwuchs 56
Rhododendron, Knospenbräune 69
Riesenbärenklau 31
Rigolen 19
Rinde, aufgeplatzte 116
Rindenbrand 58
Rindenfleckenkrankheit 70
Rindenkrankheit 69
Rindenmulch 18
Ringelspinner 89
Ringfleckenkrankheit 56
Rodentizid 134
Rohhumus 15
Rollrasen siehe Fertiggras
Rose, Blattflecken 67
-, Blüten angefressen 99
-, schwarze Flecken 68
-, Triebe welk 97
-, Triebverfärbungen 70
Rosen überwintern 143
Rosen 44
-, Entwicklungsstadien 142
-, Fraß am Blattrand 87
-, Krankheiten und Schädlinge 140 f.
-, Mehltau an 63
-, Pflegefehler 142
-, Standort 142
-, widerstandsfähige 142
Rosenblattlaus 83
Rosengallwespe 98
Rosenkäfer 99
Rosenkrankheiten,
Witterungseinfluss 143
Rosenpartner 142
Rosenpflege 143
Rosenrost 67
Rosenschnitt 143
Rosensorten 142
Rosentriebbohrer 97
Rosterkrankungen 66
Rostpilze 38
Rote Spinne 107
Rotfleckenkrankheit 62
Rotpustelkrankheit 70
Rübenaaskäfer 85
Rückenschmerzen 46
Rüsselkäfer 78, 86, 95, 96, 97
Rutenkrankheit 70

S
Saatschnellkäfer 93
Salat,
Krankheiten und Schädlinge 157
Salatfäule 66
Salatwurzellaus 83

Salzboden 14
Salzpflanzen 14
Samenkäfer 100
Samenunkräuter 29
Sand 18
Sandboden 13
Saugschädlinge 79, 128
Scarabaeidae 78
Schabefraß 108
Schädlinge irritieren 154
-, überwinternde 153
Scharka-Krankheit 57
Schaumzikaden 91
Schermaus siehe Wühlmaus
Schildkäfer 28, 86
Schildläuse 77, 81, 91, 97, 131
Schlämmprobe 13
Schleimbildung 58
Schlupfwespen 124
Schmetterlinge 79, 88, 89, 92,
98, 99, 101, 102
Schmetterlingsraupen 88, 103 f.
Schmierinfektion 58
Schmierläuse 91
Schmierseifenlösung 131
Schnake 94
Schnecken 24, 108 f.
Schneckenbekämpfung 109, 127
Schneckengifte 109
Schnee 27
Schneeschimmel 38, 66
Schnellkäfer 78, 93
Schorfpilze 71
Schrotschusskrankheit 68, 131
Schwachzehrer 22
Schwarzadrigkeit 59
Schwarzbeinigkeit 28, 70
Schwebfliegen 123
Schwefelleber 131
Schwimmpflanzen 42
Seerosenblattlaus 42
Seerosen, Fraßschäden 42
Sellerie, Blattflecken 61
-, Krankheiten und Schädlinge 157
Sellerieschorf 71
Septoria-Blattfleckenkrankheit 61
Silphidae 78
Sitkafichtenlaus 80
Sommerblumen,
Entwicklungsstadien 139
-, Krankheiten und Schädlinge 139
Spanner 99
Spannerraupen 99
Spätfrost 155
Spezialdünger 23
Spinnen 124
Spinnmilbe 107
Spitzendürre 20
Spitzmaus 124
Springläuse 95
Springschwanz 78
Sprühfleckenkrankheit 68
Stachelbeerblattwespe 87
Stachelbeere, Blattvergilbung 62
-, Krankheiten und Schädlinge 152
Stachelbeermehltau 63
Stadtklima 27
Standort 157
-, extreme 27
Standortansprüche 26 ff.

Standortbedingte Schäden 115
Stängel verdickt 106
Stängelälchen 106
Starkzehrer 22
Stauden, Entwicklungsstadien 138
-, Krankheiten und Schädlinge 137
Stauwasserboden siehe Pseudogley
Stechmücken 43
Steinobst, Bakterienbrand 58
-, rotbraune Flecken 68
Sternrußtau 68
Stickstoff-Bedarf 22
Stickstoffmangel 21, 115
Sträucher,
Entwicklungsstadien 144
-, Krankheiten und Schädlinge 144
Strauchrosen,
widerstandsfähige 142
Stress, Pflanzen- 49
Stroh 18
Symphyta 78

T
Tagetes 126
Taillenwespen 87, 91, 97, 98, 100
Tannenläuse 89
Taschenkrankheit 71
Tausenfüßer 106
Teehybriden, widerstandsfähige 142
Tierprozesse 118
Tipula 94
Tomate, Blattflecken 61
-, Blattverformung 56
-, braune Blätter 59
-, fadenförmige Blätter 56
-, Krankheiten und Schädlinge 156
-, Kraut- und Braunfäule 65
-, Zwergwuchs 56
Tomaten-Fadenblättrigkeit 56
Tomatenwelke 59
Tonboden 13
Torf 14, 18
Trachemykose 68
Traubenwickler 102
Triebe verkrüppelt 81
Triebspitzen, absterbende 116
Triebsucht 56
Tripse 77
Trockenfäule 20
Trockenschäden 26, 115
Tulpe, Triebe verkrüppelt 72
-, Buntsreifigkeit 57
Tulpenfeuer 72

U
Überwinterungsformen 153
Umfallkrankheit 49, 70
Unkraut 28 ff
- abbrennen 33
- abwehren 28
- ersticken 33
- essen 34
- hacken 33
- im Rasen 38
- in Ritzen und Fugen 34
- jäten 33
- unter Bäumen 34
- versalzen 33
- vorbeugen 32
Urlaub, Garten vorbereiten 45

V
Verbrennungen 26
Verticillium-Welke 68
Verzwergung 55
Viren 54, 55
-, Übertragung 55
-, Vermehrungszyklus 55
Virosen, Vorbeugung 55
Virusinfektionen 55
Vögel 113
- im Garten 125
-, Allesfresser 114
-, insektenfressende 114, 124
-, Körnerfresser 114
Vogelfreundliche Sträucher 125
Vogelnetze 154
Volldünger 23
Vorratsschädlinge 110

W
Wachstumsstörungen 55
Wanzen 77, 81, 96
-, räuberische 125
Wasserglas 131
Wasserpflanzen 42
Wasserschnecke 109
Weberknechte 124
Wege 45
Wegschnecke 108
Wein,
Krankheiten und Schädlinge 153
Weiße Fliege 80
Weißfleckenkrankheit 62
Welkekrankheit 68
Wermut-Brühe 131
Wespe 100
Wiesenschnake 94
Wickler 101, 102
Wildkaninchen 112
Windschäden 26
Wollläuse 91
Wühlmaus 111, 154
Wühlmausabwehr 111
Wurzel, Fraßschäden 85, 86, 92, 93
-, miniert 94
-, stark verzweigt 105
-, Schwellungen 104
Wurzelälchen 105
Wurzelfliegen 94
Wurzelunkräuter 29

Z
Zeigerpflanzen 25
Zierstauden, Blattflecken 67
Zikaden 77, 81, 91
Zucchini, Flecken 59
Zünsler 98
Zweiflügler 79, 90, 92, 94, 102
Zweig verwelkt 98
Zweijährige, Krankheiten 139
Zwergzikade 81
Zwetschenblattlaus 83
Zwetschen,
Krankheiten und Schädlinge 151
Zwiebelfäule 68
Zwiebelfliege 94
Zwiebelmotte 89
Zwiebelpflanzen,
Entwicklungsstadien 136
-, Krankheiten und Schädlinge 136

Bildnachweis:

Frank von Berger: Seite 4 links und oben rechts, 5 oben und unten, 47 beide, 135 beide;
Peter Himmelhuber: Seite 12, 15, 24, 31, 32, 35, 36, 118 unten, 125, 129 alle, 130, 131, 140, 147;
Wolfgang Redeleit: Seite 9 beide, 10 rechts alle, 18, 23, 117 beide, 119, 121, 133, 139;
Kurt Stein: Seite 43, 118 links, 122, 143;
Stock Food: Seite 34;
Robert Sulzberger: Seite 10 links, 25, 28, 40, 127 beide, 137, 138.